职业教育规划教材

金工实训

熊涛 唐林 主编
刘开文 刘喆 陆阳 副主编

JINGONG SHIXUN

第二版

化学工业出版社

·北京·

内 容 简 介

《金工实训》（第二版）内容包括安全文明生产认知、常用量具及使用、车削加工、钳工、铣削加工、刨削加工、磨削加工、焊接加工、铸造加工，每个实训加工模块，按照加工基础知识、相关设备、操作规范、综合训练、任务实操编写，便于学生掌握知识，训练技能。全书采用模块化编写，便于各学校、各专业根据不同的教学安排，按照实际情况和学时选用。

本书可作为高职高专院校、职业本科院校、中等职业学校相关专业学生的实训教材，也可供有关技术人员参考。

图书在版编目（CIP）数据

金工实训/熊涛，唐林主编.—2版.—北京：化学工业出版社，2021.8（2025.1重印）
职业教育规划教材
ISBN 978-7-122-39115-5

Ⅰ.①金…　Ⅱ.①熊…　②唐…　Ⅲ.①金属加工-实习-高等职业教育-教材　Ⅳ.①TG-45

中国版本图书馆CIP数据核字（2021）第087338号

责任编辑：韩庆利　甘九林
责任校对：宋　玮　　　　装帧设计：史利平

出版发行：化学工业出版社（北京市东城区青年湖南街13号　邮政编码100011）
印　　刷：三河市航远印刷有限公司
装　　订：三河市宇新装订厂
787mm×1092mm　1/16　印张10¼　字数265千字　2025年1月北京第2版第4次印刷

购书咨询：010-64518888　　　　售后服务：010-64518899
网　　址：http：//www.cip.com.cn
凡购买本书，如有缺损质量问题，本社销售中心负责调换。

定　　价：32.00元

第二版前言

金工实训是一门重要的实践课，是机电类专业学生熟悉机械加工生产过程、培养动手实践能力的重要实践性课程，也是非机电类专业学生了解生产设备、生产过程，培养生产劳动能力的一门选修课。本书根据目前职业院校的实际教学情况，结合国家职业资格标准，在总结编者多年教学改革的经验上编写而成。

本教材充分体现了最新国家和行业标准，更加适合教学需求，能够更好地培养学生操作技能，更加突出职业性、技术性和实用性的职业教育特点，可供广大高职院校学生使用。

全书采用模块化编写，包括安全文明生产认知、常用量具及使用、车削加工、钳工、铣削加工、刨削加工、磨削加工、焊接加工、铸造加工。各学校、各专业可根据教学安排不同，按照实际情况和学时选用。

本书由武汉交通职业学院熊涛、鲁北技师学院唐林主编，武汉交通职业学院刘开文、刘喆、陆阳副主编，咸宁职业技术学院黎金琴、雷睿、何娜参编。

由于水平有限，书中疏漏之处敬请广大读者批评指正。

编　者

目录

模块1 安全文明生产认知

金工实习通常包括车削、铣削、钳工、刨削、磨削、铸造、锻压、焊接等环节。它是一门传授机械制造基础、机械制造技术的知识和技能的技术型基础课。通过金工实习，可以让学生了解毛坯和零件的加工工艺过程，机械零件的主要加工方法和要领，并让学生进行实际操作，掌握基本的操作技能，为学习机械类的专业课程和今后的工作奠定必要的实践基础。但金工实习也存一定的危险性，为了避免造成人员伤害和设备损坏的事故发生，确保金工实习有序进行，必须加强车间管理制度和各工种的安全知识教育。

1.1 严格执行实训车间管理制度

（1）车间要有专门的管理人员或实验员，负责日常文明生产的监督、检查工作，对金工实习的各个工种的设备及场地进行严格管理，确保设备能够正常运行。

（2）毛坯材料由专人管理，按时发放，易燃物品应由专人管理，车间使用时定量领取，用完后及时处理。

（3）车间内要有各种提醒注意的指示牌，如严禁明火、严禁吸烟、严禁攀爬等。

（4）电工应不定期地对动力线路电控柜等实施检查，发现老化或其他不安全因素时，报告负责实习管理的人员，并及时实施检修。电工应持资格证实施作业，无证人员不得私自作业。

（5）实习指导教师应具有各工种的高级从业资格证书和三年以上的工作经验。

（6）实习指导教师和学生进入车间必须穿工作服戴工作帽。

（7）实习现场应做到整洁，产品按区放置，工位器具放在指定区域。

（8）学生在操作时，应集中注意力，严格按操作规程进行操作，若发现机器设备的运行状态不正常，应立即关闭电源，停止运转后，自己无法排除故障的，应立即报告指导教师，设备检修时在明显部位挂“检修”标志。

（9）每次下课后各工位的学生应清洁设备及工作场所，处理垃圾，对设备做好日常保养工作。教师要对学生的安全文明实习实施检查，发现问题立即实施纠正。并结合日常发现的安全文明生产情况，每天进行汇总，填写《安全文明生产检查记录》，并将检查情况作为实习成绩的一部分。

（10）车间发生安全事故，应及时对受伤的人员进行救治，并及时向领导进行报告，注意保护现场，调查事故原因，及时进行处理。

1.2 加强学生安全知识教育

生命对于每个人来说都是最宝贵的， 没有任何人希望事故发生，生命只有一次，保护生命，人人有责！安全来自警惕，事故出自麻痹，如果实习过程中，实验员、实习指导教师、学生都有较高的警觉性，那么就可以减少事故的发生。如何提高每个人的警觉性呢？必须加强安全知识的教育。安全知识教育包括两个方面：一是提高学生的安全意识；二是加强各工种的专业操作规程知识的安全教育。对于安全意识教育，可拿以前安全事故案例进行教育。对于各工种的专业操作规程知识的安全教育，须将每个工种的操作步骤、操作注意事项详细列出，学生必须严格按照操作要求来执行。对于不按要求操作的学生要及时制止，并给予相应的惩罚。

1.3 实行安全实习责任制

为确保学生人身安全及学校设备安全，使得教育活动有序进行，明确教与学双方安全责任及教学要求，每个进入实习室的学生必须遵守以下守则，否则就要承担相应责任。

（1）实习指导教师实习前对所有学员进行相关安全培训，对易发事故进行分析讲述并使学生掌握相关的应急方法，预防和解决措施。学生做好笔记，并在培训后签名确认，才准予实习。

（2）实习指导教师需确保所有设备完好，合理安排工位并对学生操作进行安全指导和监督，及时纠正学生的不当操作，若学生不改正，由此引发的事故由学生自己承担。

（3）学生实习前必须穿好工作服，女生戴好帽子并将长头发全部塞进帽子里，严禁佩戴首饰，不准穿短裤、七分裤、拖鞋、凉鞋、裙子进入实习场所。

（4）学生在工位上操作时必须精神集中，不准与他人闲谈，阅读书刊，玩手机，更不准在车间追逐、打闹、喧哗，否则由此引发的事故由学生本人承担。

（5）学生除在指定设备上进行实习外，未经指导教师同意不准动用其他设备与工具，各小组的工具、量具若损坏、遗失，由本小组或学生本人负责。

总之，实习要严格执行 “安全第一，预防为主”的方针，全面树立安全实习人人有责的意识，确保学生都必须在各自岗位对安全实习负责，实行安全实习责任制。

模块 2

常用量具及使用

常见的量具有游标读数量具、螺旋测微量具、指针式量具、角度量具、水平仪等。游标读数量具包括游标卡尺、高度游标卡尺、深度游标卡尺、游标量角尺、齿厚游标卡尺等。螺旋测微量具包括外径百分尺、内径百分尺、深度百分尺、螺纹千分尺等。指针式量具包括百分表和千分表等。角度量具有万能角度尺、游标量角器、中心规、正弦规等。针对金工实习的需要，本单元着重介绍游标卡尺、千分尺和百分表。

2.1 游标卡尺

游标卡尺是一种常用的量具，具有结构简单、使用方便、精度中等、测量尺寸范围大等特点，可以用它来测量零件的外径、内径、长度、宽度、厚度等，应用范围很广。

2.1.1 游标卡尺的结构形式

（1）游标卡尺的三种结构形式　游标卡尺根据它的量程大小、量爪和刀口的形状不同，分为以下三种结构形式。

① 测量范围为0~125mm的游标卡尺，制成带有刀口形的上下量爪和带有深度尺的形式，如图2-1所示。

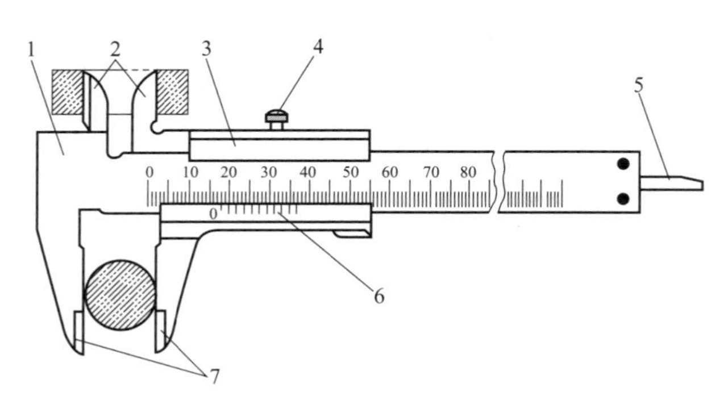

图2-1　游标卡尺的结构形式之一

1—尺身；2—上量爪；3—尺框；4—紧固螺钉；5—深度尺；6—游标；7—下量爪

② 测量范围为0~200mm和0~300mm的游标卡尺，可制成带有内外测量面的下量爪和带有刀口形的上量爪的形式，如图2-2所示。

③ 测量范围为0~200mm和0~300mm的游标卡尺，也可制成只带有内外测量面的下量爪的形式，如图2-3所示。而测量范围大于300mm的游标卡尺，只制成这种仅带有下量爪的形式。

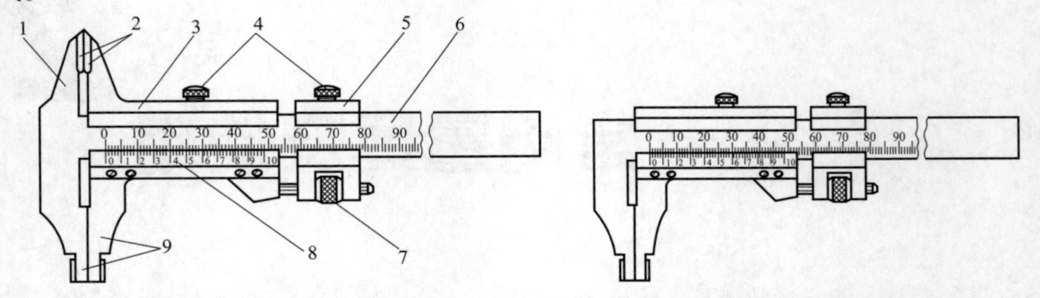

图2-2 游标卡尺的结构形式之二

1—尺身；2—上量爪；3—尺框；4—紧固螺钉；5—微动装置；6—主尺；7—微动螺母；8—游标；9—下量爪

图2-3 游标卡尺的结构形式之三

(2) 游标卡尺主要组成部分

① 具有固定量爪的尺身，如图2-2中的1。尺身上有类似钢尺一样的主尺刻度，如图2-2中的6。主尺上的刻线间距为1mm。主尺的长度决定于游标卡尺的测量范围。

② 具有活动量爪的尺框，如图2-2中的3。尺框上有游标，如图2-2中的8，游标卡尺的游标读数值可制成为0.1mm、0.05mm和0.02mm的三种。游标读数值，就是指使用这种游标卡尺测量零件尺寸时，卡尺上能够读出的最小数值。

③ 在0~125mm的游标卡尺上，还带有测量深度的深度尺，如图2-1中的5。深度尺固定在尺框的背面，能随着尺框在尺身的导向凹槽中移动。测量深度时，应把尺身尾部的端面靠紧在零件的测量基准平面上。

④ 测量范围等于或大于200mm的游标卡尺，带有随尺框作微动调整的微动装置，如图2-2中的5。使用时，先用紧固螺钉4把微动装置5固定在尺身上，再转动微动螺母7，活动量爪就能随同尺框3作微量的前进或后退。微动装置的作用，是使游标卡尺在测量时用力均匀，便于调整测量压力，减少测量误差。

目前我国生产的游标卡尺的测量范围及其游标读数值见表2-1。

表2-1 游标卡尺的测量范围和游标卡尺读数值 mm

测量范围	游标读数值	测量范围	游标读数值
0~25	0.02;0.05;0.10	300~800	0.05;0.10
0~200	0.02;0.05;0.10	400~1000	0.05;0.10
0~300	0.02;0.05;0.10	600~1500	0.05;0.10
0~500	0.05;0.10	800~2000	0.10

2.1.2 游标卡尺的读数原理和读数方法

游标卡尺的读数机构，是由主尺和游标（如图2-2中的6和8）两部分组成。当活动量爪与固定量爪贴合时，游标上的“0”刻线（简称游标零线）对准主尺上的“0”刻线，此时量爪间的距离为“0”，见图2-2。当尺框向右移动到某一位置时，固定量爪与活动量爪之间的距离，就是零件的测量尺寸，见图2-1。此时零件尺寸的整数部分，可在游标零线左边的主尺刻线上读出来，而比1mm小的小数部分，可借助游标读数机构来读出，现把三种游标卡尺的读数原理和读数方法介绍如下。

（1）游标读数值为0.1mm的游标卡尺

如图2-4（a）所示，主尺刻线间距（每格）为1mm，当游标零线与主尺零线对准（两爪合并）时，游标上的第10刻线正好指向等于主尺上的9mm，而游标上的其他刻线都不会与主尺上任何一条刻线对准。

游标每格间距=9mm÷10=0.9mm

主尺每格间距与游标每格间距相差=1mm−0.9mm=0.1mm

0.1mm即为此游标卡尺上游标所读出的最小数值，再也不能读出比0.1mm小的数值。

当游标向右移动0.1mm时，则游标零线后的第1根刻线与主尺刻线对准。当游标向右移动0.2mm时，则游标零线后的第2根刻线与主尺刻线对准，依次类推。若游标向右移动0.5mm，如图2-4（b）所示，则游标上的第5根刻线与主尺刻线对准。由此可知，游标向右移动不足1mm的距离，虽不能直接从主尺读出，但可以由游标的某一根刻线与主尺刻线对准时，该游标刻线的次序数乘其读数值而读出其小数值。例如，图2-4（b）的尺寸即为：5×0.1=0.5(mm)。

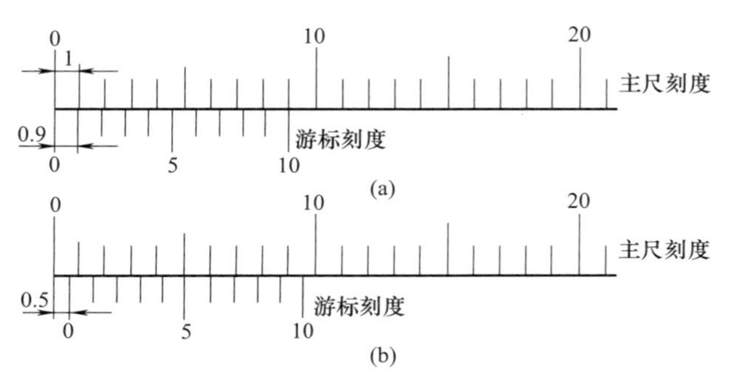

图2-4 游标读数原理

另有1种读数值为0.1mm的游标卡尺，图2-5（a）所示，是将游标上的10格对准主尺的19mm，则游标每格=19mm÷10=1.9mm，使主尺2格与游标1格相差=2−1.9=0.1mm。这种增大游标间距的方法，其读数原理并未改变，但使游标线条清晰，更容易看准读数。

在游标卡尺上读数时，首先要看游标零线的左边，读出主尺上尺寸的整数是多少毫米，其次是找出游标上第几根刻线与主尺刻线对准，该游标刻线的次序数乘其游标读数值，读出尺寸的小数，整数和小数相加的总值，就是被测零件尺寸的数值。

在图2-5（b）中，游标零线在2mm与3mm之间，其左边的主尺刻线是2mm，所以被测尺寸的整数部分是2mm，再观察游标刻线，这时游标上的第3根刻线与主尺刻线对准。所以，被测尺寸的小数部分为3×0.1=0.3(mm)，被测尺寸即为2+0.3=2.3(mm)。

（2）游标读数值为0.05mm的游标卡尺

如图2-5（c）所示，主尺每小格1mm，当两爪合并时，游标上的20格刚好等于主尺的39mm，则：

游标每格间距=39mm÷20=1.95mm

主尺2格间距与游标1格间距相差=2−1.95=0.05(mm)

0.05mm即为此种游标卡尺的最小读数值。同理，也有用游标上的20格刚好等于主尺上的19mm，其读数原理不变。

在图2-5（d）中，游标零线在32mm与33mm之间，游标上的第11格刻线与主尺刻线对准。所以，被测尺寸的整数部分为32mm，小数部分为11×0.05=0.55(mm)，被测尺寸为32+0.55=32.55(mm)。

（3）游标读数值为0.02mm的游标卡尺

如图2-5（e）所示，主尺每小格1mm，当两爪合并时，游标上的50格刚好等于主尺上的49mm，则：

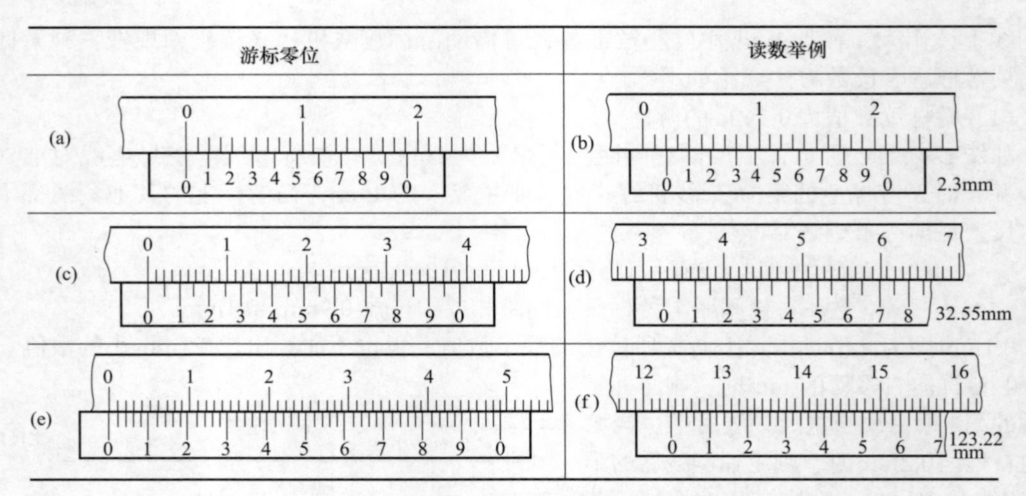

图2-5 游标零位和读数举例

游标每格间距=49mm÷50=0.98mm

主尺每格间距与游标每格间距相差=1−0.98=0.02(mm)

0.02mm即为此种游标卡尺的最小读数值。

在图2-5（f）中，游标零线在123mm与124mm之间，游标上的11格刻线与主尺刻线对准。所以，被测尺寸的整数部分为123mm，小数部分为11×0.02=0.22(mm)，被测尺寸为123+0.22=123.22(mm)。

我们希望直接从游标尺上读出尺寸的小数部分，而不要通过上述的换算，为此，把游标的刻线次序数乘其读数值所得的数值，标记在游标上，见图2-5，这样使读数就方便了。

2.1.3 游标卡尺的测量精度

测量或检验零件尺寸时，要按照零件尺寸的精度要求，选用相适应的量具。游标卡尺是一种中等精度的量具，它只适用于中等精度尺寸的测量和检验。用游标卡尺去测量锻铸件毛坯或精度要求很高的尺寸，都是不合理的。前者容易损坏量具，后者测量精度达不到要求，因为量具都有一定的示值误差，游标卡尺的示值误差见表2-2。

笔记

表2-2 游标卡尺的示值误差 mm

游标读数值	示值总误差
0.02	±0.02
0.05	±0.05
0.10	±0.10

游标卡尺的示值误差，就是游标卡尺本身的制造精度，不论使用得怎样正确，卡尺本身就可能产生这些误差。用游标读数值为0.02mm的0~125mm的游标卡尺，示值误差为±0.02mm。

2.1.4 游标卡尺的使用方法

如果游标卡尺使用不合理，不但影响量具本身的精度，而且直接影响零件尺寸的测量精度，甚至发生质量事故，造成不必要的损失。所以，必须重视量具的正确使用，对测量技术精益求精，获得正确的测量结果，确保产品质量。

使用游标卡尺测量零件尺寸时，必须注意下列几点：

（1）测量前应把卡尺擦干净，检查卡尺的两个测量面和测量刃口是否平直无损，把两个量爪紧密贴合时，应无明显的间隙，同时游标和主尺的零位刻线要对齐。这个过程称为校对游标卡尺的零位。

（2）移动尺框时，活动要自如，不应过松或过紧，更不能有晃动现象。用固定螺钉固定尺框时，卡尺的读数不应有所改变。在移动尺框时，不要忘记松开固定螺钉，但也不能过分松开螺钉，以免掉了。

（3）当测量零件的外尺寸时，卡尺两测量面的连线应垂直于被测量表面，不能歪斜。测量时，可以轻轻摇动卡尺，放正垂直位置，如图2-6所示。否则，量爪若在如图2-6所示的错误位置上，将使测量结果a比实际尺寸b要大；先把卡尺的活动量爪张开，使量爪能自由地卡进工件，把零件贴靠在固定量爪上，然后移动尺框，用轻微的压力使活动量爪接触零件。如卡尺带有微动装置，此时可拧紧微动装置上的固定螺钉，再转动调节螺母，使量爪接触零件并读取尺寸。绝不可把卡尺的两个量爪调节到接近甚至小于所测尺寸，把卡尺强制卡到零件上去。这样做会使量爪变形，或使测量面过早磨损，使卡尺失去应有的精度。

测量沟槽时，应当用量爪的平面测量刃进行测量，尽量避免用端部测量刃和刀口形量爪去测量外尺寸。而对于圆弧形沟槽尺寸，则应当用刃口形量爪进行测量，不应当用平面形测量刃进行测量，如图2-7所示。

测量沟槽宽度时，也要放正游标卡尺的位置，应使卡尺两测量刃的连线垂直于沟槽，不能歪斜。否则，量爪若在如图2-8所示的错误的位置上，也将使测量结果不准确（可能大也可能小）。

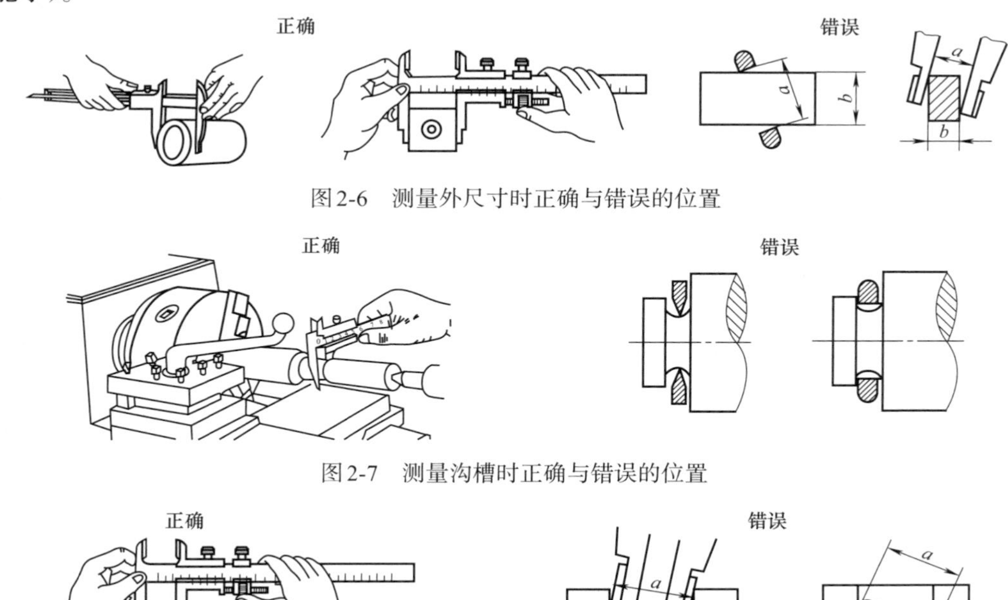

图2-6　测量外尺寸时正确与错误的位置

图2-7　测量沟槽时正确与错误的位置

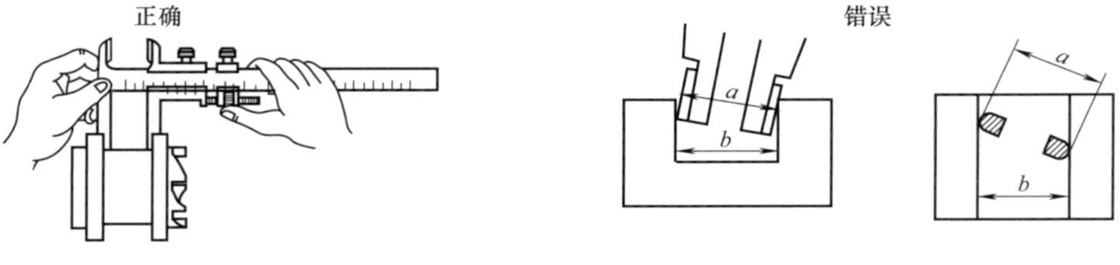

图2-8　测量沟槽宽度时正确与错误的位置

笔记

（4）当测量零件的内尺寸时，如图2-9所示。要使量爪分开的距离小于所测内尺寸，进入零件内孔后，再慢慢张开并轻轻接触零件内表面，用固定螺钉固定尺框后，轻轻取出卡尺来读数。取出量爪时，用力要均匀，并使卡尺沿着孔的中心线方向滑出，不可歪斜，以免使量爪扭伤、变形和受到不必要的磨损，同时会使尺框走动，影响测量精度。

卡尺两测量刃应在孔的直径上，不能偏歪。图2-10为带有刀口形量爪和带有圆柱面形量爪的游标卡尺，在测量内孔时正确的和错误的位置。当量爪在错误位置时，其测量结果，将比实际孔径D要小。

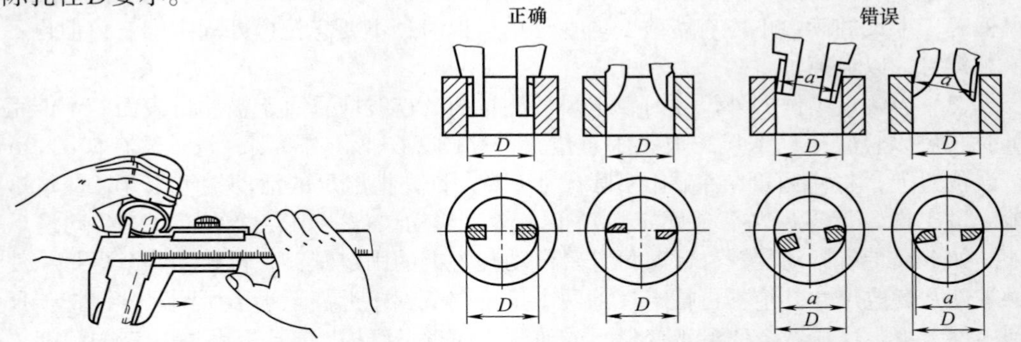

图2-9　内孔的测量方法

图2-10　测量内孔时正确与错误的位置

（5）用下量爪的外测量面测量内尺寸时如用图2-2和图2-3所示的两种游标卡尺测量内尺寸，在读取测量结果时，一定要把量爪的厚度加上去。即游标卡尺上的读数，加上量爪的厚度，才是被测零件的内尺寸，见图2-11。测量范围在500mm以下的游标卡尺，量爪厚度一般为10mm。但当量爪磨损和修理后，量爪厚度就要小于10mm，读数时这个修正值也要考虑进去。

（6）用游标卡尺测量零件时，不允许过分地施加压力，所用压力应使两个量爪刚好接触零件表面。如果测量压力过大，不但会使量爪弯曲或磨损，且量爪在压力作用下产生弹性变形，使测量的尺寸不准确（外尺寸小于实际尺寸，内尺寸大于实际尺寸）。

在游标卡尺上读数时，应把卡尺水平拿着，朝着亮光的方向，使人的视线尽可能和卡尺的刻线表面垂直，以免由于视线的歪斜造成读数误差。

（7）为了获得正确的测量结果，可以多测量几次。即在零件的同一截面上的不同方向进行测量。对于较长零件，则应当在全长的各个部位进行测量，以获得一个比较正确的测量结果。

笔记

为了使读者便于记忆，更好地掌握游标卡尺的使用方法，把上述提到的几个主要问题，整理成顺口溜，供读者参考。

量爪贴合无间隙，主尺游标两对零。
尺框活动能自如，不松不紧不摇晃。
测力松紧细调整，不当卡规用力卡。
量轴防歪斜，量孔防偏歪。
测量内尺寸，爪厚勿忘加。
面对光亮处，读数垂直看。

2.1.5　游标卡尺应用举例

（1）用游标卡尺测量T形槽的宽度

用游标卡尺测量T形槽的宽度，如图2-11所示。测量时将量爪外缘端面的小平面，贴在零件凹槽的平面上，用固定螺钉把微动装置固定，转动调节螺母，使量爪的外测量面轻轻地与T形槽表面接触，并放正两量爪的位置（可以轻轻地摆动一个量爪，找到槽宽的垂直位置），读出游标卡尺的读数（图2-11中用A表示）。但由于它是用量爪的外测量面测量内尺寸的，卡尺上所读出的读数A是量爪内测量面之间的距离，因此必须加上两个量爪的厚度b，才是T形槽的宽度。所以，T形槽的宽度$L=A+b$。

（2）用游标卡尺测量孔中心线与侧平面之间的距离

用游标卡尺测量孔中心线与侧平面之间的距离L时，要先用游标卡尺测量出孔的直径D，再用刃口形量爪测量孔的壁面与零件侧面之间的最短距离，如图2□12所示。

此时，卡尺应垂直于侧平面，且要找到它的最小尺寸，读出卡尺的读数A，则孔中心线与侧平面之间的距离为：

$$L = A + \frac{D}{2}$$

（3）用游标卡尺测量两孔的中心距

用游标卡尺测量两孔的中心距有两种方法：一种是先用游标卡尺分别量出两孔的内径D_1和D_2，再量出两孔内表面之间的最大距离A，如图2-13所示，则两孔的中心距：

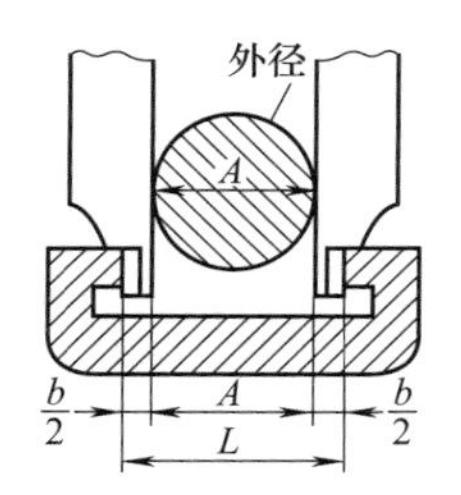

图2-11　测量T形槽的宽度

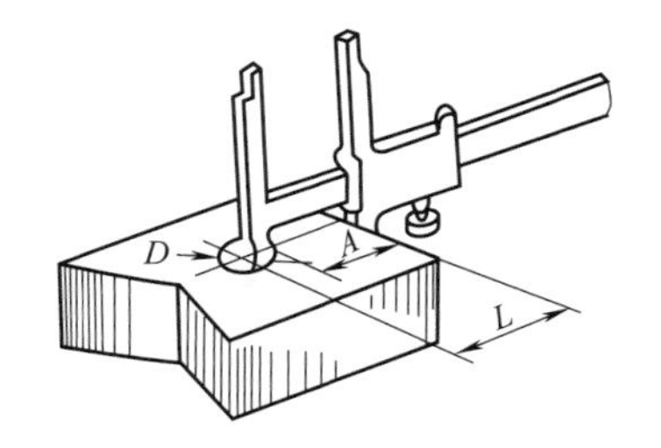

图2-12　测量孔与测面距离

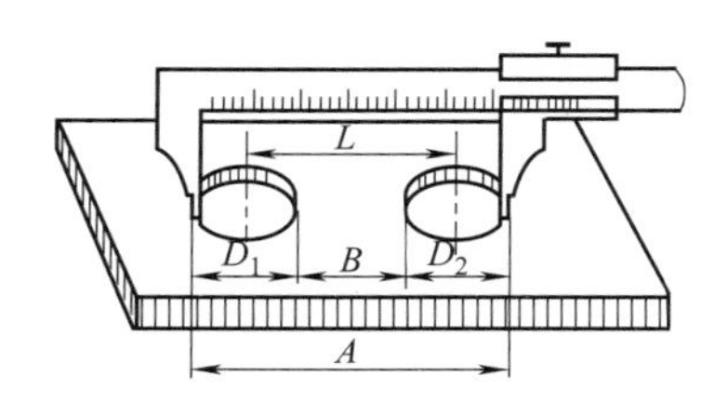

图2-13　测量两孔的中心距

$$L = A - \frac{1}{2}(D_1 + D_2)$$

另一种测量方法，也是先分别量出两孔的内径D_1和D_2，然后用刃口形量爪量出两孔内表面之间的最小距离B，则两孔的中心距：

$$L = B + \frac{1}{2}(D_1 + D_2)$$

笔记

以上所介绍的各种游标卡尺都存在一个共同的问题，就是读数不很清晰，容易读错，有时不得不借放大镜将读数部分放大。现有游标卡尺采用无视差结构，使游标刻线与主尺刻线处在同一平面上，消除了在读数时因视线倾斜而产生的视差；有的卡尺装有测微表成为带表卡尺（图2-14），便于读数准确，提高了测量精度；更有一种带有数字显示装置的游标卡尺（图2-15），这种游标卡尺在零件表面上量得尺寸时，就直接用数字显示出来，其使用极为方便。

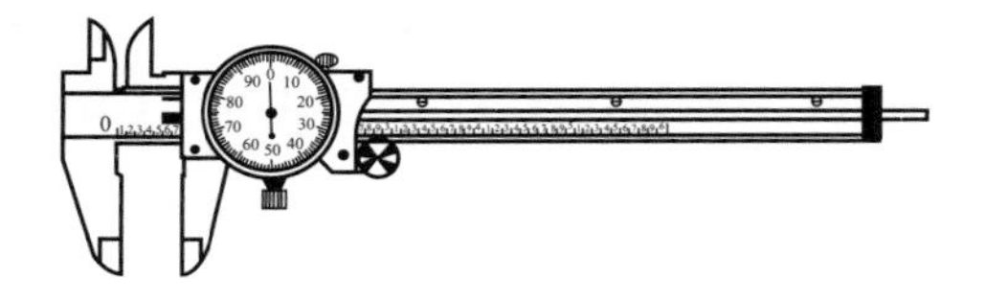
图2-14　带表卡尺

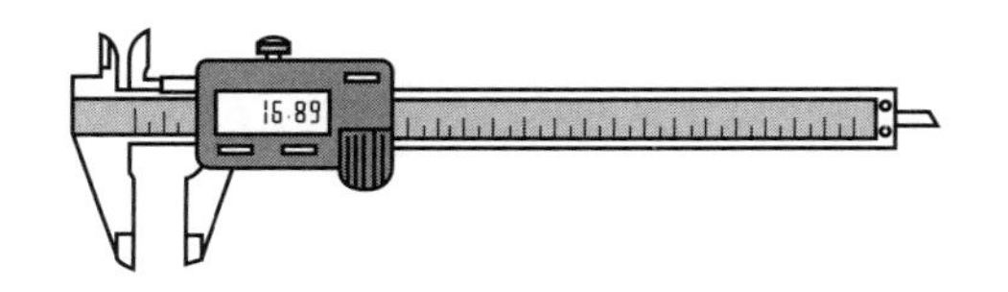

图2-15　数字显示游标卡尺

带表卡尺的规格见表2-3。数字显示游标卡尺的规格见表2-4。

表2-3 带表卡尺规格 mm

测量范围	指示表读数值	指示表示值误差范围
0~150	0.01	1
0~200	0.02	1;2
0~300	0.05	5

表2-4 数字显示游标卡尺

名称	数显游标卡尺	数显高度尺	数显深度尺
测量范围/mm	0~150;0~200 0~300;0~500	0~300;0~500	0~200
分辨率/mm	0.01		
测量精度/mm	(0~200)0.03;(>200~300)0.04;(>300~500)0.05		
测量移动速度/(mm/s)	1.5		
使用温度/℃	0~40		

2.2 千分尺

千分尺是一种精密测量工具，常见的千分尺有外径千分尺、三爪内径千分尺、壁厚千分尺、公法线长度千分尺、尖头千分尺等。

2.2.1 外径千分尺

（1）外径千分尺的结构

千分尺是比游标卡尺更精密的长度测量仪器，常见的外径千分尺如图2-16所示。它的量程为0~25mm，分度值是0.01mm。由固定的尺架、测砧、测微螺杆、固定套管、微分筒、测力装置、锁紧装置等组成。

笔记

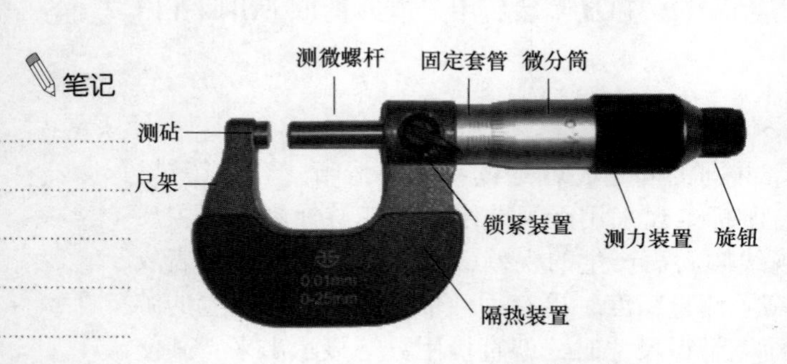

图2-16 外径千分尺的结构

（2）外径千分尺刻度及分度值说明

① 固定套管上的水平线上、下各有一列间距为1mm的刻度线，上侧刻度线在下侧二相邻刻度线中间。

② 微分筒上的刻度线是将圆周进行50等分的水平线，它是作旋转运动的。

③ 根据螺旋运动原理，当微分筒旋转一周时，测微螺杆前进或后退一个螺距。即，当微分筒旋转一个分度后，它转过了1/50周，这时螺杆沿轴线移动了1/50×0.5mm=0.01mm，因此，使用千分尺可以准确读出0.01mm的数值。

（3）外径千分尺的测量方法

① 将被测物擦干净，千分尺使用时轻拿轻放；

② 松开千分尺锁紧装置，校准零位，转动旋钮，使测砧与测微螺杆之间的距离略大于

被测物体；

③ 一只手拿千分尺的尺架，将待测物置于测砧与测微螺杆的端面之间，另一只手转动旋钮，当螺杆要接近物体时，改旋测力装置直至听到喀喀声后再轻轻转动0.5~1圈；

④ 旋紧锁紧装置（防止移动千分尺时螺杆转动），即可读数。

（4）外径千分尺的读数

① 先以微分筒的端面为准线，读出固定套管下刻度线的分度值；

② 再以固定套管上的水平横线作为读数准线，读出可动刻度上的分度值，读数时应估读到最小度的十分之一，即0.001mm；

③ 如微分筒的端面与固定刻度的下刻度线之间无上刻度线，测量结果即为下刻度线的数值加可动刻度的值；

④ 如微分筒端面与下刻度线之间有一条上刻度线，测量结果应为下刻度线的数值加上0.5mm，再加上可动刻度的值，如图2-17所示。

（5）使用千分尺测量零件尺寸时注意事项

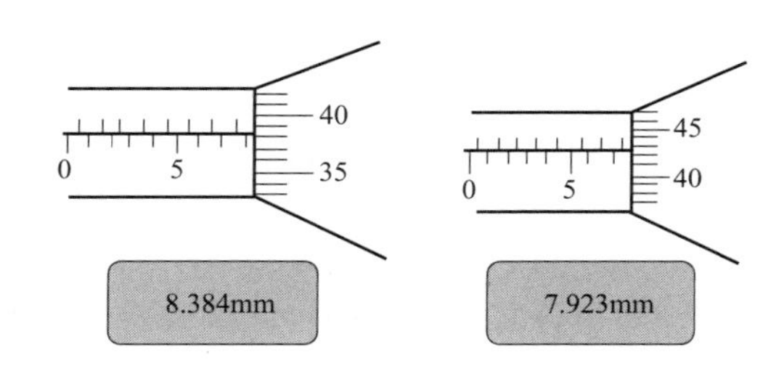

图2-17 外径千分尺的读数

① 调整零位：0~25mm的直接用后面的棘轮转动对零，25mm以上的，用调节棒调节零位；

② 测量外径时，在最后应该活动一下千分尺，不要偏斜；

③ 在对零位和测量的时候，都要使用棘轮，这样才能保持千分尺使用的拧紧力；

④ 测量前应把千分尺擦干净，检查千分尺的测杆是否有磨损，测杆紧密贴合时，应无明显的间隙；

⑤ 测量时，零件必须在千分尺的测量面中心测量；

⑥ 测量时，用力要均匀，轻轻旋转棘轮，以响三声为旋转限度，零件保持要掉不掉的状态；

⑦ 用千分尺测量零件时，最好在零件上进行读数，放松后取出千分尺，这样可以减少对砧面的磨损；如果必须取下读数时，应用制动器锁紧测微螺杆后，再轻轻滑出零件，把千分尺当卡规使用是错误的，因这样做会使测量面过早磨损，甚至会使测微螺杆或尺架发生变形而失去精度；

⑧ 为了获得正确的测量结果，可在同一位置上再测量一次，尤其是测量圆柱形工件时，应在同一圆周的不同方向测量几次，检查工件有没有圆度误差，再在全长的各个部位测量几次，检查工件有没有圆柱度的误差等；

⑨ 测量零件时，零件上不能有异物，并在常温下测量；

⑩ 使用时，必须轻拿轻放，不可掉到地上。

（6）外径千分尺的保养及保管

① 轻拿轻放。

② 将测砧、微分筒擦拭干净，避免切屑粉末、灰尘影响。

③ 将测砧分开，拧紧固定螺丝，以免长时间接触而造成生锈。

④ 不得放在潮湿、温度变化大的地方。

⑤ 禁止用千分尺测量运转或高温物件。

⑥ 严禁用千分尺当卡钳用或当锤子用敲击他物。

笔记

2.2.2 三爪内径千分尺

三爪内径千分尺，适用于测量中小直径的精密内孔，尤其适于测量深孔的直径。测量范围（mm）：6~8，8~10，10~12，11~14，14~17，17~20，20~25，25~30，30~35，35~40，40~50，50~60，60~70，70~80，80~90，90~100。三爪内径千分尺的零位，必须在标准孔内进行校对。

三爪内径千分尺的工作原理：图2-18为测量范围11~14mm的三爪内径千分尺，当顺时针旋转测力装置旋钮6时，就带动测微螺杆3旋转，并使它沿着螺纹轴套4的螺旋线方向移动，于是测微螺杆端部的方形圆锥螺纹就推动三个测量爪1作径向移动。扭簧2的弹力使测量爪紧紧地贴合在方形圆锥螺纹上，并随着测微螺杆的进退而伸缩。

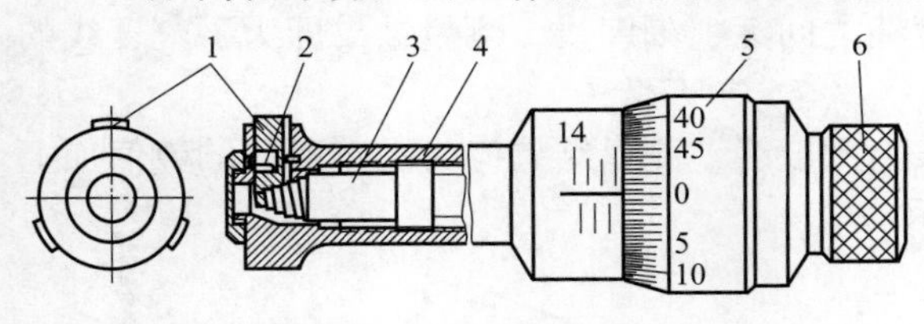

图2-18 三爪内径千分尺

1—测量爪；2—扭簧；3—测微螺杆；4—螺纹轴套；5—微分筒；6—旋钮

三爪内径千分尺的方形圆锥螺纹的径向螺距为0.25mm。即当测力装置顺时针旋转一周时测量爪1就向外移动（半径方向）0.25mm，三个测量爪组成的圆周直径就要增加0.5mm。即微分筒旋转一周时，测量直径增大0.5mm而微分筒的圆周上刻着100个等分格，所以它的读数值为0.5mm÷100=0.005mm。

2.2.3 壁厚千分尺

壁厚千分尺如图2-19所示。主要用于测量精密管形零件的壁厚。壁厚千分尺的测量面镶有硬质合金，以提高使用寿命。

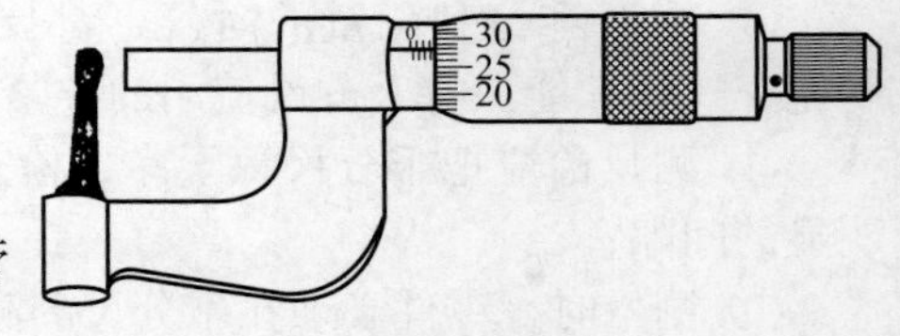

图2-19 壁厚千分尺

测量范围（mm）：0~10，0~15，0~25，25~50，50~75，75~100。读数值（mm）：0.01。

笔记

2.2.4 公法线长度千分尺

公法线长度千分尺如图2-20所示。主要用于测量外啮合圆柱齿轮的两个不同齿面公法线长度，也可以在检验切齿机床精度时，按被切齿轮的公法线检查其原始外形尺寸。它的结构与外径百分尺相同，所不同的是在测量面上装有两个带精确平面的量钳（测量面）来代替原来的测砧面。

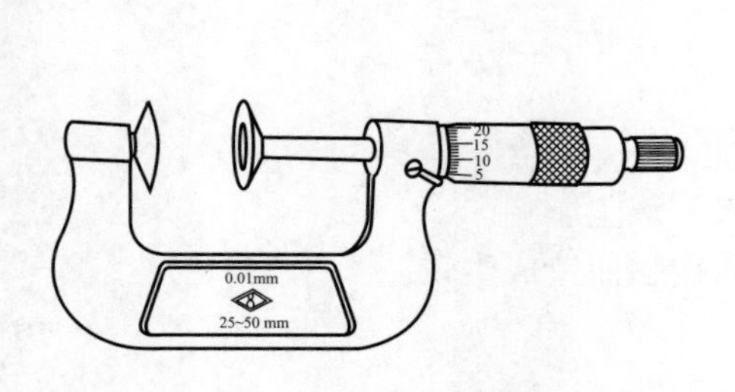

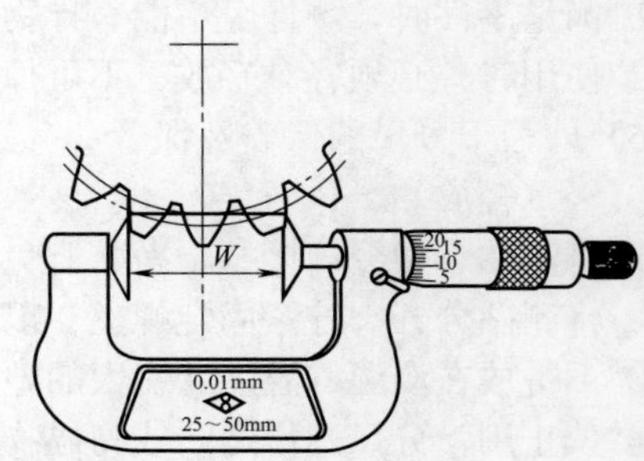

图2-20 公法线长度测量

测量范围（mm）：0~25，25~50，50~75，75~100，100~125，125~150。读数值（mm）：0.01。测量模数m(mm)≥1。

2.2.5　尖头千分尺

尖头千分尺如图2-21所示，主要用来测量零件的厚度、长度、直径及小沟槽。如钻头和偶数槽丝锥的沟槽直径等。

测量范围（mm）：0~25，25~50，50~75，75~100。读数值：（mm）0.01。

2.2.6　螺纹千分尺

螺纹千分尺如图2-22所示。主要用于测量普通螺纹的中径。

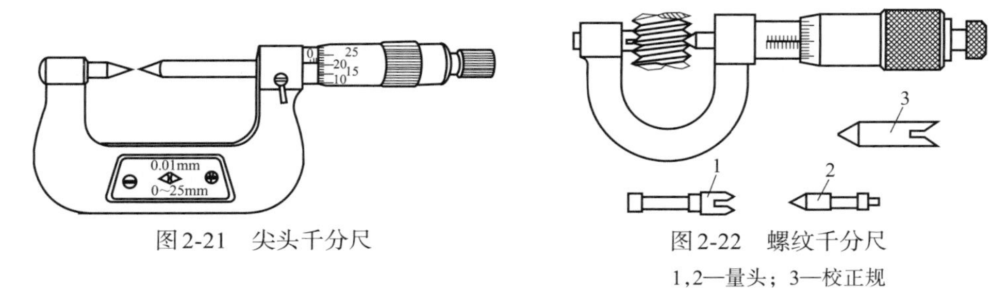

图2-21　尖头千分尺

图2-22　螺纹千分尺
1,2—量头；3—校正规

螺纹千分尺的结构与外径百分尺相似，所不同的是它有两个特殊的可调换的量头1和2，其角度与螺纹牙型角相同。

测量范围与测量螺距的范围见表2-5。

表2-5　普通螺纹中径测量范围

测量范围/mm	测头数量/副	测头测量螺距的范围/mm
0~25	5	0.4~0.5;0.6~0.8;1~1.25;1.5~2;2.5~3.5
25~50	5	0.6~0.8;1~1.25;1.5~2;2.5~3.5;4~6
50~75 75~100	4	1~1.25;1.5~2;2.5~3.5;4~6
100~125 125~150	3	1.5~2;2.5~3.5;4~6

笔记

2.3　百分表

百分表用来校正零件或夹具的安装位置，检验零件的形状精度或相互位置精度。百分表的读数值为0.01mm。车间里经常使用到百分表。

2.3.1　百分表的结构

百分表的外形如图2-23所示。7为测量杆，5为指针，表盘2上刻有100个等分格，其刻度值（即读数值）为0.01mm。当指针转一圈时，小指针即转动一小格，转数指示盘4的刻度值为1mm。用手转动表圈3时，表盘2也跟着转动，可使指针对准任一刻线。测量杆7是沿着套筒6上下移动的，套筒6可作为安装百分表用。8是测量头，1是手提测量杆用的圆头。

图2-24是百分表内部机构的示意图。带有齿条的测量杆1的直线移动，通过齿轮传动（Z_1、Z_2、Z_3），转变为指针2的回转运动。齿轮Z_4和弹簧3使齿轮传动的间隙始终在一个方向，起着稳定指针位置的作用。弹簧4是控制百分表的测量压力的。百分表内的齿轮传动机构，使测量杆直线移动1mm时，指针正好回转一圈。

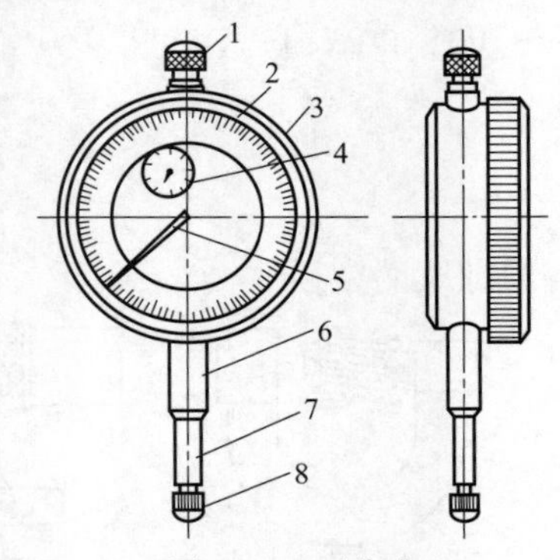

图2-23 百分表

1—圆头；2—表盘；3—表圈；4—转数指示盘；5—指针；6—套筒；7—测量杆；8—测量头

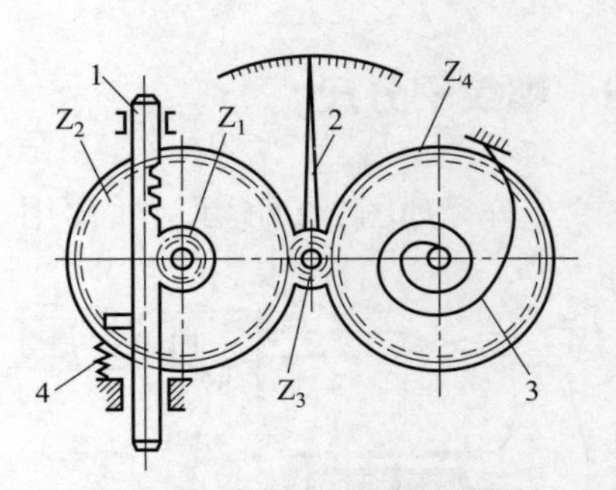

图2-24 百分表的内部结构

1—测量杆；2—指针；3,4—弹簧

由于百分表是作直线移动的，可用来测量长度尺寸，所以也是长度测量工具。目前，国产百分表的测量范围（即测量杆的最大移动量），有0~3mm；0~5mm；0~10mm的三种。

2.3.2 百分表的使用方法

百分表适用于尺寸精度为IT6~IT8级零件的校正和检验。百分表按其制造精度，可分为0、1和2级三种，0级精度较高。使用时，应按照零件的形状和精度要求，选用合适的百分表的精度等级和测量范围。

笔记

使用百分表时，必须注意以下几点：

（1）使用前，应检查测量杆活动的灵活性。即轻轻推动测量杆时，测量杆在套筒内的移动要灵活，没有任何轧卡现象，且每次放松后，指针能回复到原来的刻度位置。

（2）使用百分表时，必须把它固定在可靠的夹持架上（如固定在万能表架或磁性表座上，如图2-25所示），夹持架要安放平稳，以免使测量结果不准确或摔坏百分表。

用夹持百分表的套筒来固定百分表时，夹紧力不要过大，以免因套筒变形而使测量杆活动不灵活。

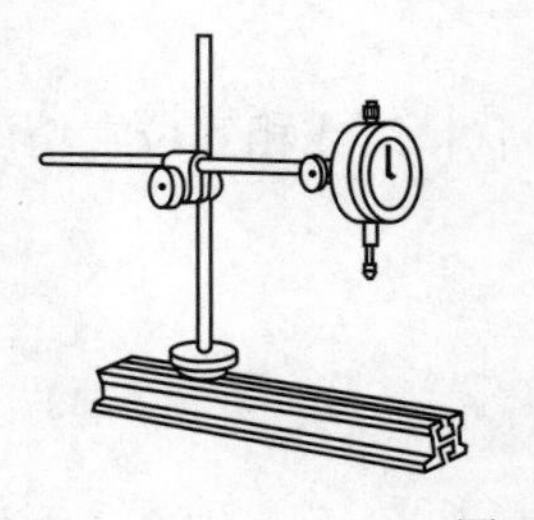
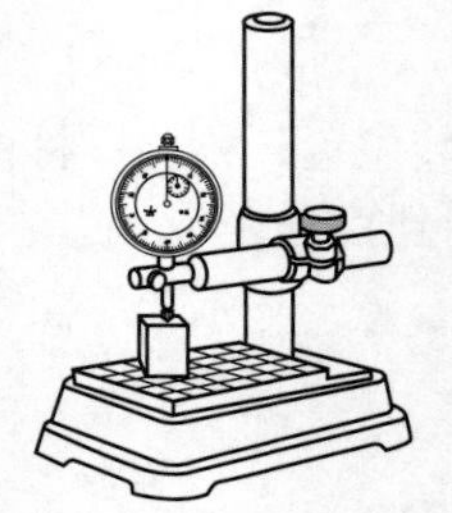
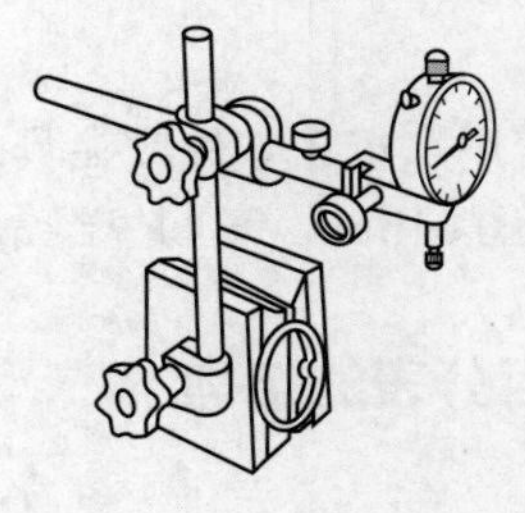

图2-25 安装在专用夹持架上的百分表

（3）用百分表测量零件时，测量杆必须垂直于被测量表面。如图2-26所示。即使测量杆的轴线与被测量尺寸的方向一致，否则将使测量杆活动不灵活或使测量结果不准确。

（4）测量时，不要使测量杆的行程超过它的测量范围；不要使测量头突然撞在零件上；不要使百分表受到剧烈的振动和撞击，亦不要把零件强迫推入测量头下，免得损坏百分表的机件而失去精度。因此，用百分表测量表面粗糙或有显著凹凸不平的零件是错误的。

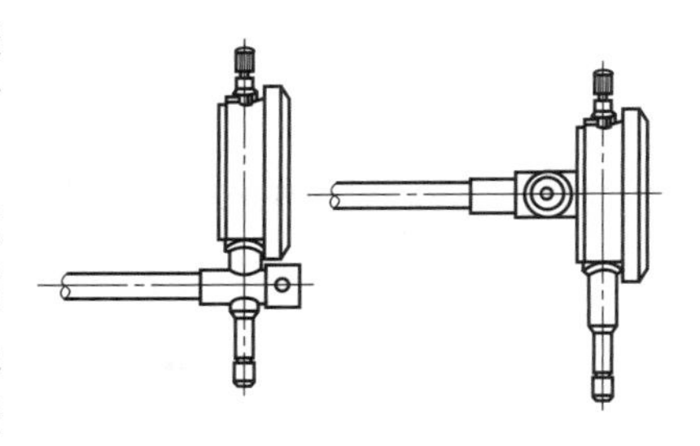
图2-26　百分表安装方法

（5）用百分表校正或测量零件时，如图2-27所示。应当使测量杆有一定的初始测力。即在测量头与零件表面接触时，测量杆应有0.3~1mm的压缩量（千分表可小一点，有0.1mm即可），使指针转过半圈左右，然后转动表圈，使表盘的零位刻线对准指针。轻轻地拉动手提测量杆的圆头，拉起和放松几次，检查指针所指的零位有无改变。当指针的零位稳定后，再开始测量或校正零件的工作。如果是校正零件，此时开始改变零件的相对位置，读出指针的偏摆值，就是零件安装的偏差数值。

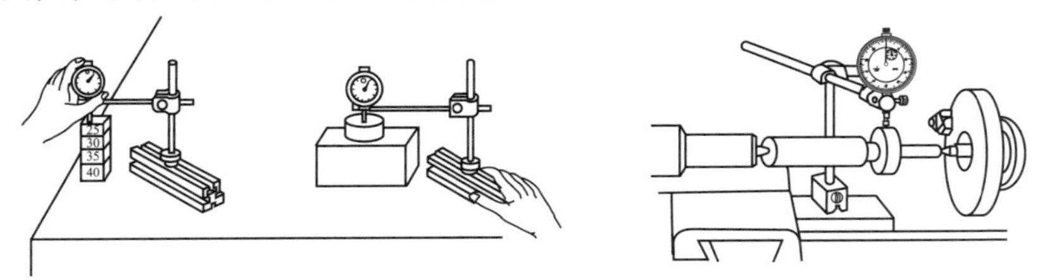
图2-27　百分表尺寸校正与检验方法

（6）检查工件平整度或平行度时，如图2-28所示。将工件放在平台上，使测量头与工件表面接触，调整指针使摆动约$\frac{1}{2}$转，然后把刻度盘零位对准指针，跟着慢慢地移动表座或工件，当指针顺时针摆动时，说明工件偏高了，反时针摆动，则说明工件偏低了。

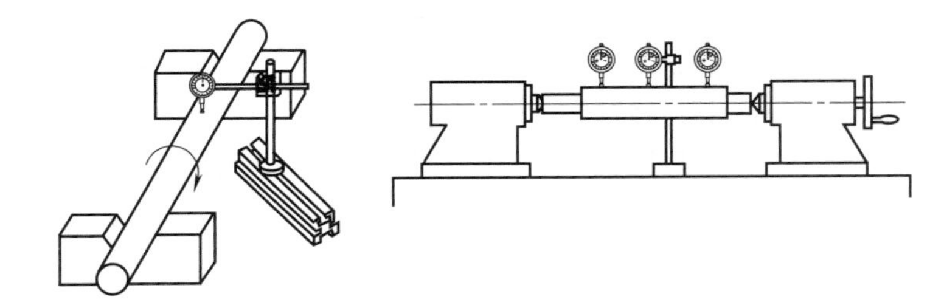
(a) 工件放在V形铁上　　(b) 工件放在专用检验架上

图2-28　轴类零件圆度、圆柱度及跳动

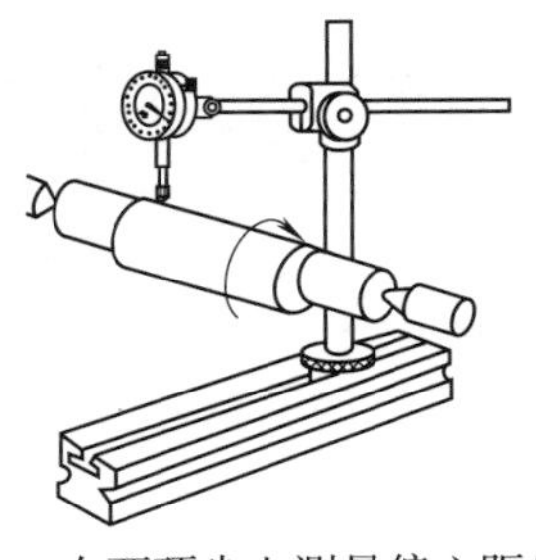
图2-29　在两顶尖上测量偏心距的方法

当进行轴测的时候，就是以指针摆动最大数字为读数（最高点），测量孔的时候，就是以指针摆动最小数字（最低点）为读数。

检验工件的偏心度时，如果偏心距较小，可按图2-29所示方法测量偏心距，把被测轴装在两顶尖之间，使百分表的测量头接触在偏心部位上（最高点），用手转动轴，百分表上指示出的最大数字和最小数字（最低点）之差的$\frac{1}{2}$

笔记

就等于偏心距的实际尺寸。偏心套的偏心距也可用上述方法来测量，但必须将偏心套装在心轴上进行测量。

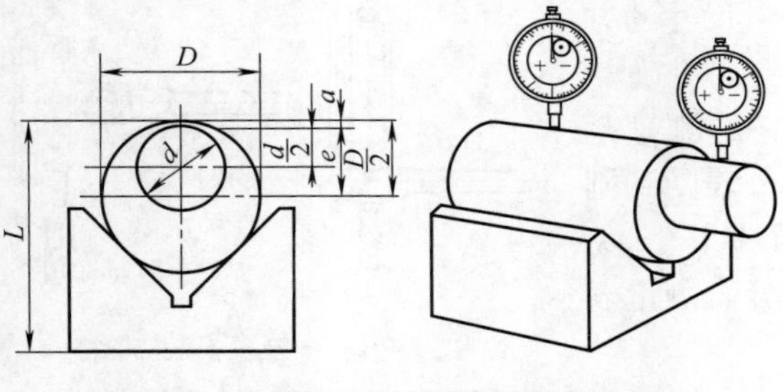

图2-30 偏心距的间接测量方法

偏心距较大的工件，因受到百分表测量范围的限制，就不能用上述方法测量。这时可用如图2-30所示的间接测量偏心距的方法。测量时，把V形铁放在平板上，并把工件放在V形铁中，转动偏心轴，用百分表测量出偏心轴的最高点，找出最高点后，工件固定不动。再用百分表水平移动，测出偏心轴外圆到基准外圆之间的距离a，然后用下式计算出偏心距e：

$$\frac{D}{2}=e+\frac{d}{2}+a$$

$$e=\frac{D}{2}-\frac{d}{2}-a$$

式中 e——偏心距，mm；

D——基准轴外径，mm；

d——偏心轴直径，mm；

a——基准轴外圆到偏心轴外圆之间最小距离，mm。

用上述方法，必须把基准轴直径和偏心轴直径用百分尺测量出正确的实际尺寸，否则计算时会产生误差。

（7）检验车床主轴轴线对刀架移动平行度时，在主轴锥孔中插入一检验棒，把百分表固定在刀架上，使百分表测头触及检验棒表面，如图2-31所示。移动刀架，分别对侧母线A和上母线B进行检验，记录百分表读数的最大差值。为消除检验棒轴线与旋转轴线不重合对测量的影响，必须旋转主轴180°，再同样检验一次A、B的误差分别计算，两次测量结果的代数和之半就是主轴轴线对刀架移动的平行度误差。要求水平面内的平行度允差只许向前偏，即检验棒前端偏向操作者；垂直平面内的平行度允差只许向上偏。

（8）检验刀架移动在水平面内直线度时，将百分表固定在刀架上，使其测头顶在主轴和尾座顶尖间的检验棒侧母线上（图2-32位置A），调整尾座，使百分表在检验棒两端的读数相等。然后移动刀架，在全行程上检验。百分表在全行程上读数的最大代数差值，就是水平面内的直线度误差。

笔记

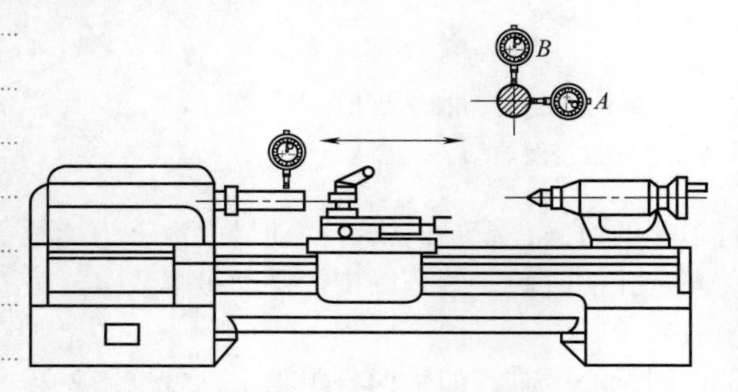

图2-31 主轴轴线对刀架移动的平行度检验

A—侧母线位置；B—上母线位置

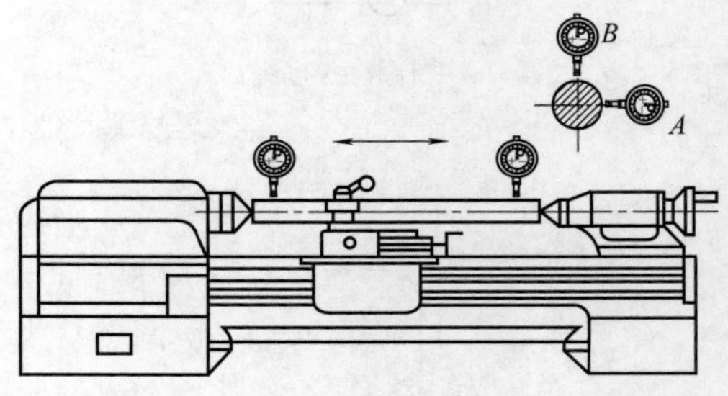

图2-32 刀架移动在水平面内的直线度检验

（9）在使用百分表的过程中，要严格防止水、油和灰尘渗入表内，测量杆上也不要加油，免得粘有灰尘的油污进入表内，影响表的灵活性。

（10）百分表不使用时，应使测量杆处于自由状态，以免使表内的弹簧失效。如内径百分表上的百分表，不使用时，应拆下来保强。

2.4 塞尺

塞尺又称厚薄规或间隙片，主要用来检验机床特别紧固面和紧固面、活塞与气缸、活塞环槽和活塞环、十字头滑板和导板、进排气阀顶端和摇臂、齿轮啮合间隙等两个结合面之间的间隙大小。塞尺是由许多层厚薄不一的薄钢片组成（图2-33），按照塞尺的组别制成一把一把的塞尺，每把塞尺中的每片具有两个平行的测量平面，且都有厚度标记，以供组合使用。

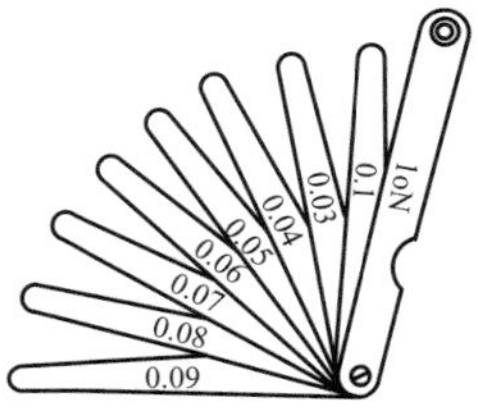

图2-33　塞尺

测量时，根据结合面间隙的大小，用一片或数片重叠在一起塞进间隙内。例如用0.03mm的一片能插入间隙，而0.04mm的一片不能插入间隙，这说明间隙在0.03~0.04mm之间，所以塞尺也是一种界限量规。塞尺的规格见表2-6。

使用塞尺时必须注意下列几点：

（1）根据结合面的间隙情况选用塞尺片数，但片数愈少愈好；

（2）测量时不能用力太大，以免塞尺遭受弯曲和折断；

（3）不能测量温度较高的工件。

表2-6　塞尺的规格

A型	B型	塞尺片长度/mm	片数	塞尺的厚度及组装顺序
组别标记				
75A13	75B13	75	3	0.02;0.02;0.03;0.03;0.04;0.04;0.05;0.05;0.06;0.07;0.08;0.09;0.10
100A13	100B13	100		
150A13	150B13	150		
200A13	200B13	200		
300A13	300B13	300		
75A14	75B14	75	14	1.00;0.05;0.06;0.07;0.08;0.09;0.19;0.15;0.20;0.25;0.30;0.40;0.50;0.75
100A14	100B14	100		
150A14	150B14	150		
200A14	200B14	200		
300A14	300B14	300		
75A17	75B17	75	17	0.50;0.02;0.03;0.04;0.05;0.06;0.07;0.08;0.09;0.10;0.15;0.20;0.25;0.30;0.35;0.40;0.45
100A17	100B17	100		
150A17	150B17	150		
200A17	200B17	200		
300A17	300B17	300		

笔记

2.5 万能角度尺

万能角度尺是用来测量精密零件内外角度或进行角度划线的角度量具。万能角度尺的读数机构，如图2-34所示，是由刻有基本角度刻线的尺座1和固定在扇形板3上的游标2组成。扇形板可在尺座上回转移动（有制动器4），形成了和游标卡尺相似的游标读数机构。

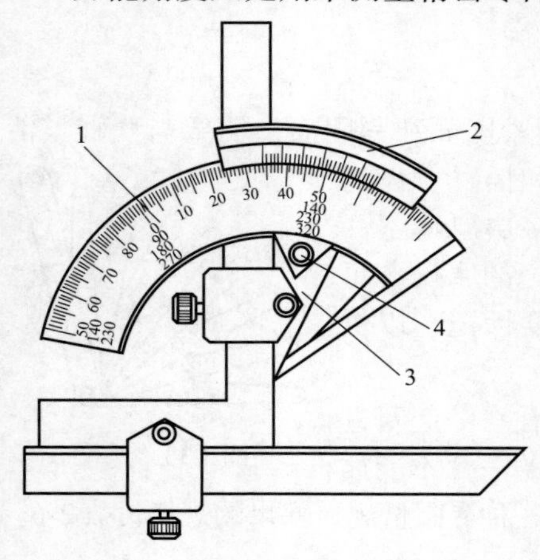

图2-34 万能角度尺

1—尺座；2—游标；3—扇形板；4—制动器

万能角度尺尺座上的刻度线每格1°。由于游标上刻有30格，所占的总角度为29°，因此，两者每格刻线的度数差是

$$1° - \frac{29°}{30} = \frac{1°}{30} = 2'$$

即万能角度尺的精度为2′。

万能角度尺的读数方法和游标卡尺相同，先读出游标零线前的角度是几度，再从游标上读出角度“分”的数值，两者相加就是被测零件的角度数值。

万能量角尺的尺座上，基本角度的刻线只有0°~90°，如果测量的零件角度大于90°，则在读数时，应加上一个基数（90°、180°、270°）。当零件角度为：>90°~180°，被测角度=90°+量角尺读数，>180°~270°，被测角度=180°+量角尺读数，>270°~320°，被测角度=270°+量角尺读数。

用万能角度尺测量零件角度时，应使基尺与零件角度的母线方向一致，且零件应与量角尺的两个测量面的全长上接触良好，以免产生测量误差。

2.6 条式水平仪

笔记

水平仪是测量角度变化的一种常用量具，主要用于测量机件相互位置的水平位置和设备安装时的平面度、直线度和垂直度，也可测量零件的微小倾角。

常用的水平仪有条式水平仪、框式水平仪和数字式光学合像水平仪等。

图2-35是钳工常用的条式水平仪。条式水平仪由作为工作平面的V形底平面和与工作平面平行的水准器 （俗称气泡）两部分组成。工作平面的平直度和水准器与工作平面的平行度都做得很精确。当水平仪的底平面放在准确的水平位置时，水准器内的气泡正好在中间位置 （即水平位置）。 在水准器玻璃管内气泡两端刻线为零线的两边，刻有不少于8格的刻度，刻线间距为2mm。当水平仪的底平面与水平位置有微小的差别时，也就是水平仪底平面两端有高低时，水准器内的气泡由于地心引力的作用总是往水准器的最高一侧移动，这就是水平仪的使用原理。两端高低相差不多时，气泡移动也不多，两端高低相差较大时，气泡移动也较大，在水准器

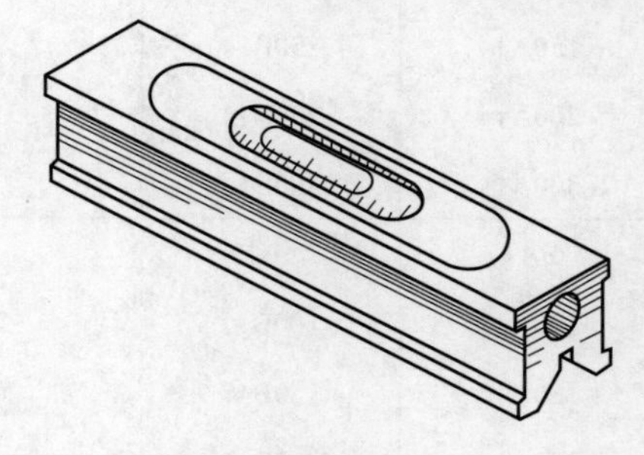

图2-35 条式水平仪

的刻度上就可读出两端高低的差值。

条式水平仪的规格见表2-7。条式水平仪分度值的说明，如分度值0.03mm/m，即表示气泡移动一格时，被测量长度为1m的两端上，高低相差0.03mm。

表2-7 水平仪的规格

<table>
<tr><th rowspan="2">品种</th><th colspan="3">外形尺寸/mm</th><th colspan="2">分度值</th></tr>
<tr><th>长</th><th>宽</th><th>高</th><th>组别</th><th>/(mm/m)</th></tr>
<tr><td rowspan="5">框式</td><td>100</td><td>25~35</td><td>100</td><td rowspan="3">Ⅰ</td><td rowspan="3">0.02</td></tr>
<tr><td>150</td><td>30~40</td><td>150</td></tr>
<tr><td>200</td><td>35~40</td><td>200</td></tr>
<tr><td>250</td><td rowspan="2">40~50</td><td>250</td><td rowspan="4">Ⅱ</td><td rowspan="4">0.03~0.05</td></tr>
<tr><td>30</td><td>300</td></tr>
<tr><td rowspan="5">条式</td><td>100</td><td>30~35</td><td>35~40</td></tr>
<tr><td>150</td><td>35~40</td><td>35~45</td></tr>
<tr><td>200</td><td rowspan="3">40~45</td><td rowspan="3">40~50</td><td rowspan="3">Ⅲ</td><td rowspan="3">0.06~0.15</td></tr>
<tr><td>250</td></tr>
<tr><td>300</td></tr>
</table>

笔记

模块 3

车削加工

3.1 认识车削加工

1. 车削加工的基本概念

车削加工是指在车床上利用车刀或钻头、铰刀、丝锥、滚花刀等加工零件的回转表面。

2. 车削加工类型

车床上可进行的典型工作见表3-1。车削加工表面可达到的尺寸精度为IT11~IT6，表面粗糙度为Ra12.5~0.8μm。

表3-1 车床典型工作

车端面	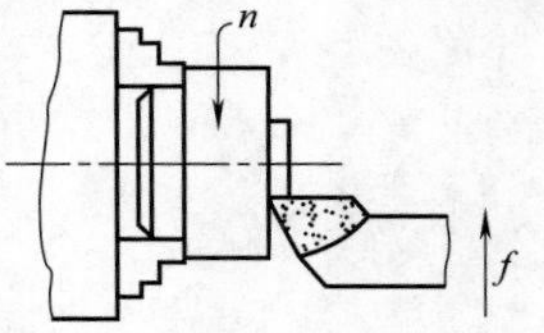 n f	钻孔	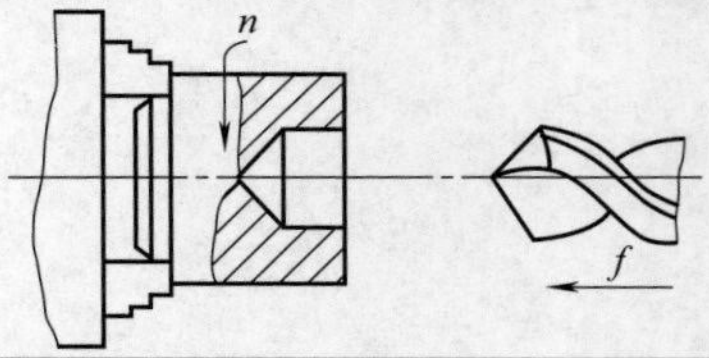 n f
钻中心孔	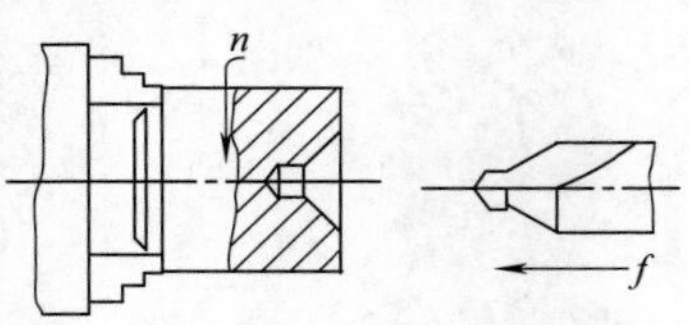 n f	车孔	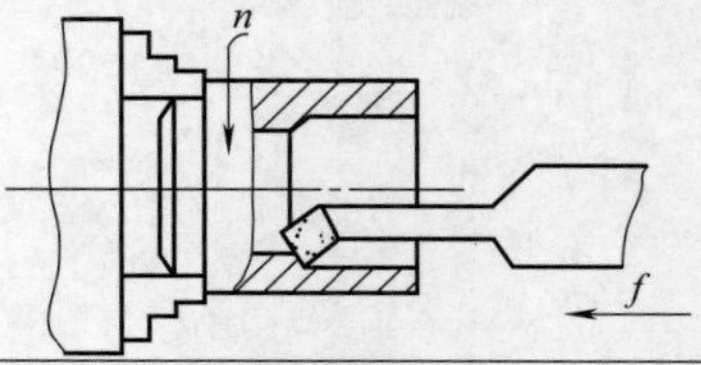 n f
车外圆	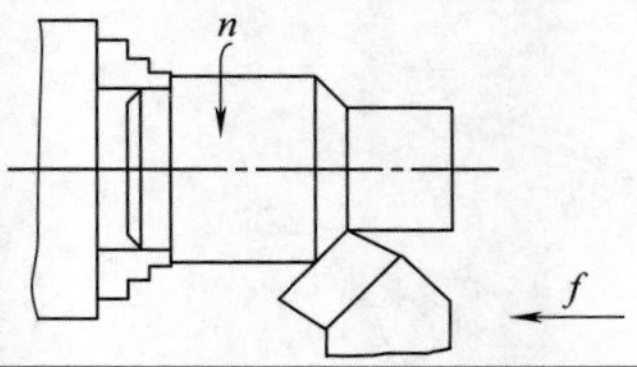 n f	铰孔	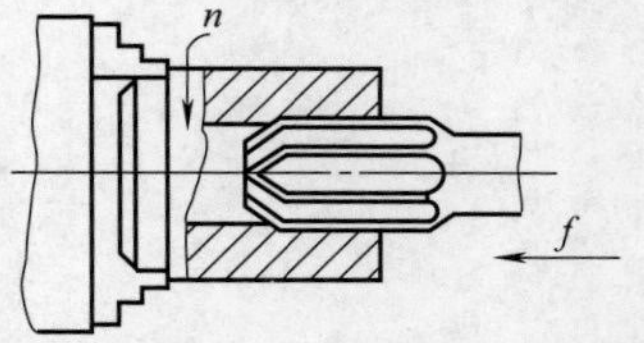 n f
车锥体	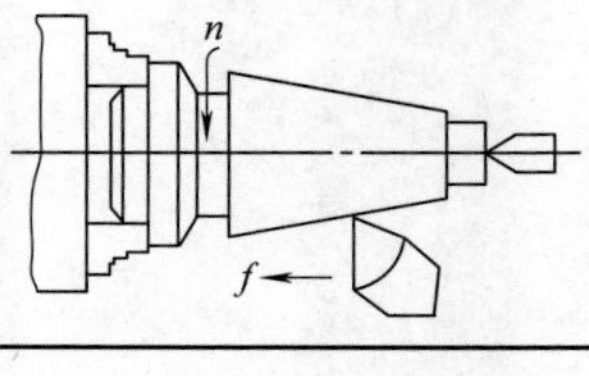 n f	车螺纹	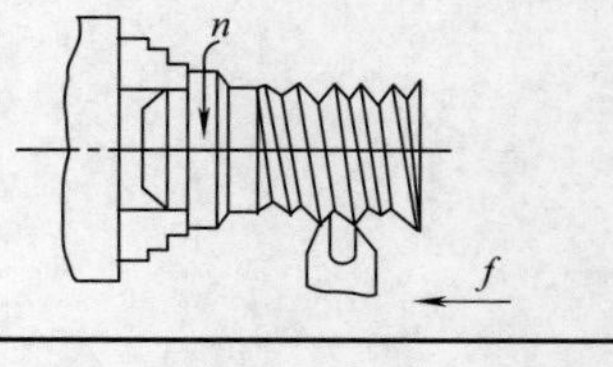 n f

续表

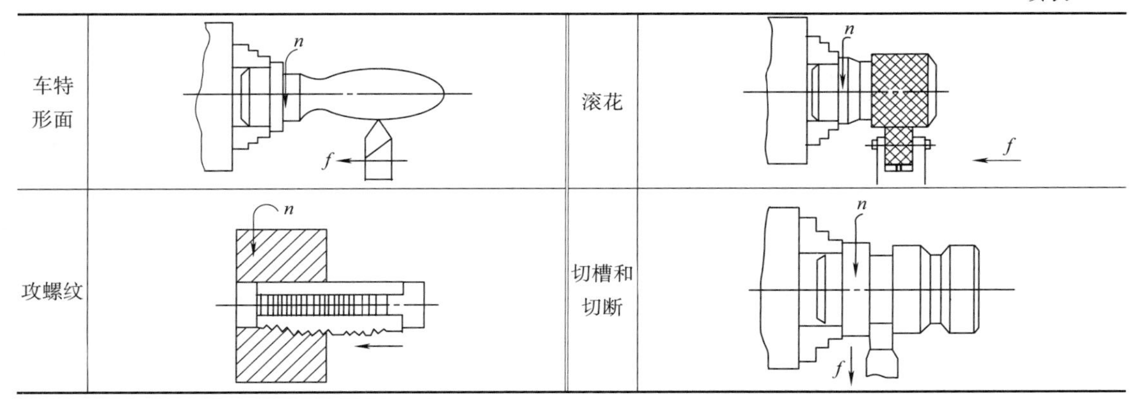

车特形面		滚花	
攻螺纹		切槽和切断	

3. 切削运动及切削用量

以外圆车削加工为例，车削加工过程中的两个运动（主运动、进给运动）及三个表面（待加工表面、加工表面、已加工表）如图3-1（a）所示，车削时的切削用量如图3-1（b）所示。

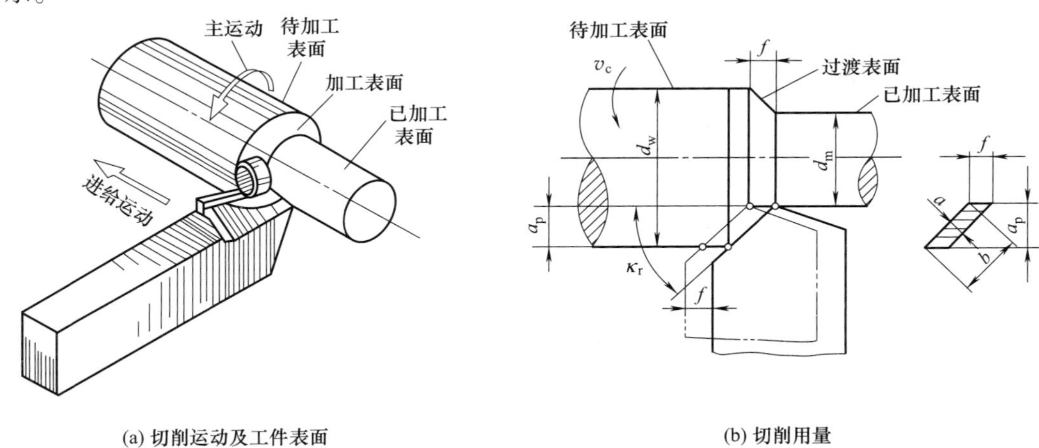

(a) 切削运动及工件表面　　(b) 切削用量

图3-1　外圆车削

主运动：加工过程中，工件的旋转运动。

进给运动：加工过程中，刀具的移动。

进给量f：工件每转一周刀具所移动的距离（单位：mm/r）。

切削速度v_c：工件加工表面最大直径处的线速度（单位：m/s）。

切削深度a_p：一次进给所切去的金属层厚度（单位：mm）。

4. 工艺过程

车削加工中为了保证工件质量和提高生产率，一般按粗车、半精车、精车的顺序进行。

粗车的目的为尽快地从毛坯上切去大部分加工余量，粗车工艺一般优先采用比较大的切削深度，其次选用较大的进给量，采用中等偏低的切削速度，以得到比较高的生产率和使刀具比较耐用。车削硬钢比车削软钢时的切削速度要低，车削铸件比车削钢件时的切削速度要低，不用切削液时的切削速度也要低些。

笔记

精车的目的是保证工件的加工精度和表面要求，在此前提下尽可能地提高生产率。精车一般应选用较小的切削深度和进给量，同时选用较高的切削速度。

对于一些精度及表面质量要求高的表面，在粗车与精车间还需安排半精车加工，为精车做好精度和余量准备。

粗车可达到的尺寸精度为IT13~IT11，表面粗糙度为*Ra*50~12.5。半精车可达到的尺寸精度为IT10~IT9，表面粗糙度为*Ra*6.3~3.2。精车可达到的尺寸精度为IT8~IT6，表面粗糙度为*Ra*3.2~0.8μm。

5. 切削液

车削时应根据加工性质、工件材料、刀具材料等条件选用合适的切削液。粗加工时，加工余量和切削用量大，产生大量的切削热，所以应选用冷却性能好的水基切削液或低浓度的乳化液；精加工时，主要是为了保证加工精度和表面质量，故以切削油或高浓度乳化液为好；钻、铰孔等孔加工时，排屑和散热困难，容易烧伤刀具和增大工件表面粗糙度，所以选用黏度小的水基切削液或乳化液，并加大流量和压力强化冲洗作用。切削铸铁等脆性材料时，一般可不用切削液。但精加工时，为了提高切削表面质量，可选用渗透性和清洗性都比较好的煤基或水基切削液；硬质合金刀具耐热性好，一般不加切削液，必要时可采用低浓度的乳化液，但必须连续充分地浇注，以免因断续使用切削液使刀片骤冷骤热而产生裂纹。

3.2 认识车削加工设备

3.2.1 车床

车床的种类很多，如卧式车床（普通车床）、仪表车床、单轴自动车床、立式多轴半自动车床、转塔车床（六角车床）、仿形车床、卡盘车床和立式车床、数控车床等等，其中应用范围最广的是卧式车床（普通车床）。图3-2所示为C6140型普通车床外形图。

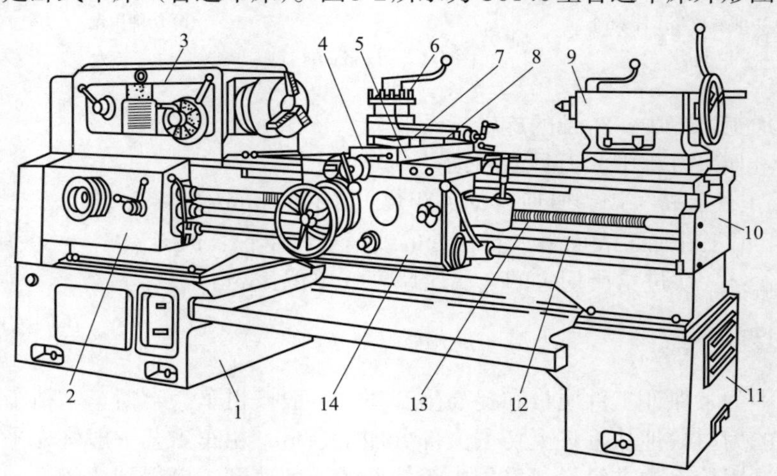

图3-2 C6140车床

1—床腿；2—进给箱；3—主轴箱；4—床鞍；5—中滑板；6—刀架；7—回转盘；8—小滑板；9—尾架；10—床身；11—操纵杠；12—光杠；13—丝杠；14—溜板

车床主要由主轴箱、进给箱、光杠和丝杠、溜板箱、刀架、尾座、床身及床腿组成（其他型号的卧式车床类似）。其作用如下：

（1）主轴箱　主轴箱是装有主轴和变速机构的箱形部件。变换箱外的变速手柄位置，可使主轴得到各种不同的转速。主轴为空心件，可装入棒料；其前端内部为锥孔，可插入顶尖或刀具、夹具；其前端外部为螺纹或锥面，用于安装卡盘等夹具。

（2）进给箱　进给箱内装进给运动的变速齿轮，可调整进给量和螺距，并将运动传至光杠或丝杠。

（3）光杠和丝杠　通过光杠或丝杠将进给箱的运动传给溜板箱。自动走刀用光杠，车削螺纹用丝杠。

（4）溜板箱　与刀架相连，是车床进给运动的操纵箱，装有各种操纵手柄和按钮。它可将光杠传来的旋转运动变为车刀的纵向或横向的直线运动；可将丝杠传来的旋转运动通过对开螺母直接变为车刀的纵向移动，用以车削螺母。

（5）床鞍　也称大滑板，与溜板箱连接，可带动中滑板沿床身导轨作纵向移动。

（6）中滑板　可带动回转盘沿床鞍上的导轨作横向移动。

（7）回转盘　与中滑板连接，用螺栓紧固。松开螺母，转盘可在水平面内扳转任意角度。

（8）小滑板　可沿转盘上的导轨作短距离移动。当转盘扳动一定角度后，小滑板即可带动刀架作相应的斜向运动。

（9）刀架　用来安装车刀，最多可同时装四把。松开锁紧手柄即可转位，选用所需车刀。

（10）尾座　安装在床身导轨上，可沿导轨移至所需的位置。尾座套筒内安装顶尖可支承轴类工件，安装钻头、扩孔钻或铰刀，可在工件上钻孔、扩孔或铰孔。

（11）床身与床腿　用于支承和安装车床的各个部件。床身上有一组精密的导轨，床鞍和尾座可沿导轨左右移动。床腿用于支承床身，并用地脚螺栓固定在地基上。

3.2.2 车刀

1. 车刀的种类和用途

笔记

（1）车刀的类型　普通车床用的车刀种类很多，按其功能可分为外圆车刀、端面车刀、车槽刀、切断刀、车孔刀及螺纹车刀等，按其按结构又可分为整体式车刀、焊接式车刀、机夹车刀等。如图3-3所示。

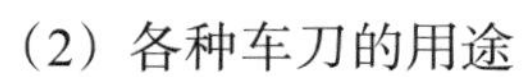

（2）各种车刀的用途

① 外圆车刀　如图3-3（a）、（b）所示，主偏角一般取75°和90°，用于车削外圆表面和台阶。

② 端面车刀　如图3-3（c）所示，主偏角一般取45°，用于车削端面和倒角，也可用来车外圆。

③ 切断、切槽刀　如图3-3（d）所示，用于切断工件或车沟槽。

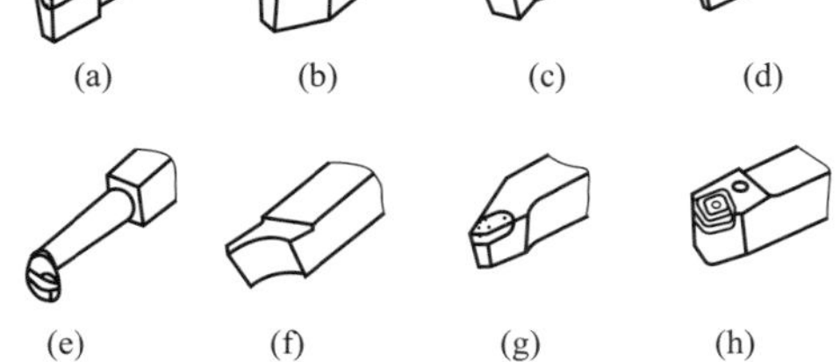

图3-3　车刀的种类

④ 镗孔刀　如图3-3（e）所示，用于车削工件的内圆表面，如圆柱孔、圆锥孔等。

⑤ 成形刀　如图3-3（f）所示，有凹、凸之分。用于车削圆角和圆槽或者各种特形面。

⑥ 内、外螺纹车刀　用于车削外圆表面的螺纹和内圆表面的螺纹。图3-3（g）为外螺纹车刀。

⑦ 整体车刀 刀头部分和刀杆部分均为同一种材料。用作整体式车刀的刀具材料一般是整体高速钢，如图3-3（f）所示。

⑧ 焊接车刀 刀头部分和刀杆部分分属两种材料。即刀杆上镶焊硬质合金刀片，而后经刃磨所形成的车刀。图3-3（a）、（b）、（c）、（d）、（e）、（g）均为焊接车刀。

⑨ 机夹车刀 刀头部分和刀杆部分分属两种材料。它是将硬质合金刀片用机械夹固的方法固定在刀杆上的，如图3-3（h）所示。目前，机夹车刀应用比较广泛，尤其以数控车床应用更为广泛。用于车削外圆、端面、切断、镗孔、内、外螺纹等。

机夹车刀的优点在于避免焊接引起的缺陷，刀柄能多次使用，刀具几何参数设计选用灵活。如采用集中刃磨，对提高刀具质量、方便管理、降低刀具费用等方面都有利。

常用车刀的用途如图3-4所示。

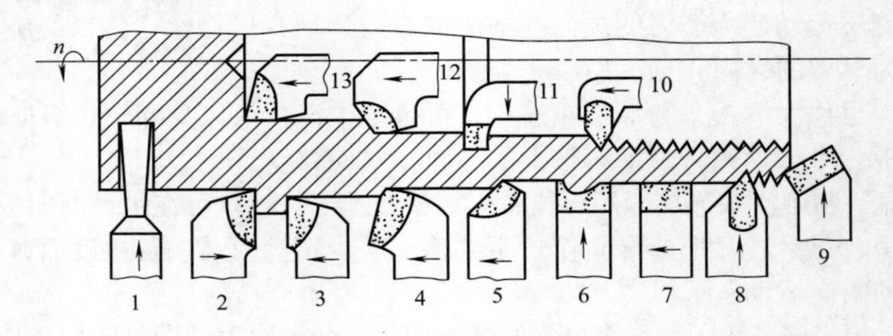

图3-4 常用车刀的用途

1—外切槽刀；2—左偏刀；3—右偏刀；4,5—外圆车刀；6—成形车刀；7—宽刃车刀；8—外螺纹车刀；9—端面车刀；10—内螺纹车刀；11—内切槽刀；12,13—内孔车刀

2. 车刀的刃磨及装卡

根据加工要求，选择好车刀后，必须通过刃磨来得到正确的车刀几何角度；再者，在车削过程中，会因车刀切削刃磨损而失去切削能力，也必须通过刃磨来恢复其切削能力。所以，车工不仅能合理地选择车刀几何角度，还必须熟练地掌握车刀刃磨这一技能。

（1）刃磨车刀设备

笔记

① 砂轮 刃磨车刀之前，首先要根据车刀材料来选择砂轮的种类，否则将达不到良好的刃磨效果。刃磨车刀的砂轮大多采用平形砂轮，精磨时也可采用杯形砂轮。

按磨料不同，常用的砂轮有氧化铝砂轮和碳化硅砂轮两类，其性能及用途见表3-2。

表3-2 砂轮的种类和用途

砂轮种类	颜色	性 能	适 用 场 合
氧化铝	灰黑色(白色)	磨粒韧性好，比较锋利，硬度较低，自锐性好	刃磨高速钢车刀和硬质合金车刀的刀柄部分
碳化硅	绿色	磨粒硬度高，刃口锋利，但脆性较大	刃磨硬质合金车刀的硬质合金部分

② 砂轮机 砂轮机是用来刃磨各种刀具、工具的常用设备，由机座1、防护罩2、电动机3、砂轮4和开关5等几部分组成，如图3-5所示。砂轮机上有绿色和红色控制开关，用以启动和停止砂轮机。

砂轮机使用注意事项：

a. 新安装的砂轮必须严格检查。在使用前要检查外表有无裂纹，可用硬木轻敲砂轮，检查其声音是否清脆。如果有碎裂声必须重新更换砂轮。

b. 在试转合格后才能使用。新砂轮安装完毕，先点动或低速试转，若无明显振动，再改用正常转速空转10min，情况正常后才能使用。

c. 安装后必须保证装夹牢靠，运转平稳。砂轮机启动后，应在砂轮旋转平稳后再进行刃磨。

d. 砂轮旋转速度应小于允许的线速度，速度过高会爆裂伤人，过低又会影响刃磨质量。

e. 若砂轮跳动明显，应及时修整。平形砂轮一般可用砂轮刀在砂轮上来回修整；杯形细粒度砂轮可用金刚石笔或硬砂条修整。

f. 刃磨结束后，应随手关闭砂轮机电源。

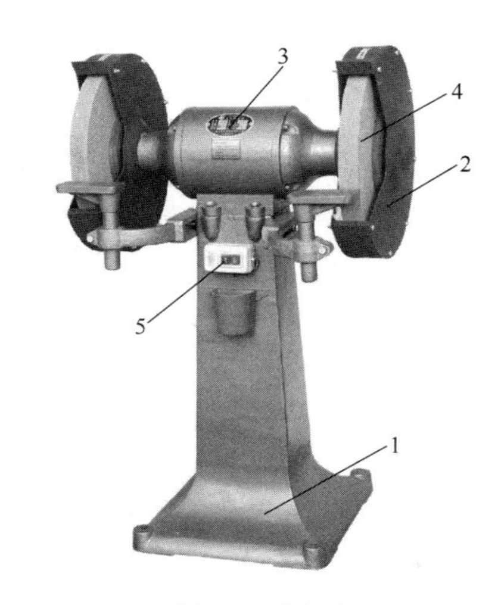

图3-5 砂轮机

1—机座；2—防护罩；3—电动机；4—砂轮；5—开关

（2）车刀刃磨步骤 刃磨车刀时，操作者应站立在砂轮机的侧面，以防砂轮碎裂时碎片飞出伤人，还可防止砂粒飞入眼中。双手握车刀，两肘应夹紧腰部，这样可以减少刃磨时的抖动。

刃磨时，车刀应放在砂轮的水平中心，刀尖略微上翘3°~8°，车刀接触砂轮后应做左右向的水平移动；车刀离开砂轮时，刀尖需向上抬起，以免砂轮碰伤已磨好的切削刃。

车刀刃磨的步骤如下：

① 磨主后刀面，同时磨出主偏角及主后角，如图3-6（a）所示；

② 磨副后刀面，同时磨出副偏角及副后角，如图3-6（b）所示；

③ 磨前面，同时磨出前角，如图3-6（c）所示；

④ 修磨各刀面及刀尖，如图3-6（d）所示。

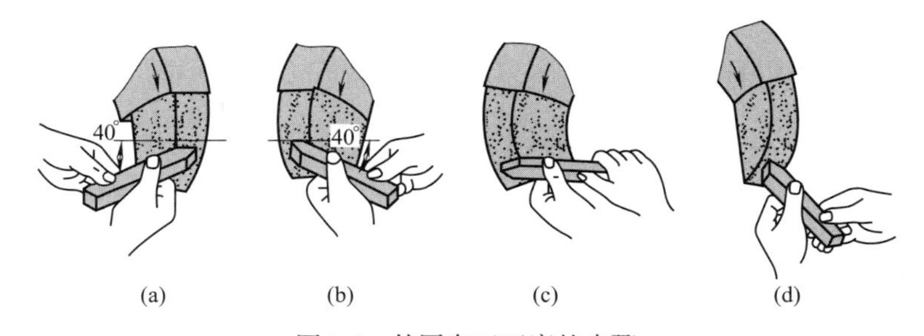

图3-6 外圆车刀刃磨的步骤

笔记

车刀刃磨时注意事项：

① 认识到越是简单的高速旋转的设备就越危险。刃磨时须戴防护眼镜，操作者应站立在砂轮机的侧面，一台砂轮机以一人操作为好。

② 如果砂粒飞入眼中，不能用手去擦，应立即去医务室清除。

③ 使用平形砂轮时，应尽量避免在砂轮的端面上刃磨。

④ 刃磨高速钢车刀时，应及时冷却，以防止切削刃退火，致使硬度降低。而刃磨硬质合金焊接车刀时，则不能浸水冷却，以防止刀片因骤冷而崩裂。

⑤ 刃磨时，砂轮旋转方向必须由刃口向刀体方向转动，以免使切削刃出现锯齿形缺陷。

⑥ 磨刀时不能用力过大，以免打滑伤手。

(3) 车刀的装卡　设计或者刃磨得很好的车刀，如果安装不正确就会改变车刀应有的角度，直接影响工件的加工质量，严重的甚至无法进行正常切削。所以，使用车刀的同时必须正确安装车刀。

① 刀头伸出不宜太长　车刀在切削过程中要承受很大的切削力，伸出太长刀杆刚性不足，极易产生振动而影响切削，使车出的工件表面不光滑（表面粗糙度值高）。所以，车刀刀头伸出的长度应以满足使用为原则，一般不超过刀杆厚度的1~2倍。车刀刀体下面所垫的垫片数量一般1~2片为宜，并与刀架边缘对齐，要用两个螺钉压紧，如图3-7（a）所示，以防止车刀车削工件时产生移位或振动。图3-7（a）为安装正确；图3-7（b）伸出较长不正确；图3-7（c）刀头悬空且伸出太长，安装不正确。

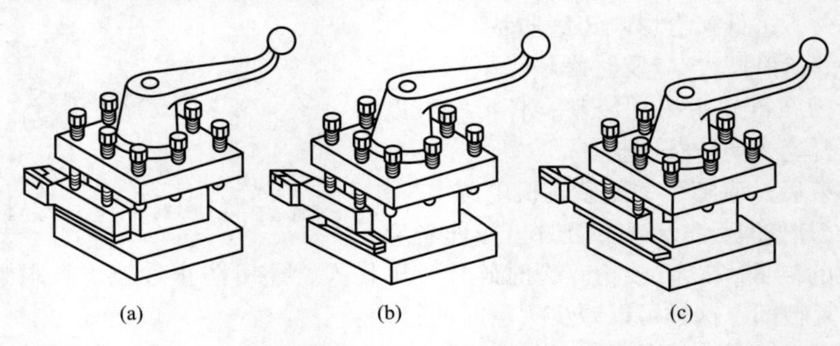

图3-7　车刀装夹示意图

② 车刀刀尖高度要对中　车刀刀尖要与工件回转中心高度一致，如图3-8（b）所示。高度不一致会使切削平面和基面变化而改变车刀应有的静态几何角度，而影响正常的车削，甚至会使刀尖或刀刃崩裂。装得过高或过低均不能正常切削工件。其表现为如下几个方面：

在车外圆柱面时，当车刀刀尖装得高于工件回转中心时［如图3-8（a）所示］，就会使车刀的工作前角增大，实际工作后角减小，增加车刀后面与工件表面的摩擦；当车刀刀尖装得低于工件回转中心时［如图3-8（c）所示］，就会使车刀的工作前角减小，实际工作后角增大，切削阻力增大使切削不顺。车刀刀尖不对准工件中心装夹得过高时，车至工件端面中心会留凸头［如图3-8（d）所示］，会造成刀尖崩碎；装夹得过低时，用硬质合金车刀车到将近工件端面中心处也会使刀尖崩碎［如图3-8（e）所示］。

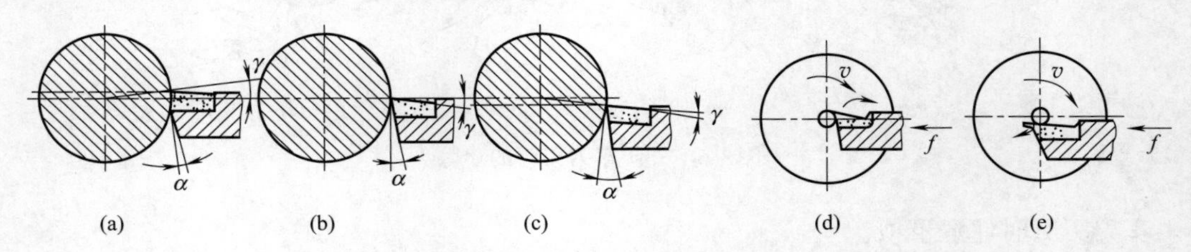

图3-8　车刀刀尖不同高度下切削情况

为使刀尖快速准确地对准工件中心，常采用以下三种方法：根据机床型号确定主轴中心高，用钢尺测量装刀，如图3-9（a）所示；利用尾座顶尖中心确定刀尖的高低，如图3-9（b）所示；用机床卡盘装夹工件，刀尖慢慢靠近工件端面，用目测法装刀并夹紧，试车端面，根据所车端面中心再调整刀尖高度（即端面对刀）。

根据经验，粗车外圆柱面时，将车刀装夹得比工件中心稍低些，这要根据工件直径的大小决定，无论装高或装低，一般不能超过工件直径的1%。注意装夹车刀时不能使用套管，以防用力过大使刀架上的压刀螺钉拧断而损坏刀架。用手转动压刀扳手压紧车刀即可。

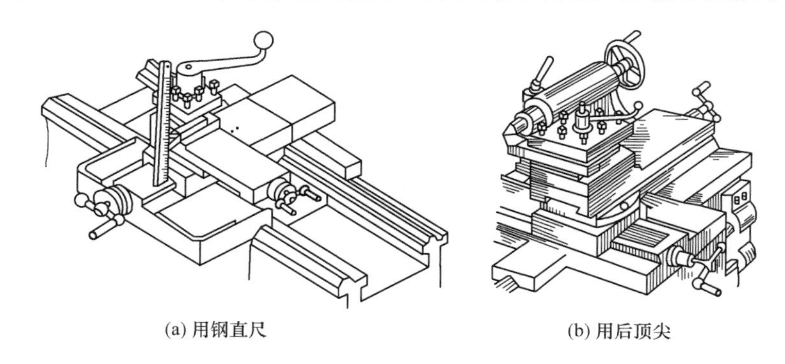

(a) 用钢直尺　　(b) 用后顶尖

图3-9　对刀的方法

③ 车刀放置要正确　车刀在刀架上放置的位置要正确。加工外表面的刀具在安装时其中心线应与进给方向垂直，加工内孔的刀具在安装时其中心线应与进给方向平行，否则会使主、副偏角发生变化而影响车削。

④ 要正切选用刀垫　刀垫的作用是垫起车刀使刀尖与工件回转中心高度一致。刀垫要平整，选用时要做到以少代多、以厚代薄；其放置要正确。如图3-7车刀装夹示意图所示，图（b）中的刀垫放置不应缩回到刀架中去，使车刀悬空，不正确；图（c）中的两块刀垫均使车刀悬空，安装不正确；图（a）为安装正确。

⑤ 安装要牢固　车刀在切削过程中要承受一定的切削力，如果安装不牢固，就会松动移位发生意外。所以使用压紧螺丝紧固车刀时不得少于两个且要可靠。

各类车刀的具体安装须结合教学实际操作讲解。

3.2.3 工件安装及所用附件

1. 用三爪卡盘安装工件

三爪卡盘是车床上最常用的附件，三爪卡盘构造如图3-10所示。

笔记

当转动小锥齿轮时，可使与它相啮合的大锥齿轮随之转动，大锥齿轮的背面的平面螺纹就使三个卡爪同时向中心靠近或退出，以夹紧不同直径的工件。由于三个卡爪是同时移动的，用于夹持圆形截面工件可自行对中，其对中的准确度约为0.05~0.15mm。三爪卡盘还附带三个“反爪”，换到卡盘体上即可用来安装直径较大的工件，如图3-10（c）所示。

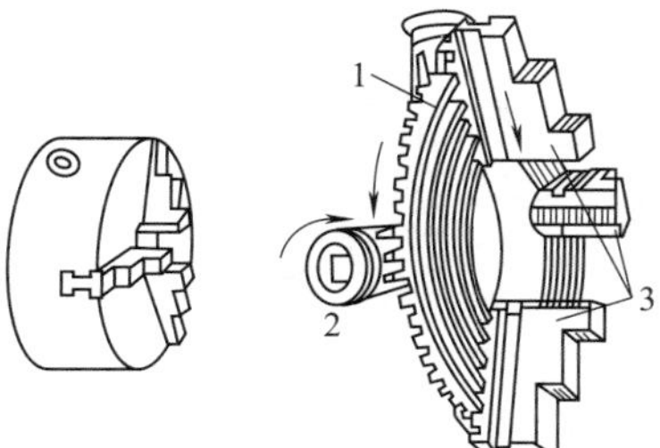

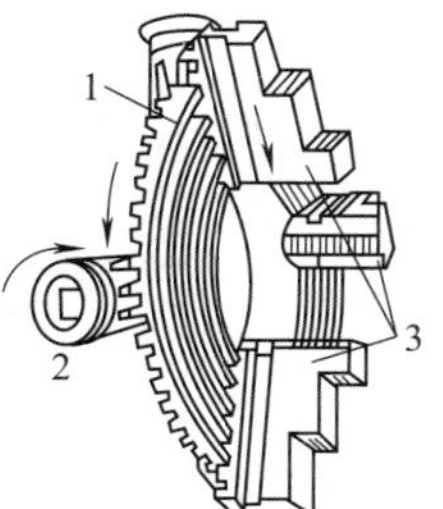

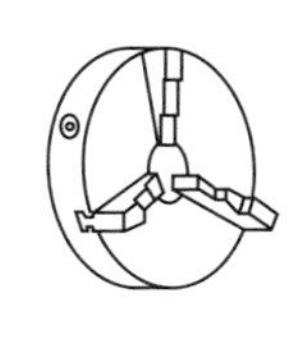

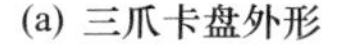

(a) 三爪卡盘外形　(b) 三爪卡盘内部结构　(c) 反三爪卡盘

图3-10　三爪自定心卡盘结构

1—大锥齿轮；2—小锥齿轮；3—卡爪

车床三爪卡盘和主轴的连接如图3-11所示。主轴前部的外锥面和卡盘的锥孔配合起定心作用，键用来传递运动，螺母将卡盘锁紧在主轴上。安装时，要擦干净主轴的外锥面和卡盘的锥孔，在床面上垫以木板，防止卡盘掉下来砸坏床面。

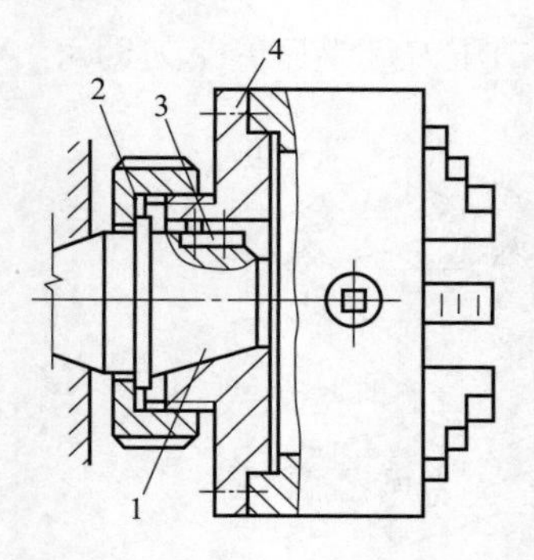

图3-11 卡盘与主轴的连接
1—主轴；2—圆环形外螺纹；3—键；4—卡盘座

2. 用四爪卡盘安装工件

四爪卡盘外形如图3-12所示。它的四个卡爪通过四个调整螺丝独立移动，因此用途广泛。它不但可以装夹截面是圆形的工件，还可以装夹截面是方形、长方形、椭圆或其他不规则形状的工件，如图3-13所示。在圆盘上车偏心孔也常用四爪卡盘装夹。此外，四爪卡盘比三爪卡盘的卡紧力大，所以也用来装夹较重的圆形截面工件。如果把四个卡爪各自调头安装到卡盘体上，起到“反爪”作用，即可安装较大的工件。

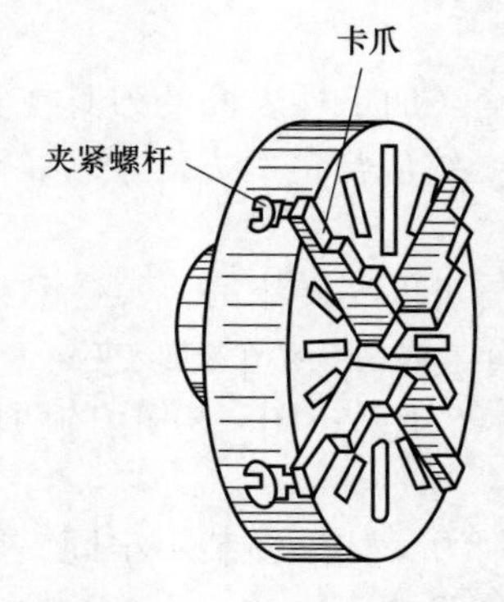

图3-12 四爪卡盘

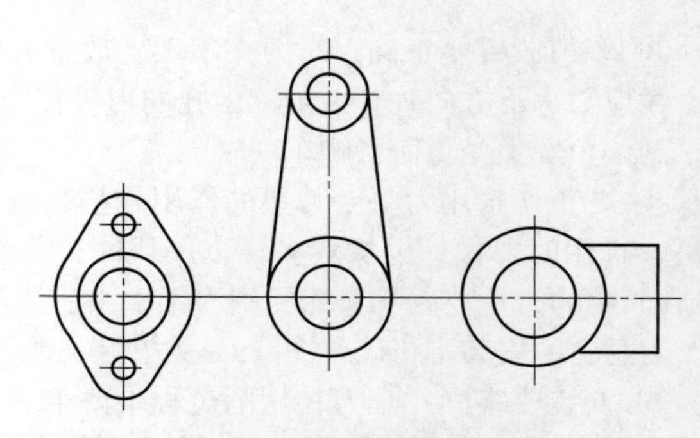
图3-13 适合四爪卡盘装夹的零件举例

由于四爪卡盘的四个卡爪是独立移动的，在安装工件时须仔细地找正。一般用划针盘按工件外圆表面或内孔表面找正，也常按预先在工件上划的线找正，如图3-14（a）所示。如零件的安装精度要求很高，三爪卡盘不能满足安装精度要求，也往往在四爪卡盘上安装。此时，须用百分表找正，如图3-14（b）所示，其安装精度可达0.01mm。

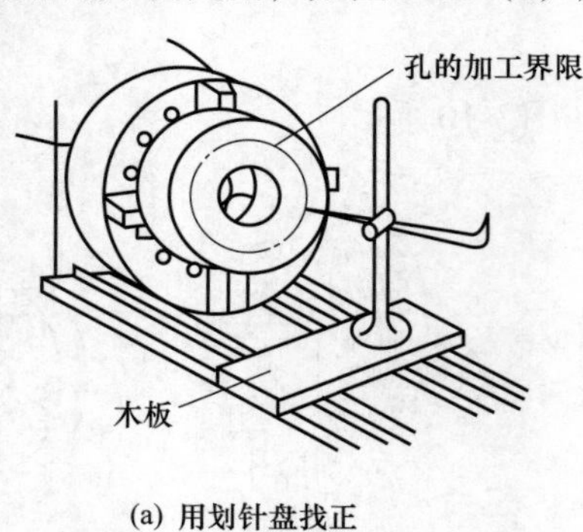

(a) 用划针盘找正

(b) 用百分表找正

图3-14 用四爪卡盘安装工件时的找正

3. 用顶尖安装工件

在车床上加工轴类工件时，往往用顶尖来安装工件，如图3-15所示。把轴架在前后两个顶尖上，前顶尖装在主轴的锥孔内，并和主轴一起旋转，后顶尖装在尾架套筒内，前后顶尖就确定了轴的位置。将卡箍卡紧在轴端上，卡箍的尾部伸入到拨盘的槽中，拨盘安装在主轴上（安装方式与三爪卡盘相同）并随主轴一起转动，通过拨盘带动卡箍即可使轴转动。常用的顶尖有普通顶尖（也叫死顶尖）和活顶尖两种，其形状如图3-16所示。前顶尖用死顶尖。在高速切削时，为了防止后顶尖与中心孔由于摩擦发热过大而磨损或烧坏，常采用活顶尖，由于活顶尖的准确度不如死顶尖高，故一般用于轴的粗加工或半精加工。轴的精度要求比较高时，后顶尖也应用死顶尖，但要合理选择切削速度。

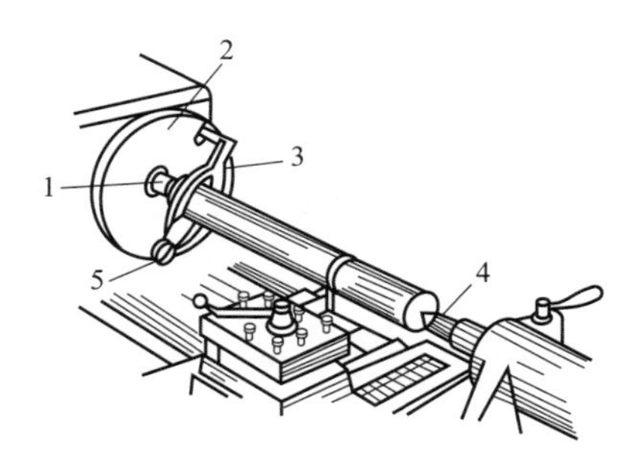

图3-15 用顶尖安装工件

1—前顶尖；2—拨盘；3—卡箍；4—后顶尖；5—夹紧螺钉

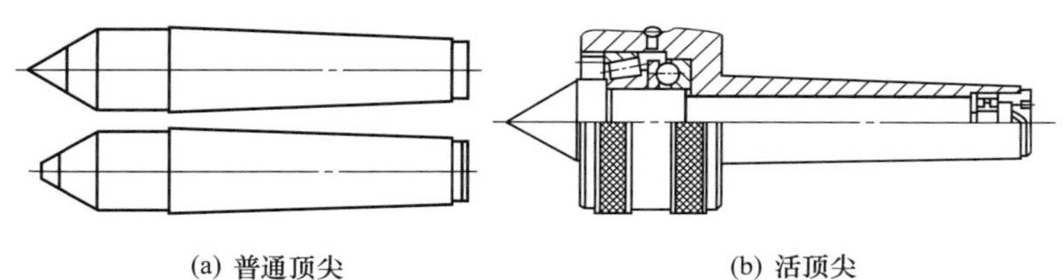

(a) 普通顶尖　　(b) 活顶尖

图3-16 顶尖

用顶尖安装轴类工件的步骤如下。

（1）在轴的两端打中心孔　中心孔的形状如图3-17所示，有普通的和双锥面的两种。

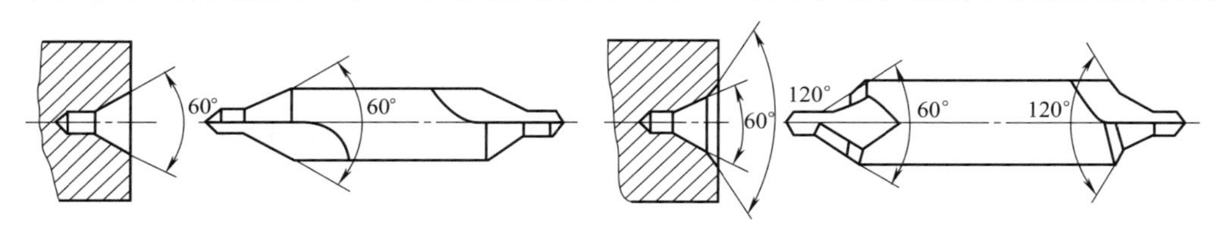

(a) 普通中心孔　　(b) 双锥面中心孔

图3-17 中心孔和中心钻

中心孔的锥面（60°）是和顶尖相配合的。前面的小圆孔是为了保证顶尖与锥面能紧密地接触，此外还可以存留少量的润滑油。双锥面的120°面又叫保护锥面，是防止60°锥面被碰坏而不能与顶尖紧密地接触。另外，也便于在顶尖上加工轴的端面。

中心孔多用中心钻在车床上或钻床上钻出，在加工之前一般先把轴的端面车平。

（2）安装校正顶尖　顶尖是借尾部锥面与主轴或尾架套筒锥孔的配合而装紧的，因此安装顶尖时，必须先擦净锥孔和顶尖，然后用力推紧；否则装不牢或装不正。校正时，把尾架移向床头箱，检查前后两个顶尖的轴线是否重合。如果发现不重合，则必须将尾架体作横向调节，使之符合要求，如图3-18所示。

笔记

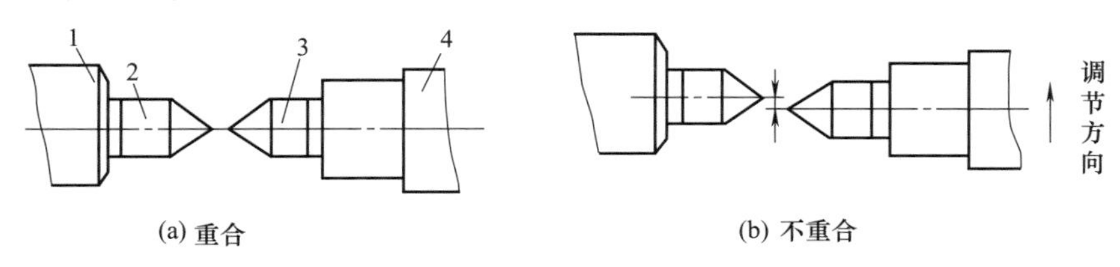

(a) 重合　　(b) 不重合

图3-18 两顶尖轴线应重合

1—主轴；2—前顶尖；3—后顶尖；4—尾座

（3）安装工件 首先在轴的一端安装卡箍如图3-19所示，稍微拧紧卡箍的螺钉。另一端的中心孔涂上黄油。但如用活顶尖，就不必涂黄油。对于已加工表面，装卡箍时应该垫上一个开缝的管或包上薄铁皮以免夹伤工件。轴在顶尖上安装的步骤如图3-20所示。

在顶尖上安装轴类工件，由于两端都是锥面定位，其定位的准确度比较高，即使多次装卸与调头，零件的轴线始终是两端锥孔中心的连线，保持了轴的中心线位置不变。因而，能保证在多次安装中所加工的各个外圆面有较高的同轴度。

4. 中心架与跟刀架的使用

加工细长轴时，为了防止轴受切削力的作用而产生弯曲变形，往往需要加用中心架或跟刀架。中心架固定在床身上，其三个爪支承于零件预先加工的外圆面上。如图3-21（a）所示是利用中心架车外圆，零件的右端加工完毕，调头再加工另一端。一般多用于加工阶梯轴。长轴加工端面和轴端的内孔时，往往用卡盘夹持轴的左端，用中心架支承轴的右端来进行加工，如图 3-21（b）所示。

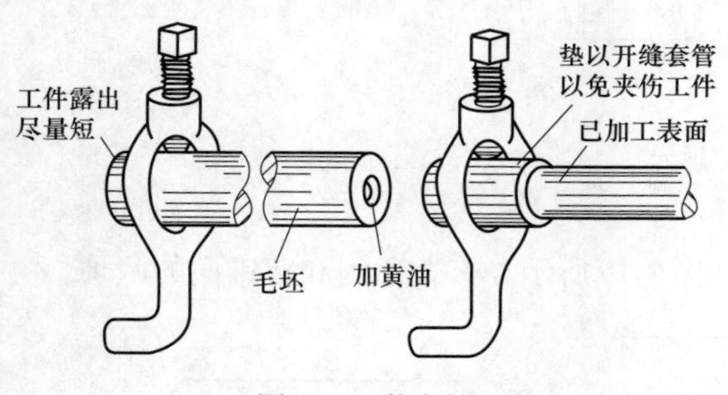

图3-19 装卡箍

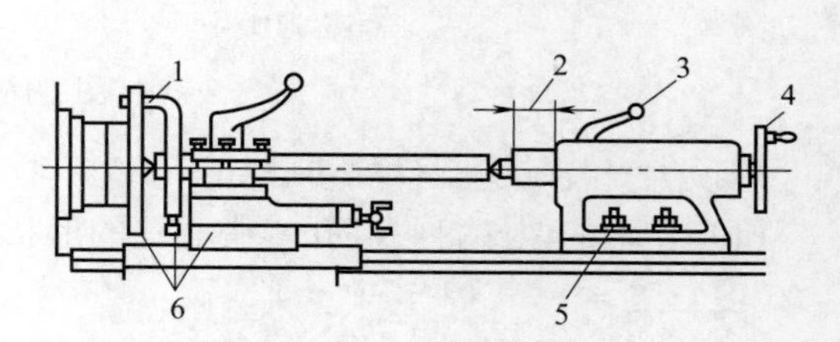

图3-20 顶尖间装夹工件

1—夹紧工件；2—调整套筒伸出长度；3—锁紧套筒；4—调整工件与顶尖松紧；5—将尾座固定；6—刀架移至车削行程左侧，用手转动拨盘，检查是否会碰撞

笔记

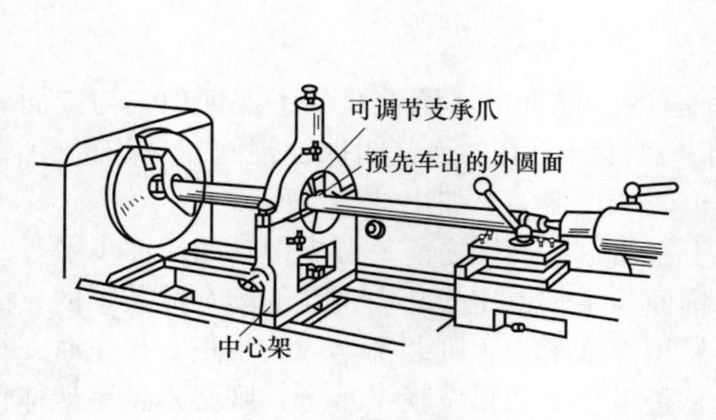

(a) 用中心架车外圆

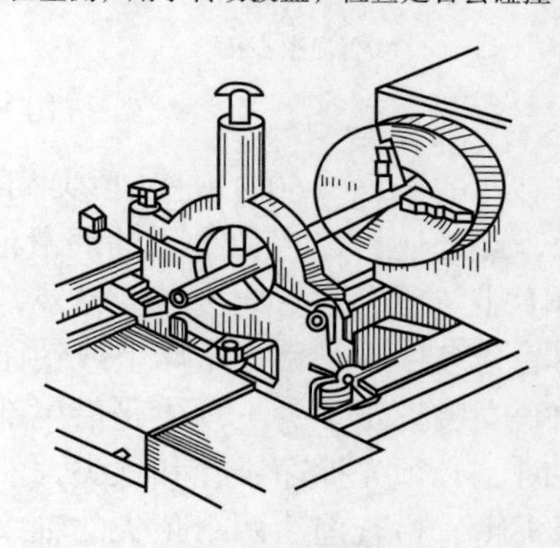

(b) 用中心架车端面

图3-21 中心架的应用

与中心架不同的是跟刀架固定在大刀架的左侧，可随大刀架一起移动，只有两个支承爪。使用跟刀架需先在工件上靠后顶尖的一端车出一小段外圆，根据它来调节跟刀架的支承，然后再车出零件的全长。跟刀架多用于加工细长的光轴。跟刀架的应用如图3-22所示。

应用跟刀架或中心架时，工件被支承部分应是加工过的外圆表面，并要加机油润滑。工件的转速不能很高，以免工件与支承爪之间摩擦过热而烧坏或磨损支承爪。

5. 用心轴安装工件

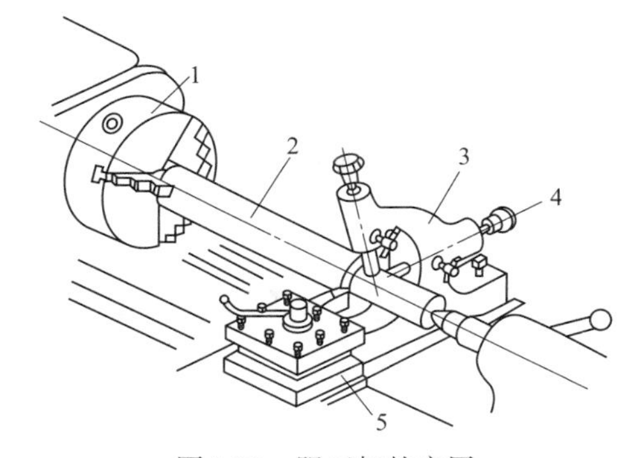

图3-22 跟刀架的应用

1—三爪卡盘；2—工件；3—跟刀架；4—尾座；5—刀架

盘套类零件在卡盘上加工时，其外圆、孔和两个端面无法在一次装夹中全部加工完，如果把零件调头装夹再加工，往往无法保证零件的径向跳动（外圆与孔）和端面跳动（端面与孔）的要求。因此需要利用已精加工过的孔把零件装在心轴上，再把心轴安装在前后顶尖之间来加工外圆和端面。

心轴种类很多，常用的有圆锥心轴和圆柱心轴。

如图3-23（a）所示为圆锥心轴，锥度一般为1：5000~1：2000。工件1压入后靠摩擦力与心轴紧固。这种心轴装卸方便，对中准确，但不能承受较大的切削力。多用于精加工盘套类零件。

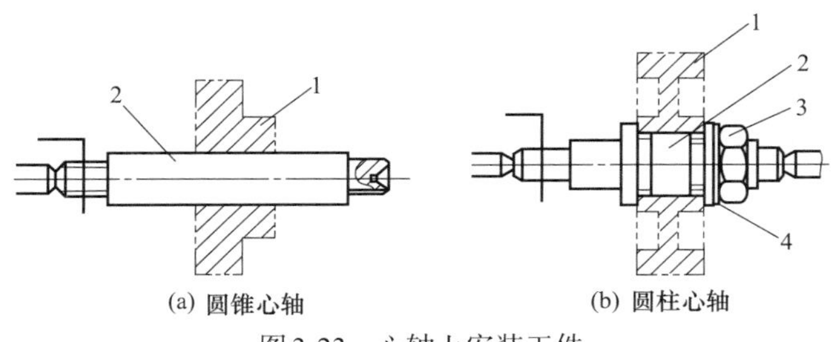

图3-23 心轴上安装工件

1—工件；2—心轴；3—螺母；4—垫片

如图3-23（b）所示为圆柱心轴，其对中准确度较前者差。工件1装入后加上垫片4，用螺母3锁紧。其夹紧力较大，多用于加工盘类零件。用这种心轴，工件的两个端面都需要和孔垂直，以免当螺母拧紧时，心轴弯曲变形。

6. 用花盘、弯板及压板、螺栓安装工件

笔记

在车床上加工大而扁且形状不规则的零件，或要求零件的一个面与安装面平行，或要求孔、外圆的轴线与安装面垂直时，可以把工件直接压在花盘上加工。花盘是安装在车床主轴上的一个大圆盘，端面上的许多长槽用以穿压紧螺栓，如图3-24所示。花盘的端面必须平整，并与主轴中心线垂直。

有些复杂的零件，要求孔的轴线与安装面平行或要求两孔的轴线垂直相交，则将弯板压

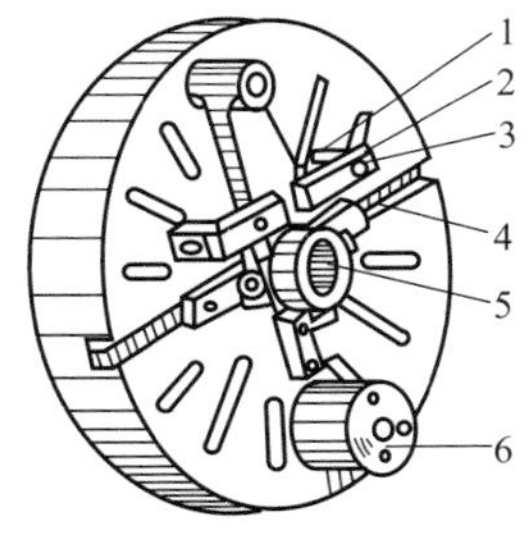

图3-24 花盘上安装工件

1—垫铁；2—压板；3—螺钉；4—螺钉槽；5—工件；6—平衡铁

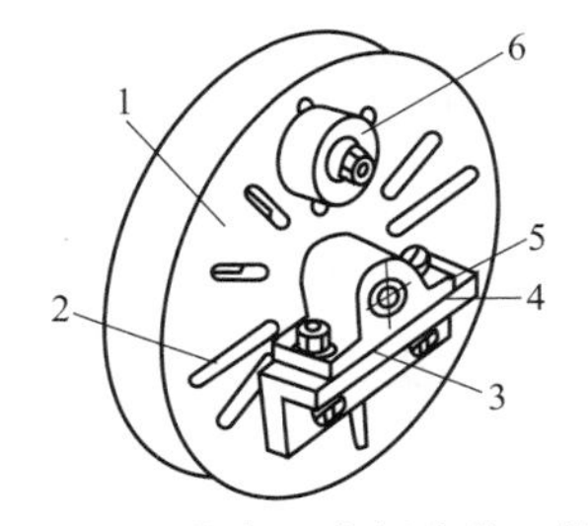

图3-25 花盘、弯板安装工件

1—花盘；2—螺钉槽；3—弯板；4—安装基面；5—工件；6—平衡铁

紧在花盘上，再把零件紧固于弯板之上，如图3-25所示。弯板上贴靠花盘和安放工件的两个面，应有较高的垂直度要求。弯板要有一定的刚度和强度，装在花盘上要仔细地找正。

用花盘、弯板安装工件，由于重心偏向一边，要在另一边上加平衡铁予以平衡，以减少转动时的振动。

3.3 车削加工基本操作规范

1. 车削加工安全生产知识

（1）实习时必须穿好工作服并扎紧袖口，留长发者要戴工作帽，并将头发全部塞入帽内。不准戴手套操作机床。

（2）高速切削时，要戴好防护镜，防止飞出的切屑损伤眼睛。

（3）多人共用一台车床时，只能一人操作，严禁两人同时操作，以防意外。

（4）车床运转前，必须将各手柄推到正确的位置上，并加润滑油，低速运行3~5min，确认运转正常后才能开始工作，主轴运转时不得变换转速，以免发生设备和人身事故。

（5）工件、刀具必须装夹牢固，卡盘扳手使用完毕后，必须及时取下；床身上不能堆放其他物品。

（6）车床开动后不得离开车床，不得在实习车间奔跑和打闹，未经允许不得动用其他机床。

（7）车床运转时，头部不要离工件太近，不能用手触摸和测量旋转的或未停稳的工件或卡盘。

（8）摇动手柄时，要动作协调，用力均匀，同时注意掌握好进刀、退刀的方向，切勿搞错。

（9）清除切屑时，不准直接用手清除，要用钩子和刷子清除。

2. 车床维护与保养知识

车床的精度及其工作状态是否处于完好，直接影响加工质量，使用中要特别注意维护与保养，主要做到以下几点：

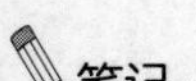

（1）开车前要检查各手柄是否处于正确位置，各部分机构是否完好。

（2）工作前擦净床身导轨，对车床各润滑部位加油润滑，保证工作时润滑良好。

（3）不准在车床上敲打或校直工件。

（4）工作完毕后应仔细清理车床，关闭电源，润滑导轨，清除切屑，打扫场地，把大拖板摇至尾座一端。

3.4 综合训练

3.4.1 车台阶轴

1. 任务书

在车床上加工如图3□26所示的台阶轴， 材料45钢，倒角C1.5，未注圆角R1。要求合理选择刀具、量具。

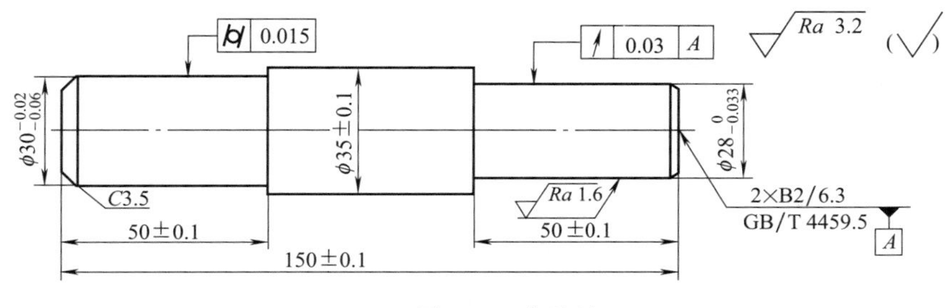

图3-26 台阶轴

2. 知识点和技能点

知识点：

（1）刀具、量具、夹具的选择；

（2）外圆车削的加工步骤；

（3）切削用量的选择。

技能点：

（1）常用外圆车刀的刃磨及装夹；

（2）工件的装夹及对刀；

（3）切削用量的选择，机床的调整及使用；

（4）直径与长度尺寸的测量。

3. 任务实施

（1）车台阶轴用车刀的选择 车台阶轴常用车刀有三种，主偏角κ_r分别为45°、75°、90°。

（2）工件的装夹方法 加工时，该零件采用三爪卡盘夹紧，装夹时应保证足够的外露长度。

（3）车削端面

① 车削端面的方法

a. 对刀：将工件装夹好后，将45°车刀安装在刀架后，启动车床工件旋转，移动小滑板或床鞍进行对刀。纵向移动车刀使车刀刀尖靠近并接触工件的端面。

b. 试车：对刀后，锁紧床鞍，摇动中滑板进给，由工件外缘向中心或由工件中心向外缘进给车削，如图3-27所示。

c. 车削断面：车削时确定进给方向后，用中滑板横向进给，进给次数根据加工余量而定。

d. 退刀，停车检测。

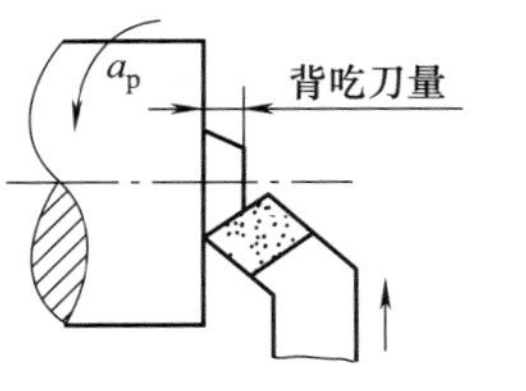

(a) 由外缘向中心车削

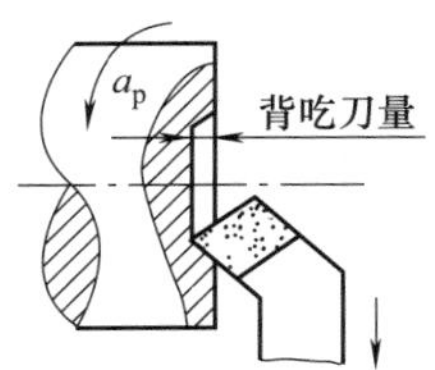

(b) 由中心向外缘车削

图3-27 用45°车刀车端面

车端面也可采用右偏刀。用右偏刀车端面时，如果车刀由工件外缘向中心进给，用副切削刃车削。当背吃刀量较大时，因切削力的作用会使车刀扎入工件而形成凹面。为防止凹面产生，用90°右偏刀车削，可采用由中心向外缘进给的方法，利用主切削刃车削，背吃刀量应小些，如图3-28所示。

笔记

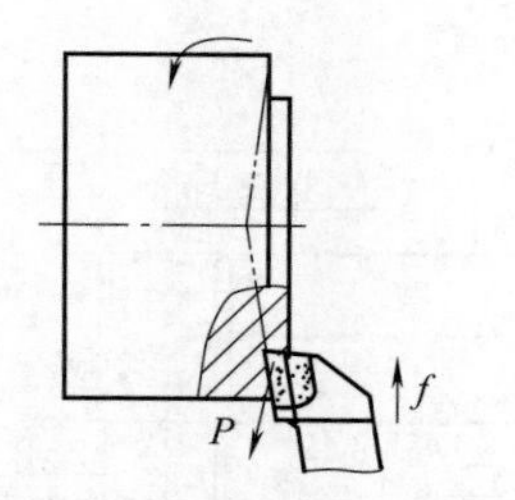

(a) 右偏刀由外缘向中心进给产生凹面

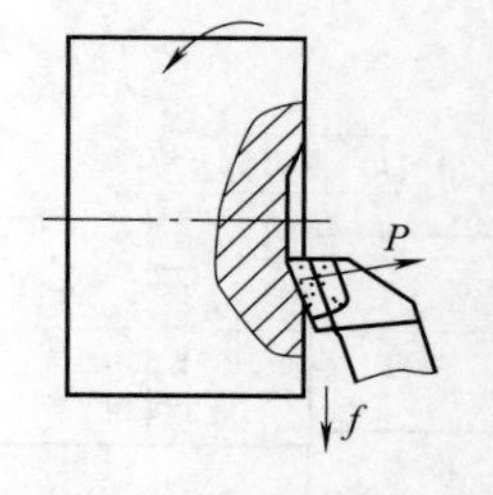

(b) 右偏刀由中心向外缘进给

图3-28 用右偏刀车端面

② 车削端面时注意事项

a. 工件伸出卡盘外部分应尽可能短些。

b. 车刀的刀尖应对准工件中心，以免车出的端面中心留有凸台。

c. 车端面，当背吃刀量较大时，容易扎刀。背吃刀量a_p的选择：粗车时a_p=0.2~1mm，精车时a_p=0.05~0.2mm。

d. 车直径较大的端面，若出现凹心或凸肚时，应检查车刀和方刀架，以及床鞍是否锁紧。

（4）车削外圆

① 车削外圆的步骤（如图3-29所示）

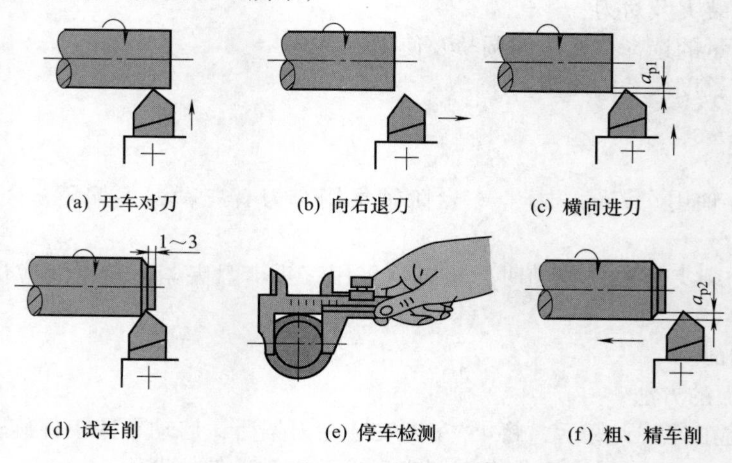

(a) 开车对刀　(b) 向右退刀　(c) 横向进刀

(d) 试车削　(e) 停车检测　(f) 粗、精车削

图3-29 车外圆的步骤

笔记

a. 对刀：启动车床，使工件旋转。左手摇动床鞍手轮，右手摇动中滑板进给手柄，使车刀刀尖轻轻接触工件待加工表面，以此作为背吃刀量的零点位置，记住刻度盘位置（或调到零位）。

b. 退刀：对刀之后反向摇动床鞍手轮，使车刀向右离开工件3~5mm。

c. 横向进刀：摇动中滑板手柄，使车刀横向进给1~3mm，横向的进给量即为背吃刀量，其大小通过中滑板上的刻度盘进行控制和调整。

d. 试车削：横向进刀后，纵向进给切削工件2mm左右时，纵向快速退刀。

e. 检测：停车测量，根据测量结果相应调整背吃刀量，直至试车削量结果合格为止。

f. 粗车：确定背吃刀量后，可选择手动或机动进给。如采用机动进给纵向车外圆，当车至接近所需长度时，改为手动进给。当车削到所要求的长度，横向退刀，停车测量。

g. 精车：重复步骤 f 多次进给，使工件表面质量到达图样要求。

② 车削外圆时注意事项

a. 装夹与校正。根据工件的尺寸和形状选择三爪自定心卡盘装夹、一夹一顶或两顶尖装夹。校正工件的方法用百分表校正。

b. 选择车刀。90°车刀主要用于粗车外圆；75°车刀可以车外圆，还可以车端面；45°车刀主要用于车端面和45°倒角。

c. 选择切削用量。切削速度的选择与工件材料、刀具材料以及工件加工精度有关。粗车时，车削中碳钢时，平均切削速度为80~100m/min；车削合金钢时，平均切削速度为70~80m/min；车削灰铸铁时，平均切削速度为50~70m/min；车削有色金属时，平均切削速度为200~300m/min。半精车、精车时，一般情况下用高速钢车刀车削时，v=0.3~1m/s，用硬质合金刀车削时，v=1~3m/s。车硬度较高的钢比车硬度低的钢转速低一些。

主轴的转速是根据切削速度计算选取的。

进给量是根据工件加工要求确定的。

背吃刀量在保留半精车余量和精车余量后，其余加工余量尽可能一次车去。

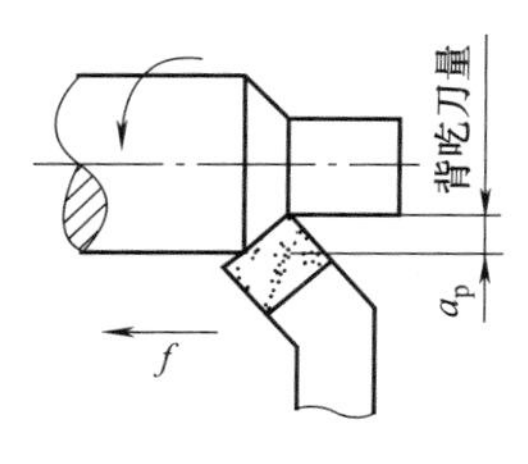

图3-30 用45°车刀倒角

③ 倒角 车削端面、外圆完成后，需进行倒角，如图3-30所示。具体步骤如下：

a.启动车床，使工件旋转，用45°偏刀接触工件倒角处进行对刀。

b.根据倒角大小，直接进给中滑板或小滑板手柄至尺寸值。

c.退出车刀，停车检测。

（5）车削台阶 根据图样要求，车削台阶轴既要保证外圆和端面的尺寸精度要求，又要保证端面与工件轴线的垂直度要求，车削后并达到表面粗糙度要求。

① 台阶轴的车削方法 台阶轴根据相邻圆柱直径差值大小，可分为低台阶和高台阶两种。

车削低台阶时，由于相邻两直径相差不大，选用90°偏刀。进给方式如图3-31（a）所示。

车削高台阶时，由于相邻两直径相差较大，选用κ_r>90°偏刀。进给方式如图3-31（b）所示。

② 台阶长度尺寸的控制方法

a. 台阶长度尺寸精度要求较低时可直接用车床溜板箱的刻度盘控制台阶长度尺寸。CA6140A型车床的溜板箱进给刻度盘上的一格等于1mm，台阶长度等于手柄摇过溜板箱刻度的格数，如图3-32所示。

笔记

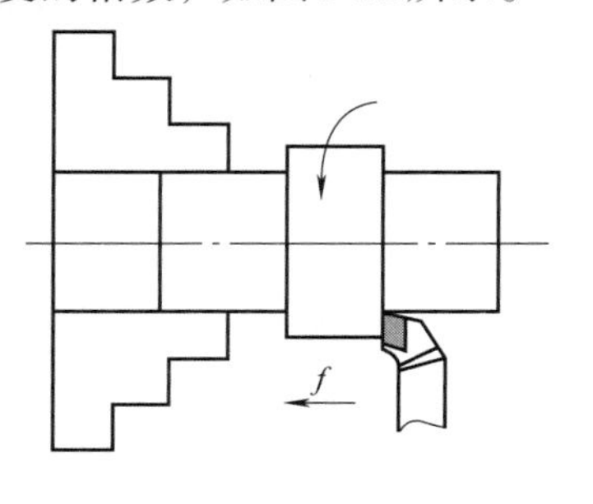

(a) 车削低台阶

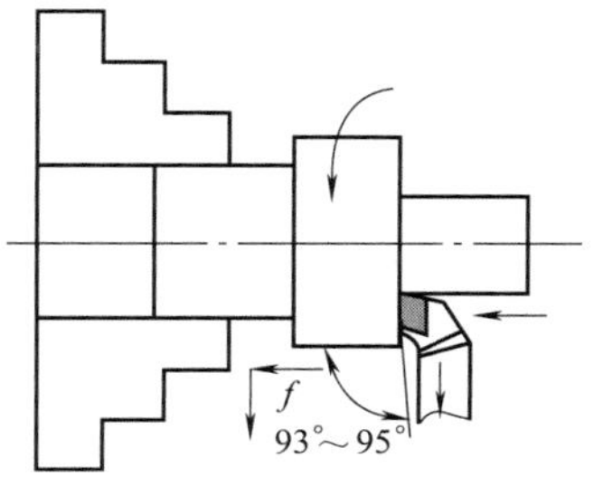

(b) 车削高台阶

图3-31 车削台阶

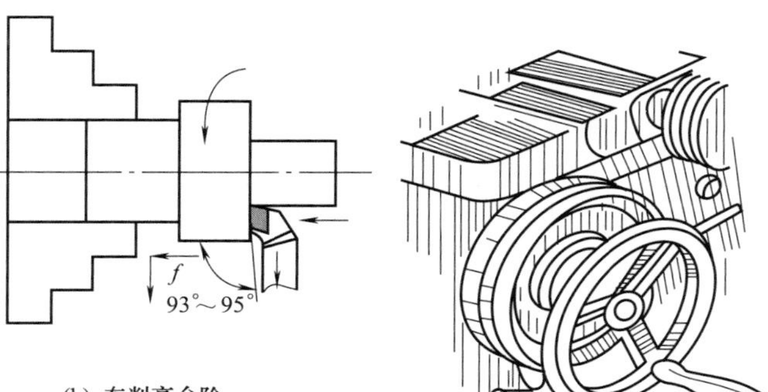

图3-32 利用溜板箱刻度控制台阶长度

b. 刻线法。先用钢直尺、样板或卡钳量出台阶的长度尺寸，然后用车刀刀尖在台阶的所在位置处车出一圈细线，台阶的长度按刀痕线车出，如图3-33所示。台阶的准确长度可用游标卡尺或深度游标卡尺测量。

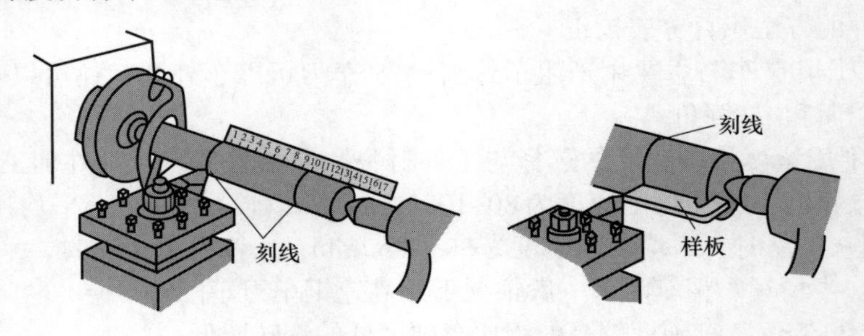

图3-33 刻线法加工台阶

c. 挡铁控制法。成批车削台阶轴时，可用挡铁定位控制长度。挡铁a固定在车床导轨上，与工件台阶a_1的轴向位置一致。量块b和c的长度等于b_1和c_1的长度。当床鞍纵向进给碰到量块c，车削轴的长度等于c_1；去掉c，调整下一个台阶的切削深度，纵向进给，碰到量块b，车削轴的长度等于b_1；碰到a，车削轴的长度等于a_1。完成整根轴的车削，如图3-34所示。用此法加工，可节省大量的测量时间。台阶的尺寸精度可达0.1~0.2mm。

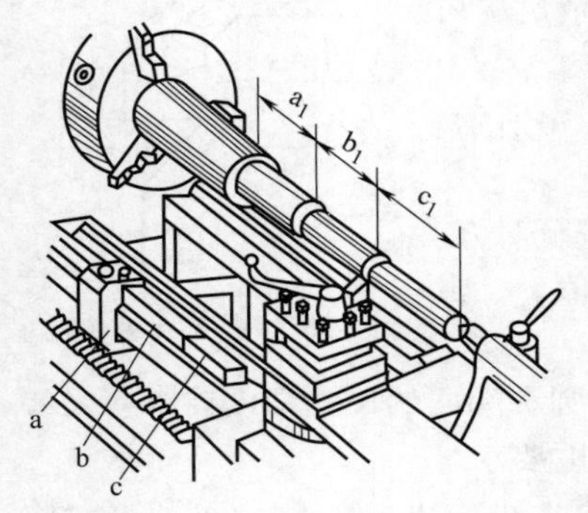

图3-34 挡铁控制台阶长度

③ 车台阶时的注意事项

a. 鸡心夹头必须牢靠地夹住工件，以防车削时移动、打滑而损坏车刀。

b. 车削开始前，应手摇手轮使床鞍左右移动全行程，检查有无碰撞现象。

c. 精车台阶时，机动进给精车外圆至接近台阶处时，改手动进给替代机动进给。

d. 当车至台阶面时，变纵向进给为横向进给，移动中滑板由里向外慢慢精车台阶平面，以确保其对轴线的垂直度要求。

笔记

e. 台阶端面与圆柱面相交处要清根。

f. 当工件精度要求较高时，车削后还需磨削时，只需粗车和半精车，但要注意留磨削余量。

g. 在轴上车槽，一般安排在粗车和半精车之后、精车之前。如果工件刚性好或精度要求不高，也可在精车以后再车槽。

（6）评分标准 见表3-3。

表3-3 评分标准

序号	操作内容与要求	分值	评分细则	实测记录	得分
1	刀具安装	15	刀尖高度调整不当扣5分， 刀杆长度调整不当扣5分， 刀具装夹不牢固扣5分		
2	工件装夹	10	装夹不牢固不得分		
3	切削用量选择	10	切削用量选择不当扣3分		
4	机床调整	10	调整操作不正确扣5分		

续表

序号	操作内容与要求	分值	评分细则	实测记录	得分
5	对刀方法	10	对刀方法使用不正确扣5分		
6	车端面	5	操作不正确扣2分		
7	车外圆	10	操作不正确扣5分		
8	工件质量检测	25	尺寸一处不符合扣5分		
9	安全文明操作	5	违犯一次扣1分		

3.4.2　车槽与切断

1. 任务书

在车床上加工如图3-35所示零件，材料45钢，采用手动进给方式，在经过粗车和精车工序的台阶轴上进行。

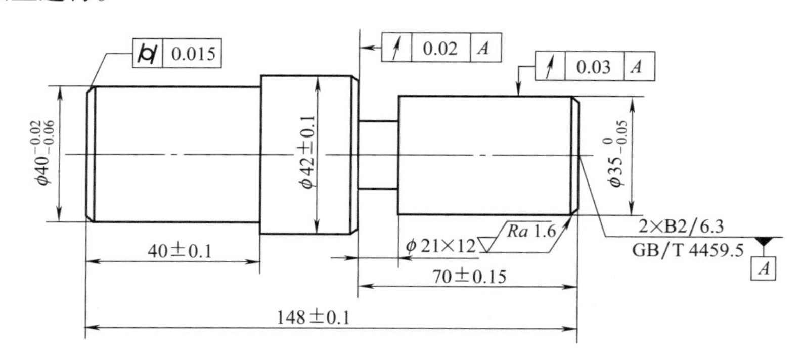

图3-35　车槽任务图

2. 知识点和技能点

知识点：

（1）切槽与切断的工艺方法；

（2）切断刀的应用。

技能点：

（1）切槽与切断的操作方法；

（2）切断刀的刃磨与安装。

笔记

3. 任务实施

（1）车槽和切断的切削用量的选择　由于车槽刀和切断刀的刀头强度较差，在选择切削用量时，应适当减小其数值。总的来说，硬质合金切断刀比高速钢切断刀选用的切削用量要大，车削钢料时的切削速度比车削铸铁材料时的切削速度要高，而进给量要略小一些。

① 背吃刀量a_p　车槽为横向进给车削，背吃刀量是垂直于已加工表面方向所量得的切削层宽度的数值，所以车槽时的背吃刀量等于车槽刀主切削刃宽度。

② 进给量f和切削速度v_c　车槽时进给量f和切削速度v_c的选择见表3-4。

表3-4 车槽时进给量和切削速度的选择

刀具材料	高速钢车槽刀		硬质合金车槽刀	
工件材料	刚料	铸铁	刚料	铸铁
进给量 f/(mm/r)	0.05~0.1	0.1~0.2	0.1~0.2	0.15~0.25
切削速度 v_c/(m/min)	30~40	15~25	80~120	60~100

（2）车槽和切断的方法

① 工件的切断　切断时的切削用量和车槽时的切削用量基本相同。但由于切断刀的刀头刚度比车槽刀更差些，在选择切削用量时，应适当减小其数值。当用高速钢切断刀切断时，应浇注切削液，用硬质合金刀切断时，中途不准停车，以免刀刃崩碎。

对于工件的切断方法及操作要领详见表3-5。

② 车外圆槽　见表3-6。

（3）车轴肩槽　见表3-7。

（4）车矩形端面槽　见表3-8。

（5）评分标准　见表3-9。

表3-5 工件的切断方法

方法	图示	说明
直进法		直进法是指垂直于工件轴线方向进给切断工件,靠双手均匀摇动中滑板手柄来实现 直进法切断的效率高,但对车床、切断刀的刃磨和装夹都有较高的要求;否则容易造成切断刀折断
左右借刀法		左右借刀法是指切断刀在工件轴线方向反复地往返移动,随之两侧径向进给,直至工件被切断 左右借刀法常用在切削系统(刀具、工件、车床)刚度不足的情况下,用来对工件进行切断
反切法		反切法是指车床主轴和工件反转,车刀反向装夹进行切削 反切法适用于较大直径工件的切断

笔记

表3-6 车外圆槽的方法

类型	图示	说明
直进法车矩形槽	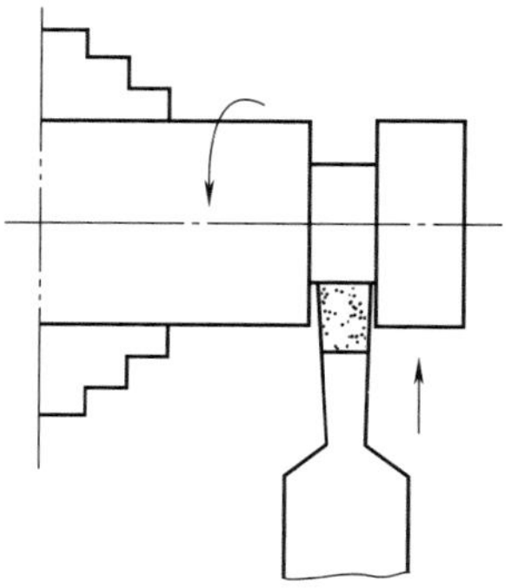	车精度不高且宽度较窄的矩形槽时，可用刀宽等于槽宽的切断刀，采用直进法一次进给车出
精度要求高的矩形槽的车削	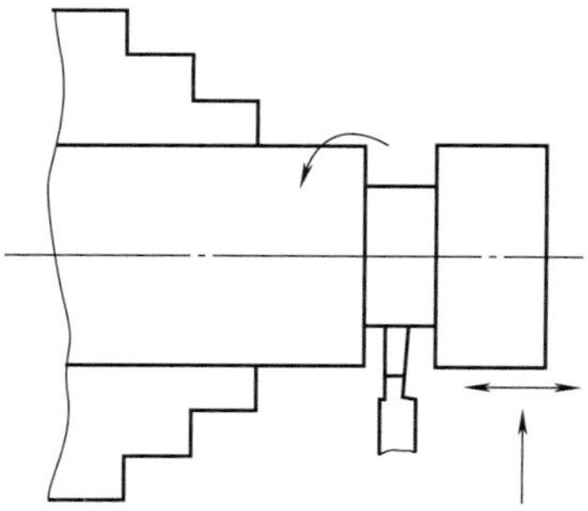	车精度要求较高的矩形槽时，一般采用2次进给车成 第1次进给时，槽壁两侧留有精车余量，第2次进给时，用与槽宽相等的切断刀修整；也可用原车槽刀根据槽深和槽宽进行精车
宽矩形槽的车削	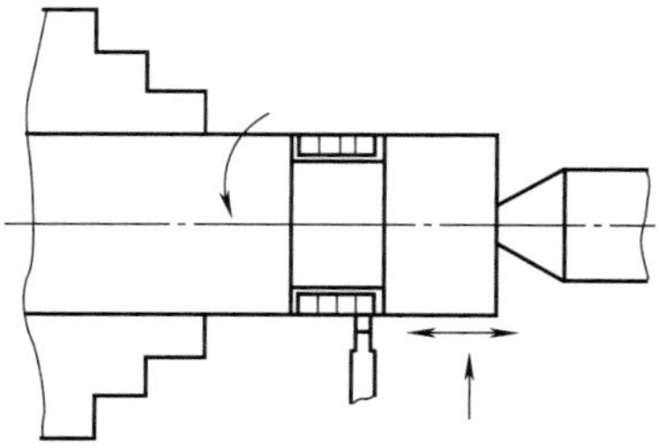	车削较宽的矩形槽时，可用多次直进法车削，并在槽壁两侧留有精车余量，然后根据槽深和槽宽精车至尺寸要求
圆弧形槽的车削	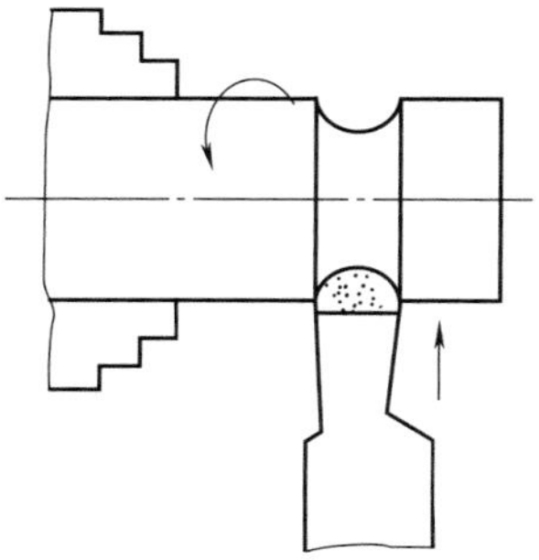	车削较小的圆弧形槽，一般以成形刀一次车出 较大的圆弧形槽，可用双手联动车削，用样板检查修整

笔记

续表

类型	图示	说明
V形槽的车削	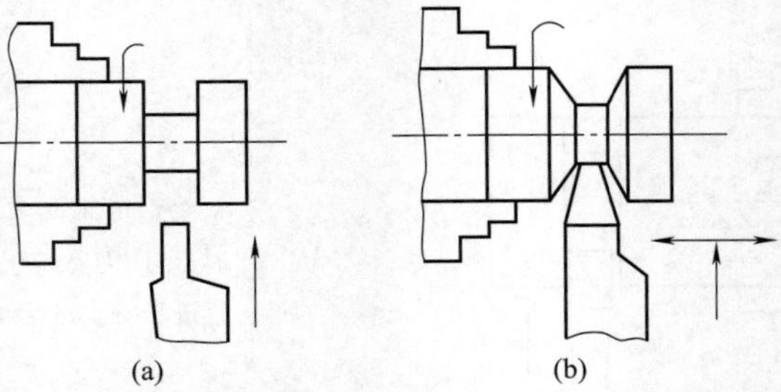 (a) (b)	车削较小的V形槽，一般用成形刀一次车削完成 较大的V形槽，通常先车削成直槽[图(a)]然后用V 形刀采用直进法或左右切削法完成[图(b)]

表3-7 车轴肩槽的方法

类型	图示	说明
车45°轴肩槽	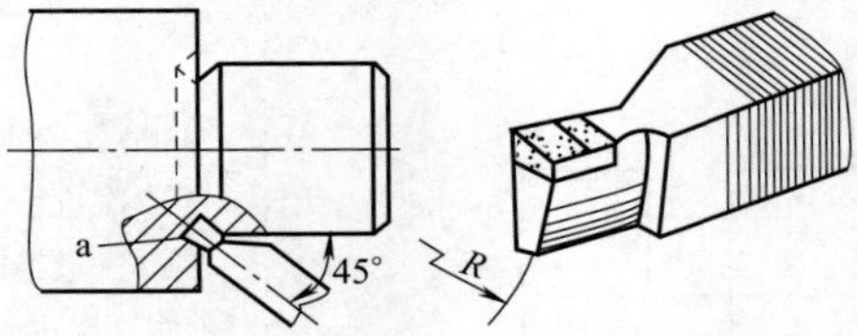 a 45° R	可用45°轴肩槽车刀进行 车削时，将小滑板转过45°，用小滑板进给车削成形
车外圆端面轴肩槽	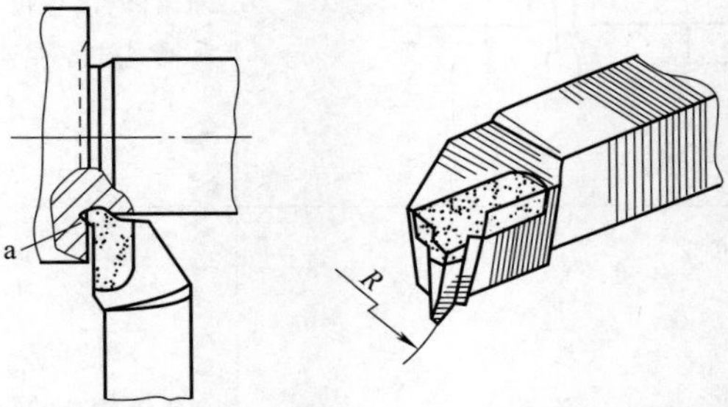 a R	外圆端面轴肩槽车刀形状较为特殊，车刀的前端磨成外圆切槽刀形式，侧面则磨成矩形端面切槽刀形式，刀尖a处副后面上应磨成相应的圆弧R 采用纵、横向交替进给的车削方法，由横向控制槽底的直径，纵向控制端面槽的深度
车圆弧轴肩槽	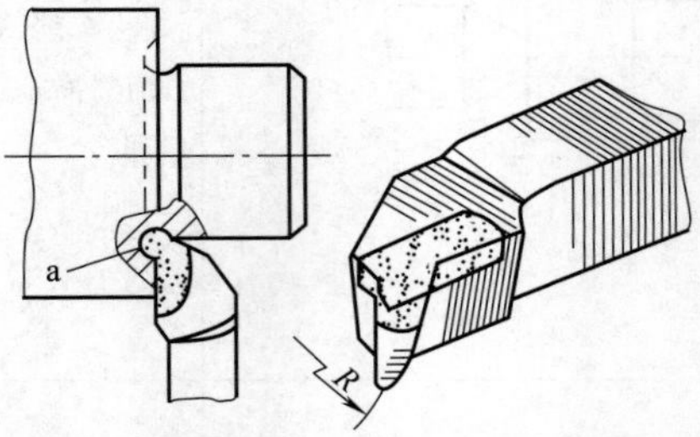 a R	根据槽圆弧的大小，将车刀磨出相应的圆弧刀刃，其中切削端面的一段圆弧刀刃必须磨有相应的圆弧R后面 车削方法与车45°轴肩槽相同

笔记

表3-8 车矩形端面槽的方法

内容	图示	说明
矩形端面槽刀	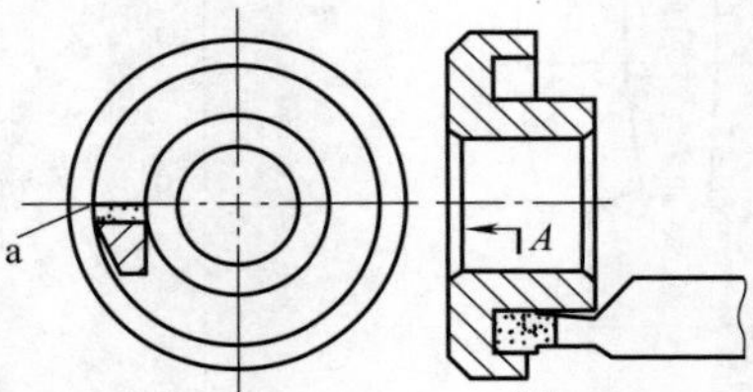 a A A	矩形端面槽刀左侧的刀尖相当于车内孔。右侧的刀尖，相当于在车外圆 装夹矩形端面槽刀时，其主切削刃与工件中心等高，且矩形端面槽刀的对称中心线与工件轴线平行

续表

内容	图示	说明
矩形端面槽刀	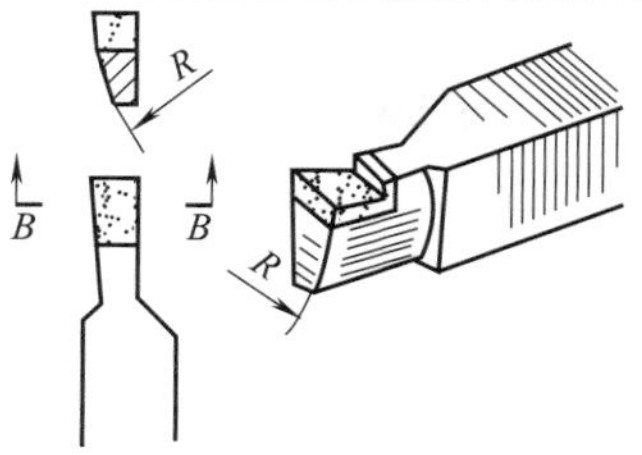 R B B R	为了防止矩形端面槽刀的副后面与槽壁相碰，矩形端面槽刀的左侧副后面必须按矩形端面槽的圆弧大小刃磨成圆弧形，并带有一定的后角
端面槽刀位置的控制	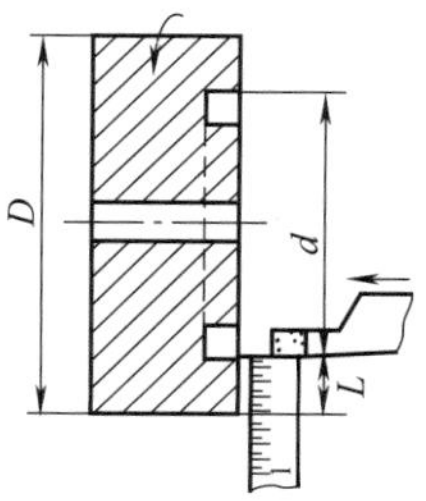 D d L	根据矩形端面槽外圆直径d按下式计算切断刀左侧刀尖与工件外圆之间的距离L： $L=\frac{1}{2}(D-d)$ 按L调整端面槽的位置
车宽度窄、深度较浅的槽	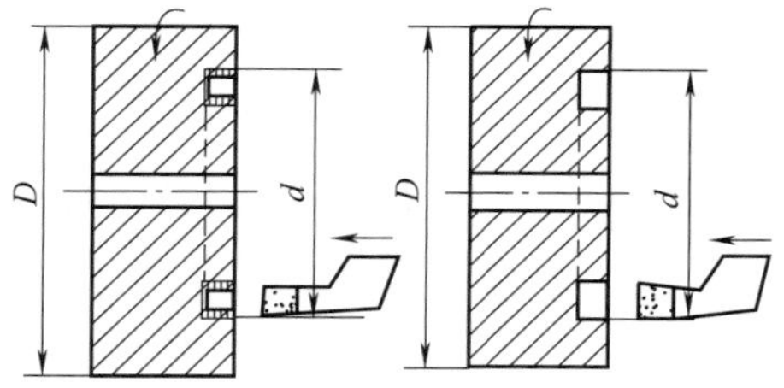 D d D d (a) (b)	当槽精度要求较高时，采用先粗车（槽壁两侧留有精车余量），后精车的方法加工，如图(a)所示 精度要求不高，宽度较窄、深度较浅的矩形端面槽，通常采用等宽的端面槽刀用直进法一次进给车出，如图(b)所示
车宽矩形端面槽	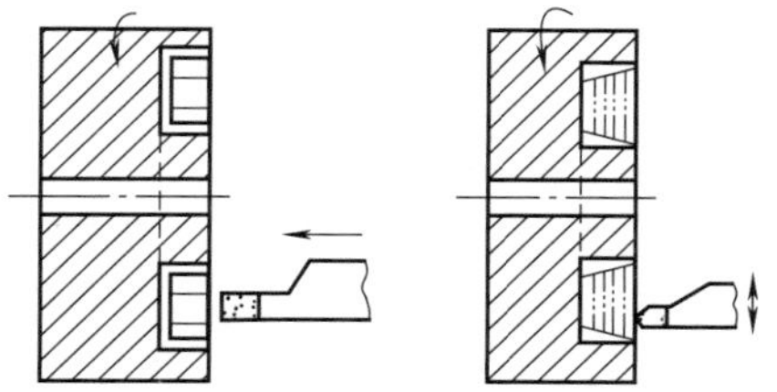 (a) (b)	车削宽度较大的矩形端面槽，可采用多次直进法，然后再精车，如图(a)所示 车削宽度很大的矩形端面槽，先用小圆头的车刀横向进给车削，再用槽刀或正、反偏刀精车，如图(b)所示

笔记

表3-9 评分标准

序号	操作内容与要求	分值	评分细则	实测记录	得分
1	刀具选择、安装	10	刀具的选择不当扣2分，刀尖高度调整不当扣2分，刀杆长度调整不当扣2分，刀具装夹不牢固扣5分		
2	工件装夹	5	装夹不牢固不得分		
3	切削用量选择	5	切削用量选择不当扣2分		
4	机床调整	5	调整操作不正确扣2分		
5	对刀方法	10	对刀方法使用不正确扣4分		
6	车端面	5	操作不正确扣2分		

续表

序号	操作内容与要求	分值	评分细则	实测记录	得分
7	车外圆	10	操作不正确扣3分		
8	切槽	15	操作不正确扣7分		
9	切断	10	操作不正确扣5分		
10	工件质量检测	20	尺寸一处不符合扣2分		
11	安全文明操作	5	违反一次扣1分		

3.4.3 钻孔与车孔

1. 任务书

在车床上加工如图3-36所示零件，零件图中未注倒角为2×45°，未注表面粗糙度为*Ra*12.5μm。毛坯尺寸为：ϕ85mm×120mm的45圆钢。

2. 知识点和技能点

知识点：

(1) 车床上孔的加工方法；

(2) 阶梯孔的加工步骤；

(3) 孔加工切削用量的选择。

技能点：

(1) 工件、刀具的装夹及对刀；

(2) 阶梯孔的加工；

(3) 内孔尺寸的测量。

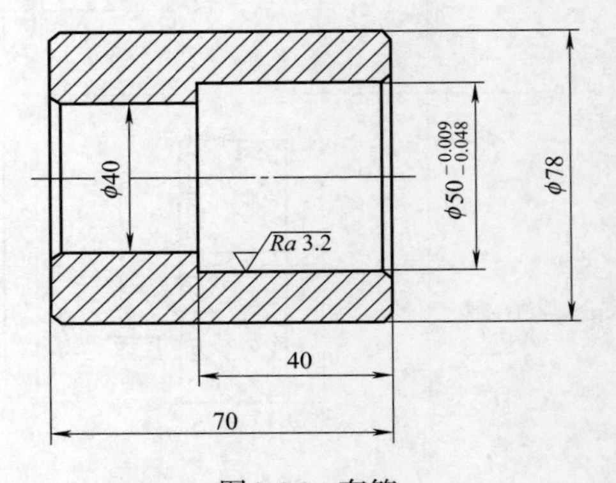

图3-36 套筒

3. 任务实施

(1) 切削的工艺过程 见表3-10。

表3-10 加工工艺过程

工序号	工序简图	工序内容	注意事项
1	φ85	对刀及车端面，并打中心孔	(1)必须动车对刀 (2)加强试切法的训练 (3)车端面时应将刀架转一定角度并将端面车平
2	φ78	粗车外圆至ϕ78mm×90mm，并倒角	(1)车外圆时必须将刀架复位，以保证台阶面与外圆柱面间的90°夹角 (2)为达训练目的，分3次粗车

笔记

续表

工序号	工序简图	工序内容	注意事项
3	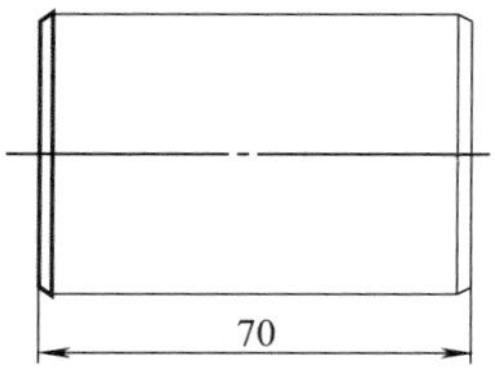 70	切断并倒角	切断时保证端面与中心轴线垂直
4	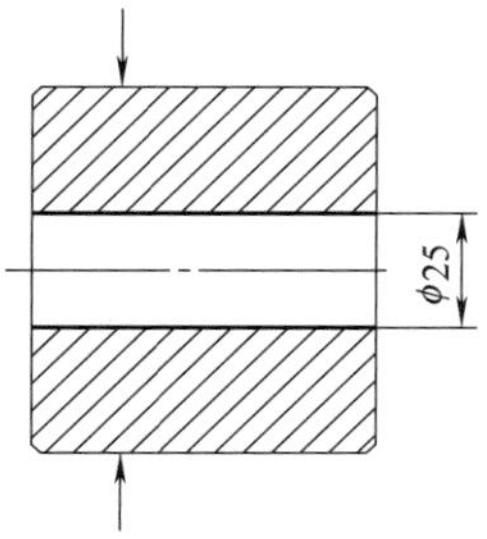 $\phi25$	第一次钻孔至 $\phi25$mm	(1)将钻头引向工件时，不可用力过猛，进给应当均匀，防止损坏工件或钻头 (2)当钻头接近钻通工件时，必须减慢进刀速度，防止钻头退火或损坏
5	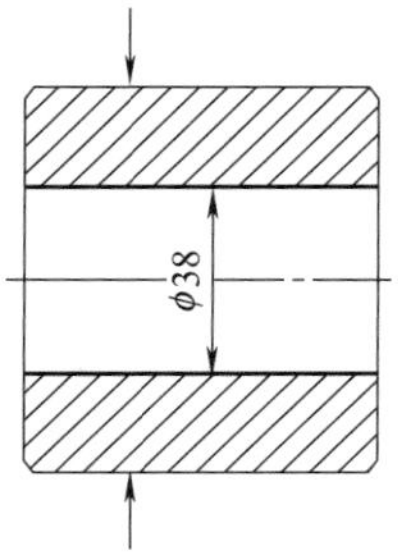 $\phi38$	第二次钻孔至 $\phi38$mm	(1)将钻头引向工件时，不可用力过猛，进给应当均匀，防止损坏工件或钻头 (2)钻较深的孔时，排屑比较困难，应该经常退出钻头清除切屑
6	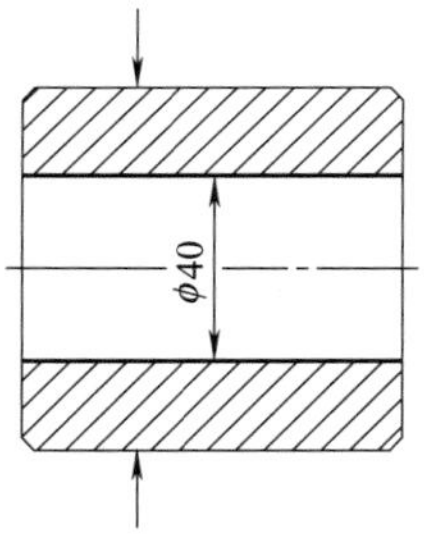 $\phi40$	车内孔至 $\phi40$mm	(1)车内孔时注意孔径的测量 (2)注意横拖板的退刀方向(以保证端面与孔的轴线的垂直度)
7	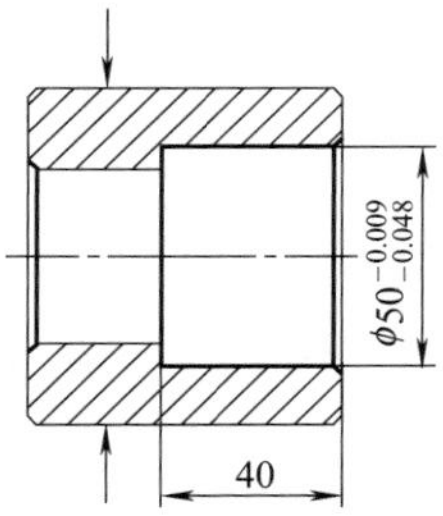 $\phi50^{-0.009}_{-0.048}$ 40	车内孔至 $\phi50$mm×40mm	(1)安装车刀时应使车刀伸出刀架的长度尽量小些，以免颤动 (2)车内孔的车削用量应比车外圆时要小些

（2）评分标准　见表3-11。

笔记

表3-11 评分标准

序号	操作内容与要求	分值	评分细则	实测记录	得分
1	刀具安装	10	刀尖高度调整不当扣2分，刀杆长度调整不当扣2分，刀具装夹不牢固扣5分		
2	工件装夹	5	装夹不牢固不得分		
3	切削用量选择	10	切削用量选择不当扣5分		
4	机床调整	5	调整操作不正确扣5分		
5	对刀方法	10	对刀方法使用不正确扣4分		
6	车端面及外圆	5	操作不正确扣2分		
7	钻中心孔	10	操作不正确扣6分		
8	车内孔、车阶梯孔	25	操作不正确扣10分		
9	工件质量检测	15	尺寸一处不符合扣2分		
10	安全文明操作	5	违犯一次扣1分		

3.4.4 车外圆锥面

1. 任务书

在车床上加工如图3-37所示小轴，零件图中未注倒角为2×45°，毛坯尺寸为：ϕ85mm×200mm的45圆钢。

2. 知识点和技能点

知识点：

（1）锥度尺寸的计算；

（2）外圆锥面的车削方法。

技能点：

（1）常用外圆车刀的刃磨及装夹；

（2）转动小拖板车外圆锥面；

（3） 工件的测量。

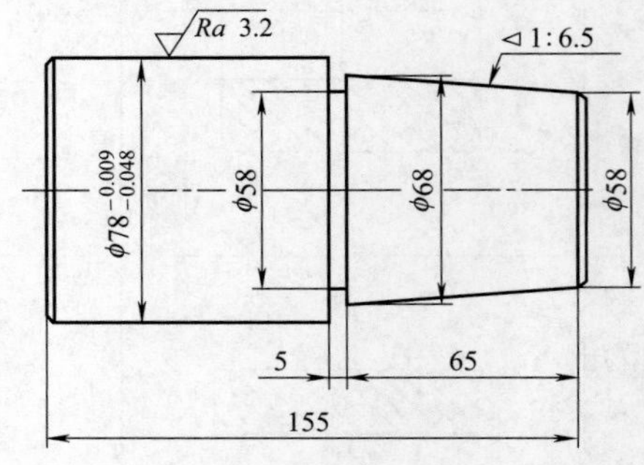

图3-37 小轴

3. 任务实施

（1）切削的工艺过程 见表3-12。

表3-12 加工工艺过程

工序号	工序简图	工序内容	注意事项
1	$\phi85$	对刀及车端面	(1)必须动车对刀 (2)加强试切法的训练 (3)车端面时应将刀架转一定角度并将端面车平

续表

工序号	工序简图	工序内容	注意事项
2	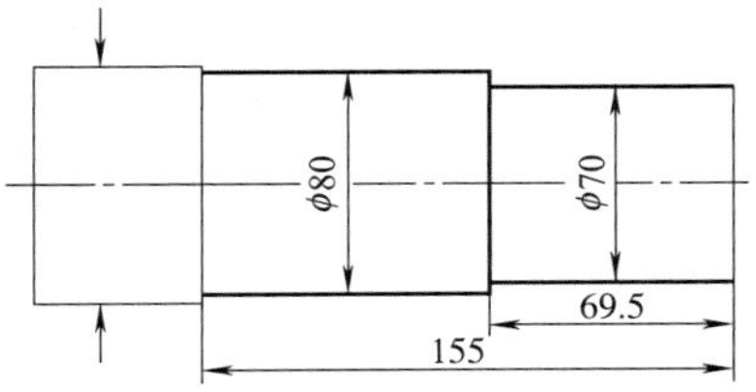	粗车外圆至工序简图尺寸	车外圆时必须将刀架复位，以保证台阶面与外圆柱面间的90°夹角
3	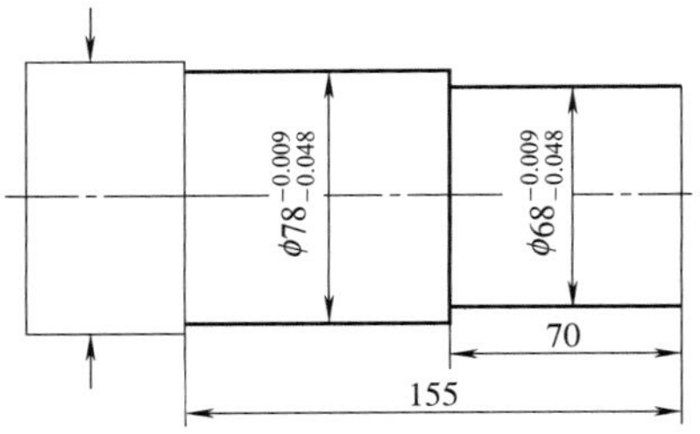	精车外圆至工序简图尺寸	精车外圆时，在保证直径和长度尺寸的前提条件下，横拖板应作退刀运动，以保证台阶面与外圆柱面间的90°夹角
4	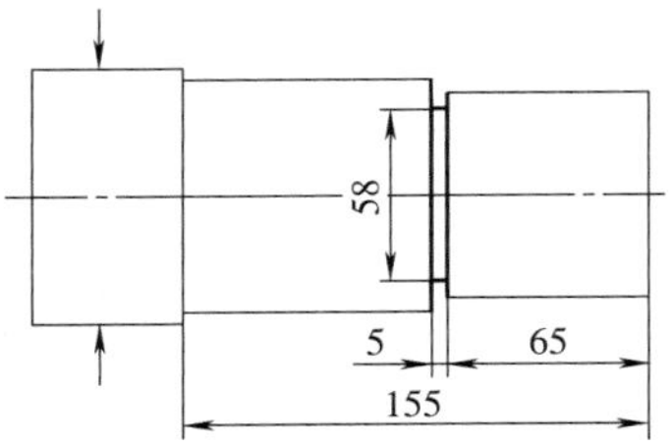	切槽	切槽刀主切削刃必须对准工件的旋转轴心，否则会使工件中心部分形成凸台，并容易损坏刀头
5	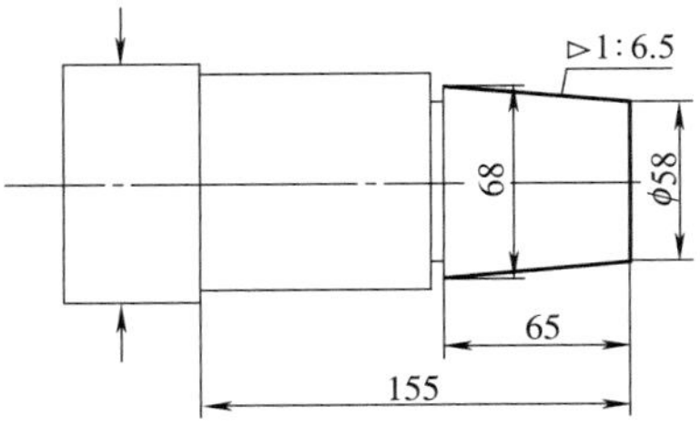	车锥面	(1)车刀必须对准工件旋转中心，避免产生双曲线误差 (2)在转动小拖板时，应稍小于圆锥半角$\alpha/2$，然后逐次校准
6	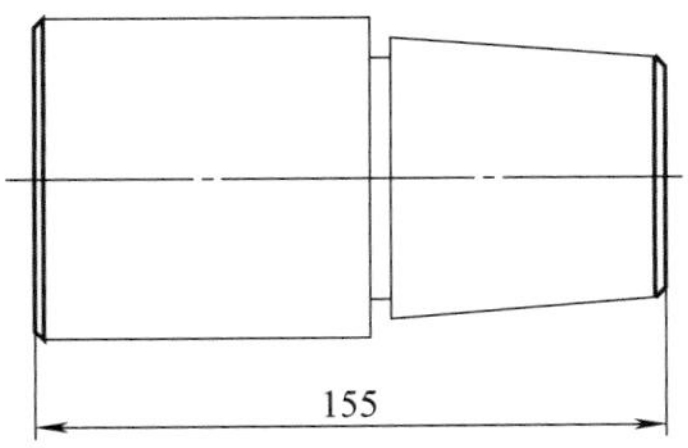	切断保证长度为155mm	保证端面与中心轴线垂直

（2）评分标准　见表3-13。

笔记

表3-13 评分标准

序号	操作内容与要求	分值	评分细则	实测记录	得分
1	刀具的选择及安装	15	刀具的选择不正确扣5分，刀尖高度调整不当扣2分，刀杆长度调整不当扣2分，刀具装夹不牢固扣5分		
2	工件装夹及调整	5	装夹不牢固不得分		
3	切削用量选择	5	切削用量选择不当扣2分		
4	机床调整	5	调整操作不正确扣5分		
5	对刀方法	5	对刀方法使用不正确扣4分		
6	车端面	5	操作不正确扣2分		
7	车外圆	10	操作不正确扣5分		
8	切槽	10	操作不正确扣5分		
9	车锥面	15	操作不正确5扣分		
10	工件质量检测	20	尺寸一处不符合扣2分		
11	安全文明操作	5	违犯一次扣1分		

3.4.5 车螺纹

1. 任务书

在车床上加工如图3-38所示螺纹轴，零件图中未注倒角为2×45°，毛坯尺寸为：ϕ85mm×200mm的45圆钢。

2. 知识点和技能点

知识点：

（1）车削螺纹时机床的调整方法；

（2）车螺纹的工艺方法。

技能点：

（1）螺纹车刀的安装与刃磨；

（2）车螺纹的操作技能；

（3）螺纹的测量。

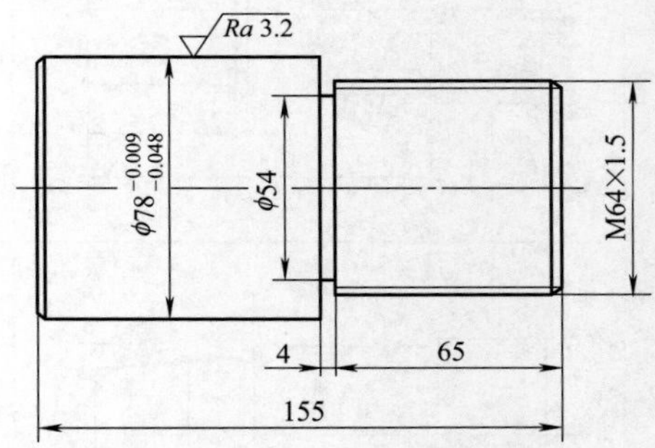

图3-38 螺纹轴

笔记

3. 任务实施

（1）切削的工艺过程 见表3-14。

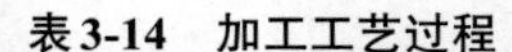

表3-14 加工工艺过程

工序号	工序简图	工序内容	注意事项
1	ϕ85	对刀及车端面	(1)必须动车对刀 (2)加强试切法的训练 (3)车端面时应将刀架转一定角度并将端面车平

续表

工序号	工序简图	工序内容	注意事项
2	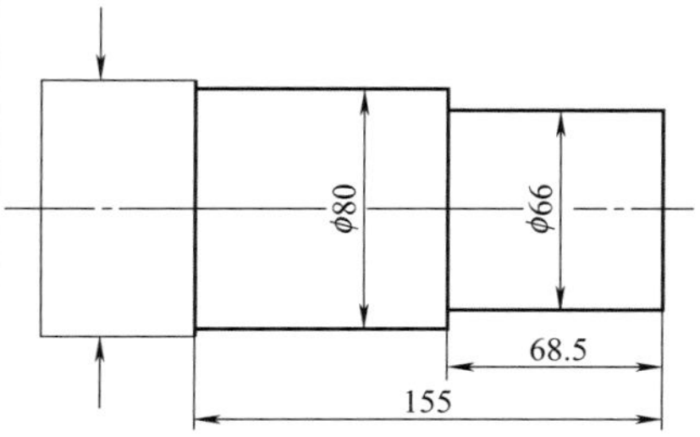 φ80 φ66 68.5 155	粗车外圆至图纸尺寸	车外圆时必须将刀架复位，以保证台阶面与外圆柱面间的90°夹角，为保证长度尺寸，注意长度尺寸的度量及控制
3	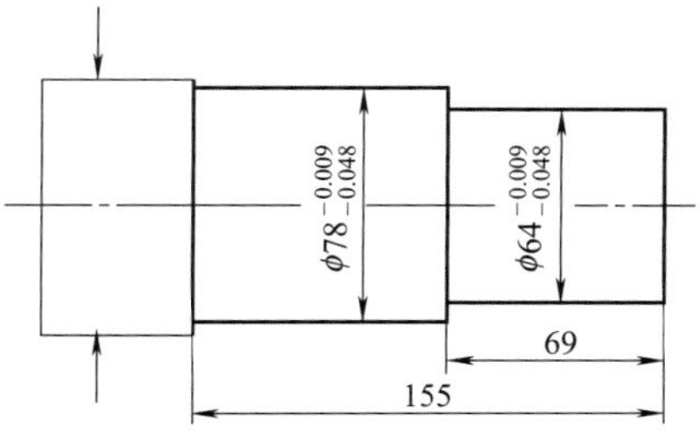 $\phi78^{-0.009}_{-0.048}$ $\phi64^{-0.009}_{-0.048}$ 69 155	精车外圆至图纸尺寸	精车外圆时，在保证直径和长度尺寸的前提条件下，横拖板应作退刀运动，以保证台阶面与外圆柱面间的90°夹角
4	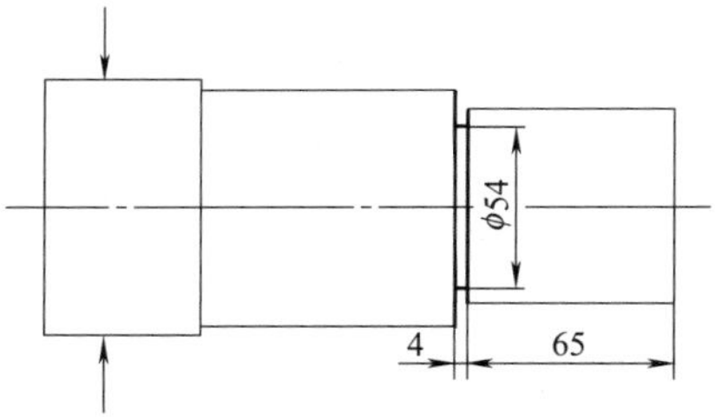 φ54 4 65	切槽	切槽刀主切削刃必须对准工件的旋转轴心，否则会使工件中心部分形成凸台，并容易损坏刀头
5	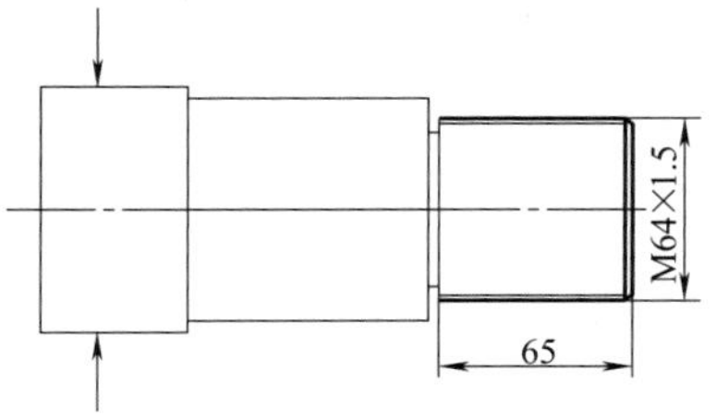 M64×1.5 65	车螺纹	注意控制螺纹的切入深度，保证螺纹质量
6	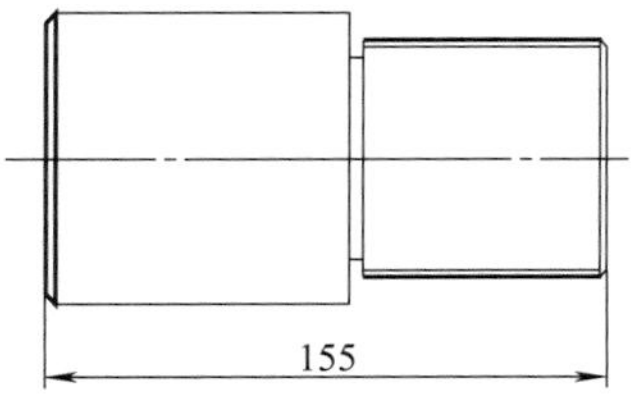 155	切断并倒角	保证端面与中心轴线垂直

（2）评分标准 见表3-15。

笔记

表3-15 评分标准

序号	操作内容与要求	分值	评分细则	实测记录	得分
1	刀具的选择与安装	10	刀尖高度调整不当扣2分，刀杆长度调整不当扣2分，刀具装夹不牢固扣5分		
2	工件装夹	5	装夹不牢固不得分		
3	切削用量选择	5	切削用量选择不当扣2分		
4	机床调整	5	调整操作不正确扣3分		
5	对刀方法	5	对刀方法使用不正确扣3分		
6	车端面、外圆	10	操作不正确扣5分		
7	切槽	10	操作不正确扣5分		
8	车螺纹	25	加工方法不当扣5分，进刀方法不对扣5分		
9	工件质量检测	20	尺寸一处不符合扣2分		
10	安全文明操作	5	违犯一次扣1分		

3.4.6 车成形面和滚花

1. 任务书

在车床上加工如图3-39所示零件，零件图中未注倒角为2×45°；滚花为网纹，且m=0.4；毛坯尺寸为：ϕ85mm×200mm的圆钢。

2. 知识点和技能点

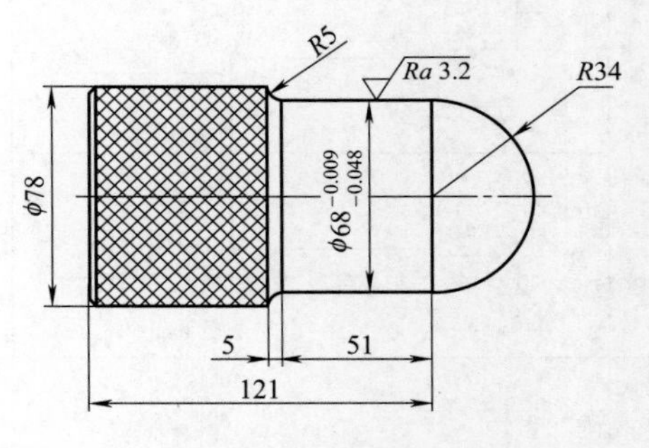

图3-39 手柄

知识点：
(1) 滚花的目的及滚花刀的选用；
(2) 成形面的加工方法。
技能点：
(1) 用外圆车刀车成形面的加工方法；
(2) 滚花刀的安装；
(3) 滚花的操作技能。

3. 任务实施

(1) 切削的工艺过程 见表3-16。

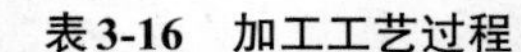
表3-16 加工工艺过程

工序号	工序简图	工序内容	注意事项
1	φ85	对刀及车端面，定总长	(1)必须动车对刀 (2)加强试切法的训练 (3)车端面时应将刀架转一定角度并将端面车平

续表

工序号	工序简图	工序内容	注意事项
2	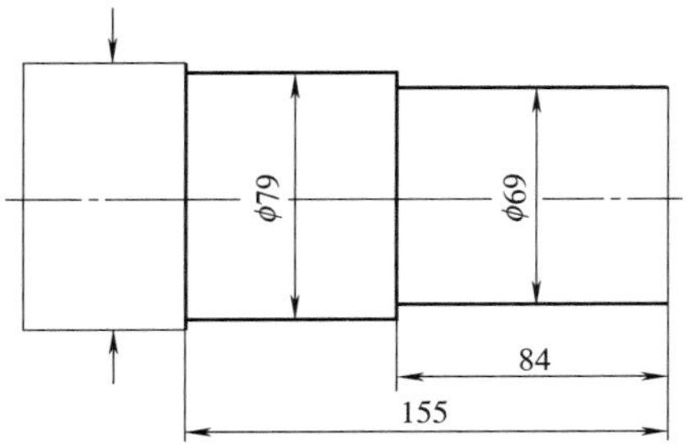 φ79　φ69　84　155	粗车外圆至图纸尺寸	（1）车外圆时必须将刀台架复位，以保证台阶面与外圆柱面间的90°夹角 （2）为达训练目的，分3次粗车
3	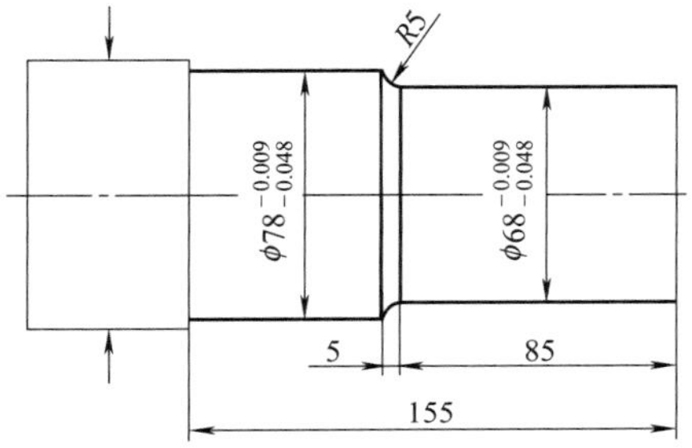 R5　$\phi78^{-0.009}_{-0.048}$　$\phi68^{-0.009}_{-0.048}$　5　85　155	精车外圆至图纸尺寸	精车外圆时，在保证直径和长度尺寸的前提条件下，横拖板应作退刀运动，以保证台阶面与外圆柱面间的90°夹角
4	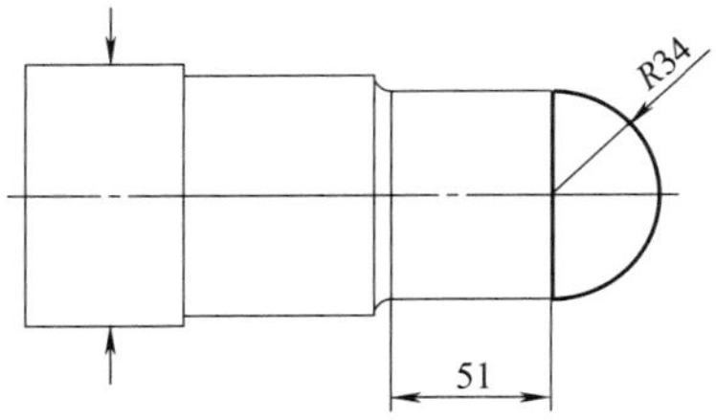 R34　51	加工成形面	注意刀具的安装高度与机床轴线等高
5	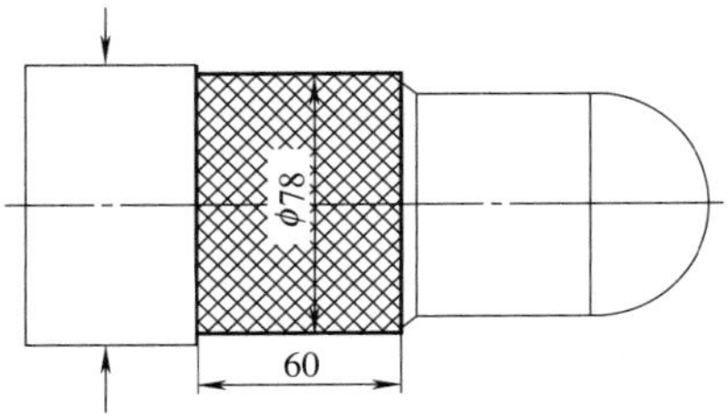 φ78　60	滚花	注意滚花刀的选用与安装
6	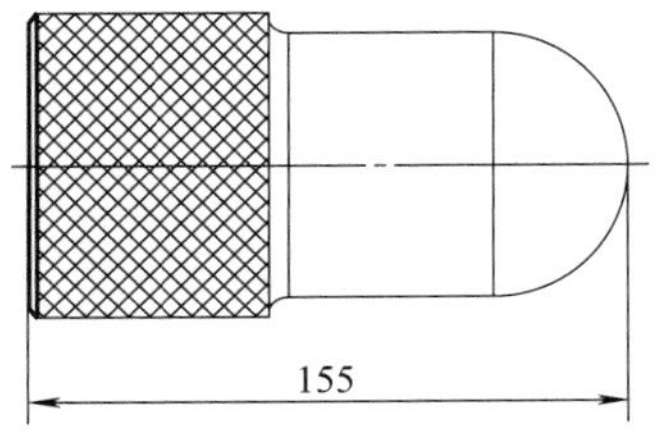 155	切断并倒角	保证端面与中心轴线垂直

（2）评分标准　见表3-17。

笔记

表3-17 评分标准

序号	操作内容与要求	分值	评分细则	实测记录	得分
1	刀具安装	10	刀具安装不正确扣5分		
2	工件装夹	10	装夹不牢固不得分		
3	切削用量选择	10	切削用量选择不当扣2分		
4	机床调整	5	调整操作不正确扣5分		
5	对刀方法	5	对刀方法使用不正确扣4分		
6	车端面、外圆及倒角	15	操作不正确扣5分		
7	车成形面	20	操作不正确扣10分		
8	工件质量检测	20	尺寸一处不符合扣2分		
9	安全文明操作	5	违犯一次扣1分		

3.5 任务实操

任务1 制作小酒杯

如图3-40（a）和（b）所示，有两种，可任取其一。讲解按图3-40（a）所示。

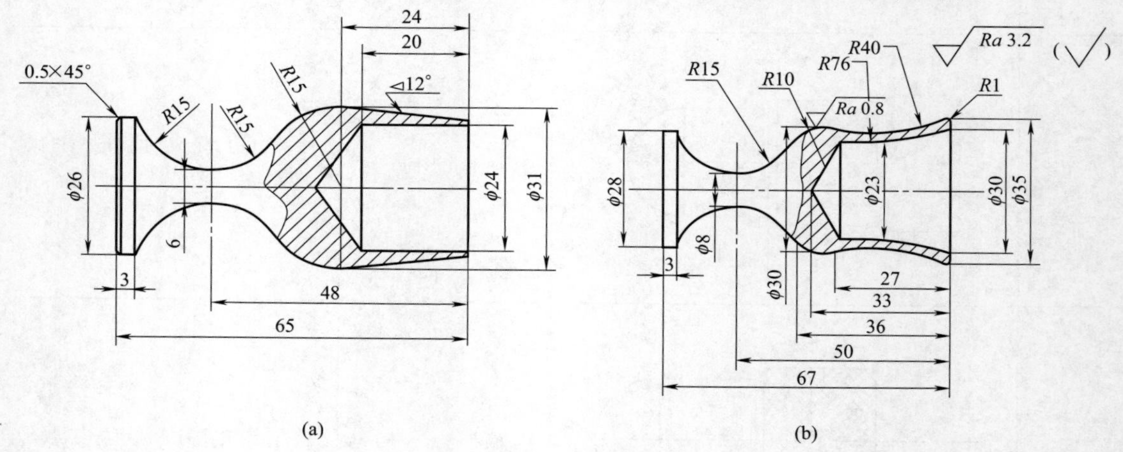

图3-40 小酒杯

笔记

小酒杯的加工，集中了车端面、车外圆、车锥面、钻中心孔、钻孔、切断这几种车削的基本加工方法，同时也增加了车成形面这一需要操作者一定的基本功和操作技巧的加工方法。小酒杯的加工有利于提高对车削的基本知识的了解，同时也掌握了一定的操作技能。

1. 车刀的选择和安装

车削台阶工作通常使用90°外圆偏刀，车削成形面通常使用圆弧车刀。90°外圆车刀安装时，刀尖必须严格对准工件的旋转中心，主偏角保证93°左右，车刀装在刀架上，其伸出长度不宜太长，一般不超过刀柄厚度的1.5~2倍。车刀下面的垫片要平整，垫片应与刀架对齐，垫片的片数应尽量少，以防止产生振动。圆弧车刀安装时，主切削刃应与工件旋转中心等高，两边副偏角、副后角应对称，在满足加工的条件下伸出长度尽可能短些。

2. 工件的安装

调整卡爪开度，使其稍大于工件的外圆直径。左手捏住卡盘钥匙，右手将工件放入三个爪之中，伸出长度为80mm。左手握紧卡盘钥匙，右手用加力杆扳动卡盘钥匙，让卡盘将工件夹紧。

3. 车端面

开动车床、工件旋转，移动大滑板使90°偏刀刀尖对准工件端面，轻微接触，移动小滑板控制背吃量，摇动中滑板由工件圆周向中心作横向进给。

4. 车外圆

车外圆用90°车刀。

为了控制车削尺寸，通常采用试切，试切步骤如下：

启动车床，移动床鞍与中滑板，使车刀刀尖与工件表面轻微接触。中滑板手柄不动，移动床鞍，退出车刀与工件端面距离2~5mm。选定背吃刀量并移动中滑板进刀，再手动移动床鞍用车刀切出2~5mm的外圆，向右退出大滑板，停车，测量工件直径。根据测量结果调整背吃量，再纵向自动进给车至所需尺寸。作纵向自动进给在离卡盘10~15mm处停下，逆时针转动中滑板退出，向右退出大滑板，停车，检查工件直径。

在离端面24mm、48mm、62mm处刻线。

5. 车削圆锥面

调整90°车刀刀尖高度，使车刀刀尖对准工件的旋转中心，否则容易蹦刀，并使圆锥的素线不直。用扳手将转盘螺母松开，把回转盘转至所需锥度的一半6°处，当刻线与基准零线对齐后将螺母锁紧。调整车床转速至400r/min，移动大滑板车刀刀尖与工件端面接触，固定大滑板。由中滑板调节切削深度，双手交替摇动小滑板手柄作进给运动和退刀运动车圆锥体，直至24mm刻线处。

6. 车持形面

双手控制法车削特形面是特形面车削的最基本方法，是锻炼双手操纵基本功的有效途径。其操作方法是双手控制大、中滑板的合成运动，使车刀的运动轨迹与零件表面素线重合，达到车削特形面的目的。首先选择成形车刀在48mm刻线处切槽，然后双手控制大中滑板车削圆弧，逐步加深切槽槽深和左右切圆弧。要求大中滑板同时运动。

笔记

7. 特形面修整

在车床上，选择使用半圆锉修整特形面的外形。手的握法应该是左手握锉刀柄，右手持锉刀头部。经过锉削修整，再用砂布抛光来达到表面粗糙度要求。用砂布进行抛光时的转速应比车削时的转速选得高一些，一般为700r/min左右，并且要使砂布在工件上缓慢地左右移动。

特形面车好后，可用样板以光隙法测量。测量时将样板跟轴线平行放在成形面上，观察其均匀透光程度，以判别成形面是否与样板重合。

8. 钻中心孔

钻夹头在尾座孔中安装，先擦清钻夹头柄部和尾座锥孔，然后用轴向力把钻夹头装紧。

中心钻在钻夹头上装夹，逆时针方向旋转钻夹头外套，使钻夹头三爪张开，把中心钻插入，然后用钻夹头钥匙顺时针方向转动钻夹头外套，把中心钻夹紧。

由于中心孔直径小，钻削时应取较高的转速700r/min，进给量应小而均匀，钻毕时，中心钻应稍停留后，退出。

9. 钻孔

根据图纸要求选择ϕ24锥柄麻花钻，装入尾座锥孔，选择200r/min机床转速，开启机床，钻头匀速进给，当钻到较深处时，切屑不能排出，必须经常退出钻头清除切屑后再钻。当钻尖开始切入端面时，记下尾座套筒上的标尺读数，根据需要钻入的孔深20mm标尺读数就为终点标尺读数，如套筒上无标尺，可用直尺量。

10. 切断

为减少所使用的刀具数量，直接用圆弧车刀替代切断刀。一般切断时切削速度选择较低，用高速钢切断刀切断时选择280r/min。切断方法有直进法与左右借刀法。工件直径较小时，可采用直进法，工件直径较大时，可采用左右借刀法，为了减少刀具损耗采用左右借刀法。

任务2 制作千斤顶

通过千斤顶的制作，了解车床基本结构、工艺范围、操作要点，了解车刀结构类型、几何角度，了解车削加工典型工艺方法。掌握外圆柱面、锥面、成形面的车削以及钻孔、套螺纹等基本车削加工操作技能。

1. 加工千斤顶底座（如图3-41所示）

（1）装夹伸出长度50mm，钻中心孔，车端面。

（2）车外圆至$\phi30_{-0.2}^{\ 0}$，长度为40mm。

（3）车外圆至$\phi18_{-0.2}^{\ 0}$，长度为13mm。

（4）划线长度为25mm、30mm，用圆头刀手动进给加工R15，圆弧面与$\phi18_{-0.2}^{\ 0}$相切。

（5）钻ϕ8内孔，深35mm。

（6）切断，长度为31mm。

（7）夹$\phi18_{-0.2}^{\ 0}$，车端面，保证长度为30mm±0.1mm，车沉孔ϕ22，深1mm。

操作提示：

（1）加工R15圆弧面时，大、中滑板要同时移动，注意两手协调操作。

（2）切断时转速应在400r/min以下。

2. 加工千斤顶顶尖（如图3-42所示）

（1）装夹伸出长度为70mm，钻中心孔，车端面。

（2）车外圆至$\phi18_{-0.2}^{\ 0}$，长度为55mm。

（3）车外圆至ϕ7.8，长度为34mm±0.1mm。

（4）加工M8螺纹。

（5）夹M8（或$\phi18_{-0.2}^{\ 0}$），车锥面。

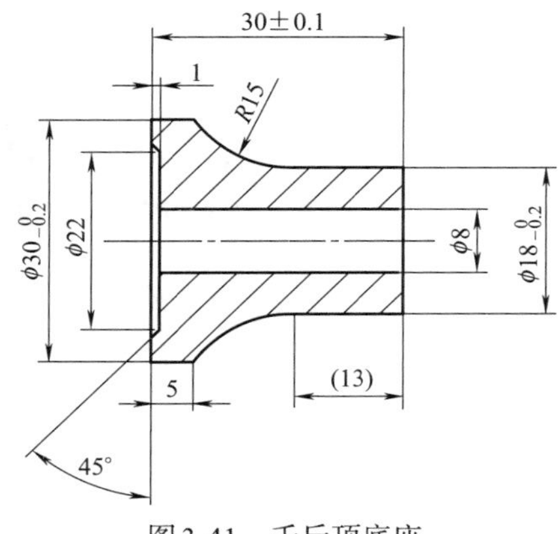

图3-41　千斤顶底座

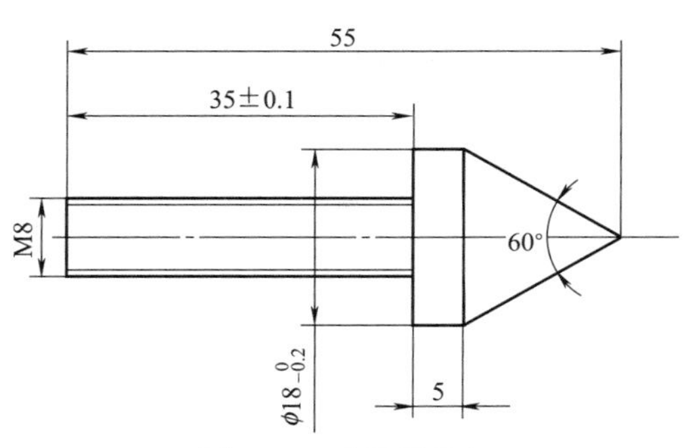

图3-42　千斤顶顶尖

操作提示：

（1）车锥面时刀尖要完全与中心等高，锥角由小滑板转角保证。

（2）车锥度时切削深度与进给量不宜过大。

（3）加工M8螺纹时用套螺纹工具。

3. 加工千斤顶滚花螺母（如图3-43所示）

（1）装夹伸出长度为50mm。

（2）钻中心孔，车端面，钻ϕ6.8孔，深10mm，攻螺纹M8。

（3）车外圆至ϕ24.8。

（4）滚花、倒角。

（5）割断长度为5.5mm，车端面保证长度为5mm，倒角。

（6）攻螺纹M8。

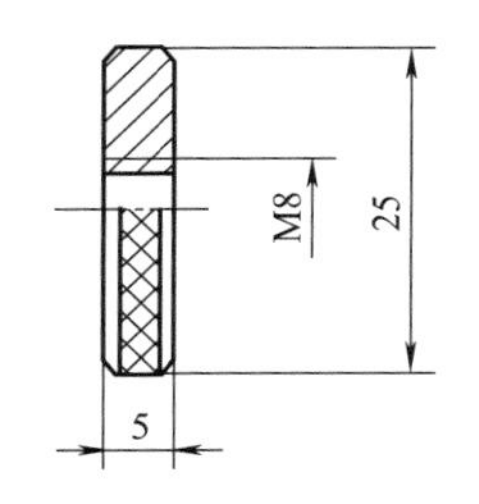

图3-43　千斤顶滚花螺母

任务3　制作小榔头柄

小榔头柄是钳工小榔头的配件，如图3-44所示。采用一夹一顶的安装方法加工。加工步骤如下：

笔记

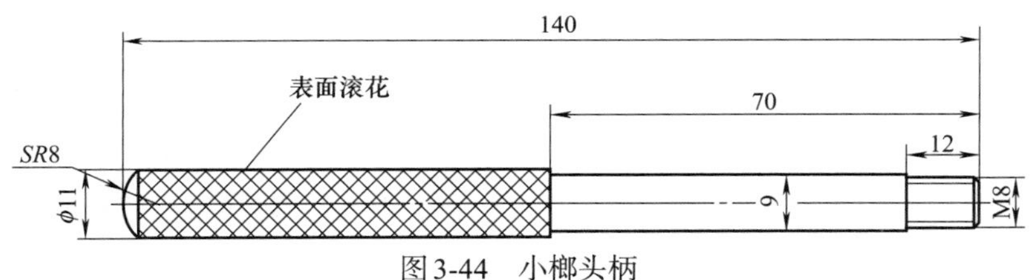

图3-44　小榔头柄

（1）车端面，打中心孔。

（2）采用一夹一顶的安装方法，车全长ϕ11的外圆。

（3）车ϕ9mm×70mm的外圆。

（4）车ϕ7.8mm×12mm，加工M8的螺纹。

（5）用滚花刀滚花。

（6）切断140mm全长。

（7）调头夹，切SR8圆球。

模块 4 钳工

4.1 认识钳工

1. 钳工的基本概念

钳工一般是指利用各种手动工具来进行的切削加工、装配和修理等工作。

钳工的基本操作包括：划线、錾削、锯割、锉削、攻螺纹、套扣、刮削、研磨等。此外，还包括矫正、弯曲、铆接以及机器的装配、调试与维修等。

2. 钳工的加工特点

（1）使用的工具简单，操作灵活。

（2）可以完成机械加工不便加工或难以完成的工作。

（3）劳动强度大、生产效率低。

随着生产的发展，钳工工具及工艺也不断改进，钳工操作正在逐步实现机械化和半机械化，如錾切、锯割、锉削、划线及装配等工作中已广泛使用了电动或气动工具。

3. 钳工的应用范围

（1）加工前的准备工作，如清理毛坯，在工件上划线等。

（2）在单件或小批生产中，制造一般的零件。

（3）加工精密零件，如锉样板、刮削或研磨机器和量具的配合表面等。

（4）装配、调整和修理机器等。

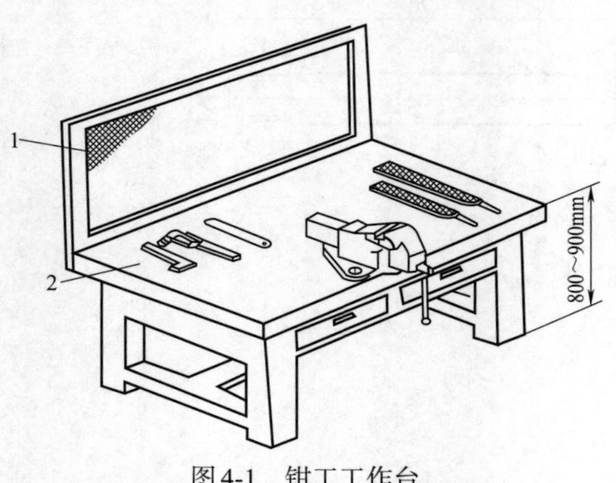

图 4-1　钳工工作台
1—防护网；2—量具单放处

4.2 认识钳工加工设备

钳工常用的设备包括：钳工工作台、虎钳、砂轮机等。

1. 钳工工作台

钳工工作台一般是用木材或铸铁件制成的，

要求坚实和平稳，台面高度为800~900mm，其上装有防护网，工具和量具须分类放置在规定的位置，如图4-1所示。

2. 虎钳

虎钳用来夹持工件，有固定式和回转式两种结构类型，如图4-2所示。虎钳的规格以钳口的宽度表示，有100mm、125mm、150mm 等规格。

使用虎钳时，应注意下列事项。

（1）工件应夹在虎钳钳口中部，以使钳口受力均匀。

（2）当转动手柄来夹紧工件时，手柄上不准套上管子或用锤敲击，以免虎钳丝杠或螺母上的螺纹损坏。

（3）锤击工件只可在砧面上进行。

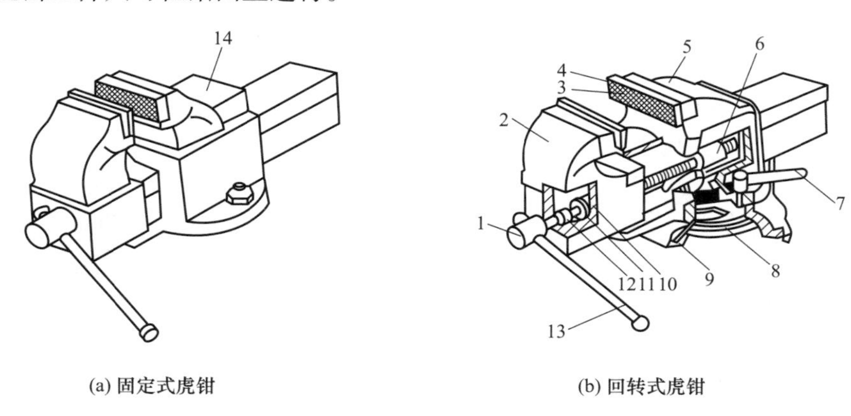

(a) 固定式虎钳　　(b) 回转式虎钳

图4-2　虎钳

1—丝杠；2—活动钳身；3—螺钉；4—钳口；5—固定钳身；6—螺母；7—手柄；8—夹紧盘；9—转座；10—销；11—挡圈；12—弹簧；13—手柄；14—砧板

3. 砂轮机

砂轮机主要用来刃磨各种刀具和工具，也可用于磨去工件上的毛刺、飞边与锐角。钳工用砂轮机主要为固定式砂轮机。如图4-3所示。

笔记

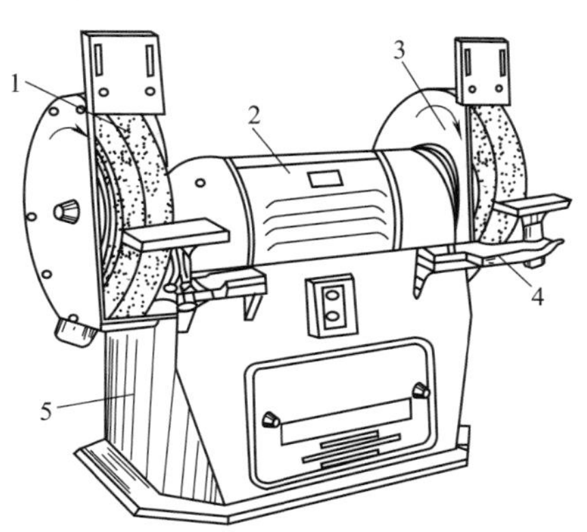

图4-3　砂轮机

1—砂轮；2—电动机；3—防护罩；4—托架；5—机体

4.3 钳工基本操作

4.3.1 安全文明操作规程

（1）进入工作场地要穿好工作服，工作鞋，戴好工作帽。不准穿拖鞋，戴围巾、领带。不准大声喧哗、打闹。

（2）工作前，认真检查所使用的工具是否齐全、完好；锉刀、刮刀、榔头应有牢固的木柄；冲子、錾子等工具的锤击处，不能有卷边、裂纹和毛刺。

（3）使用榔头时应选择好挥动方向，以防挥动或锤头滑出时伤人，握锤的手不准戴手套；錾切工件时，对面不许站人，还应设防护网。

（4）使用手提电动工具时，应站在绝缘板上，并戴好防护眼镜和绝缘手套，不许有漏电现象，严禁漏电操作。使用手砂轮或软轴砂轮前，必须严格检查砂轮是否完整。

（5）在钻床钻孔时，严禁戴手套，不许用手拨或嘴吹等方法清除铁屑。

（6）未经电工允许，不准随意拆装电器。在修理、拆卸设备前，必须切断电源；设备修好后，必须认真检查，不准将工具和工件遗留在仪器内；设备修好后，先手动运转，再机动运转。

（7）使用砂轮机前，必须戴好防护眼镜，认真检查砂轮是否完好。砂轮机启动前或磨削过程中，不能站在砂轮机当面，应站在砂轮机侧面，防止砂轮机破裂伤人。

（8）在砂轮机磨削工件时一定要用砂轮外缘面，不准在砂轮侧面磨削工件。磨削过程中，应将工件左右移动以保持砂轮工作面的均匀磨损。

（9）凡过长过大过重工件，木制品、塑料品、有色金属等一律不准使用砂轮机磨削。台式砂轮机不准长时间连续使用，以防止温度升高过快、过高，损坏电机。

（10）换新砂轮时一定要检查砂轮外形是否完好，不准换装有缺损、裂纹的。

4.3.2 划线

笔记

划线是在毛坯或半成品件上根据图纸要求尺寸，划出加工界线的一种操作。

划线分为平面划线和立体划线，如图4-4所示。平面划线是在工件的一个平面上划线，即能明确表示出工件的加工界线；立体划线则是要同时在工件的三维方向上划线，才能明确表示出工件的加工界线。

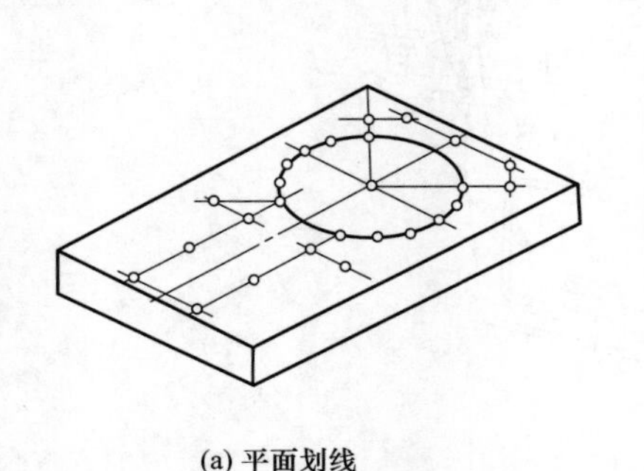

(a) 平面划线

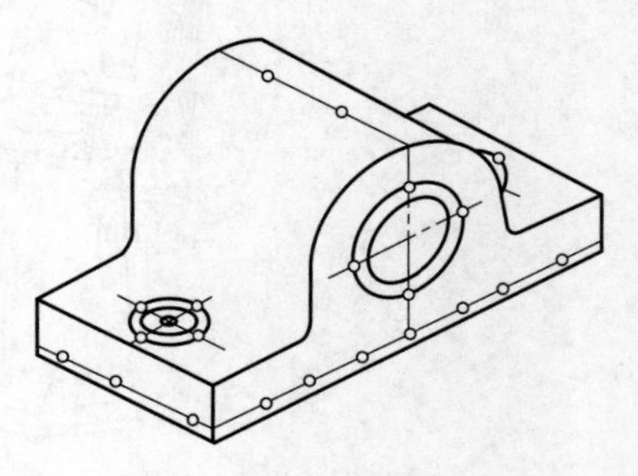

(b) 立体划线

图4-4 平面划线和立体划线

划线可以检查毛坯的形状和尺寸是否符合图样要求，对合格的毛坯或半成品划出加工界线，标明加工余量，作为加工时的依据；对于毛坯形状和尺寸超差不大者，通过划线合理安排加工余量，调整毛坯各个表面的相互位置，进行补救，避免造成废品，这种方法叫做“借料”。

1. 划线工具及其使用

（1）支承工具

① 划线平板　划线平板是经过精刨及刮研的铸铁制成的平板，如图4-5所示。上面是划线的基准平面。平板要安放牢固，面应保持水平，以便稳定地支承工件。平板不准碰撞和用锤敲击，以免使准确度降低。平板若长期不用时，应涂油防锈并用木板护盖。

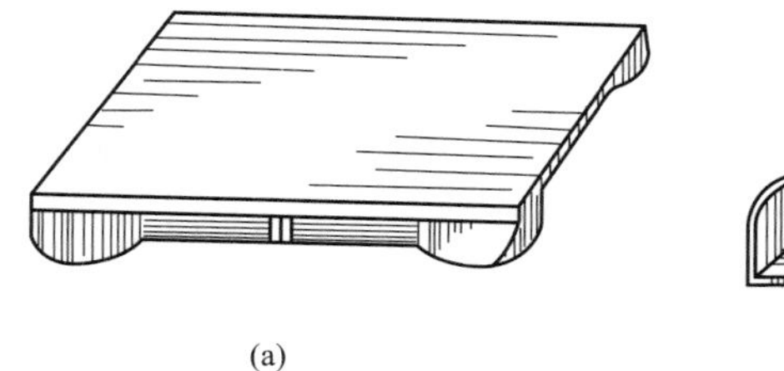

(a)

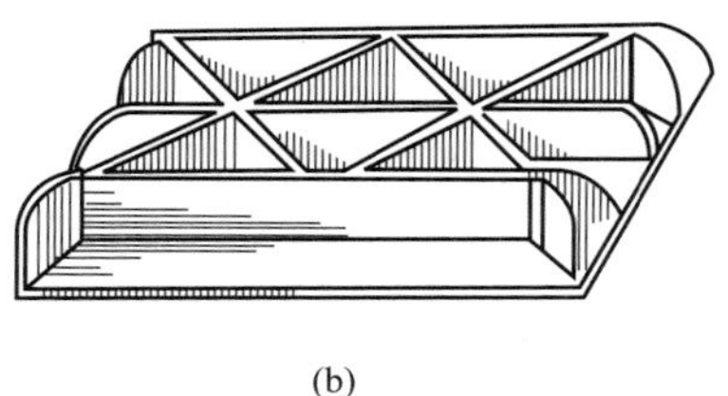

(b)

图4-5　划线平板

② V形铁　用于支承圆柱形工件，使工件轴线与平板平行，如图4-6所示。

③ 千斤顶　千斤顶用于在平板上支承较大工件，其高度可以调整，以便找正工件。支承要平衡，支承点间距尽可能大，如图4-7所示。

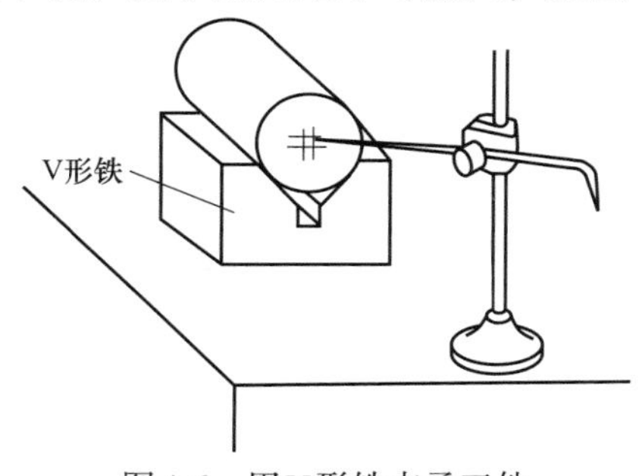

图4-6　用V形铁支承工件

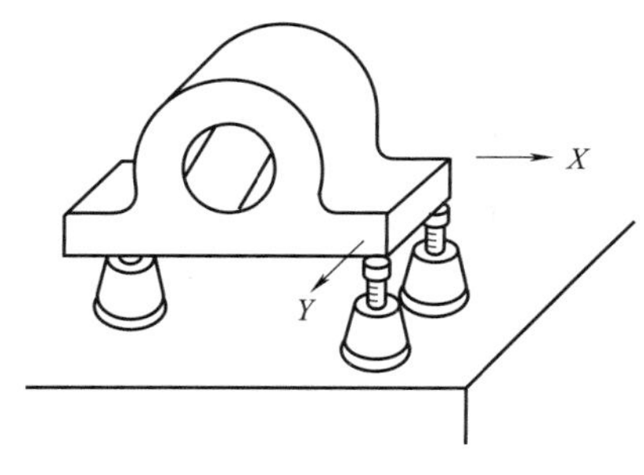

图4-7　用千斤顶支承工件

笔记

④ 方箱　用于夹持较小的工件。通过翻转方箱，可在工件表面上划出互相垂直的线来，如图4-8所示。夹持工件时紧固螺钉松紧要适当。

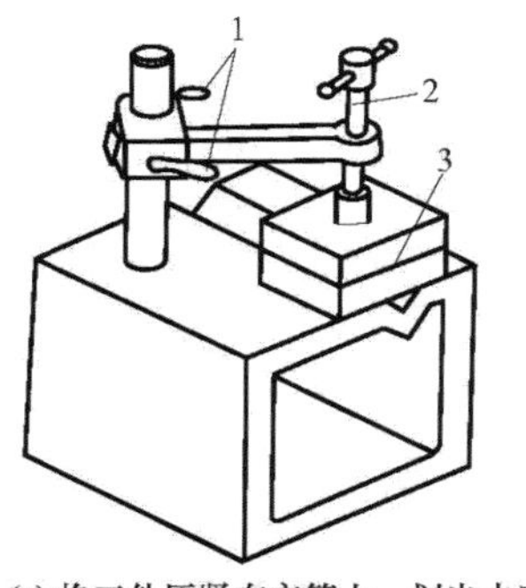

(a) 将工件压紧在方箱上，划出水平线

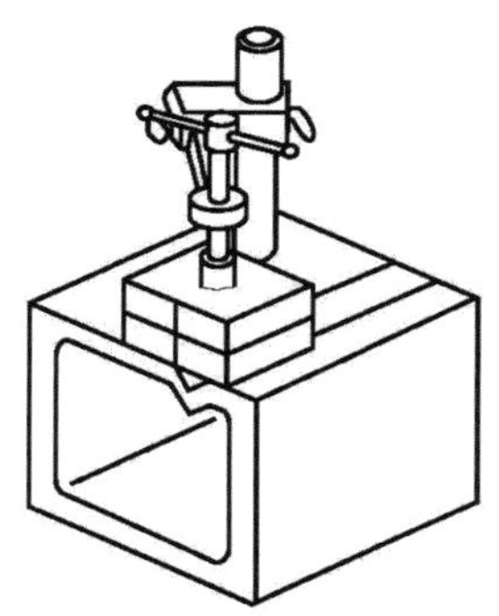

(b) 方箱翻转90°划出垂直线

图4-8　用方箱夹持工件

1—紧固手柄；2—紧固螺钉；3—划出的水平线

（2）划线工具

① 划针 划针是用来在工件表面上划线的工具。图4-9所示为划针的用法。

② 划卡 划卡主要是用来确定轴和孔的中心位置的，如图4-10所示。

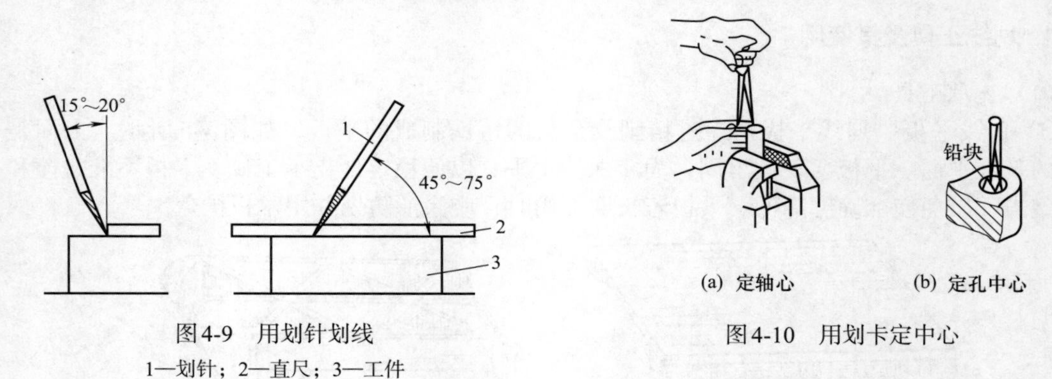

图4-9 用划针划线

1—划针；2—直尺；3—工件

图4-10 用划卡定中心

③ 划规 划规即圆规，如图4-11所示，用来划圆和圆弧、等分线段以及量取尺寸等。

④ 划线盘 划线盘是立体划线和校正工件位置时常用的主要工具。调节划针到一定高度，并在平板上移动划线盘，即可在工件上划出与平板平行的线来，如图4-12 所示。

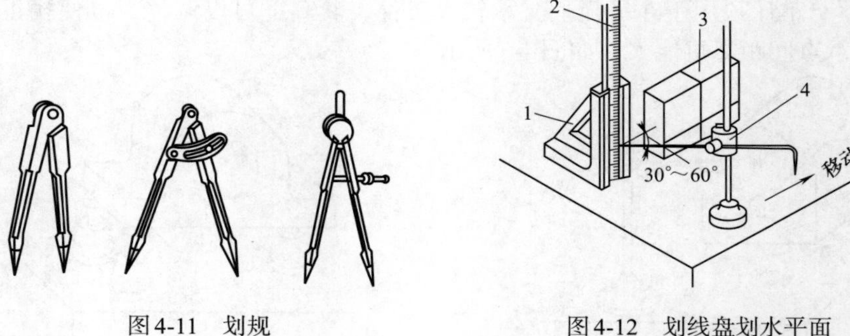

图4-11 划规

图4-12 划线盘划水平面

1—尺座；2—钢直尺；3—工件；4—划线盘

笔记

⑤ 高度游标尺 高度游标尺是精密量具之一，由高度尺和划线盘组合，如图4-13所示。用于半成品上已加工表面的划线，不允许用它划毛坯。要防止碰坏硬质合金划线脚。

⑥ 样冲 样冲是用来在工件已划好的线上打出样冲眼的工具，以备所划的线模糊后，仍能找到原线位置。图4-14所示为样冲的用法。

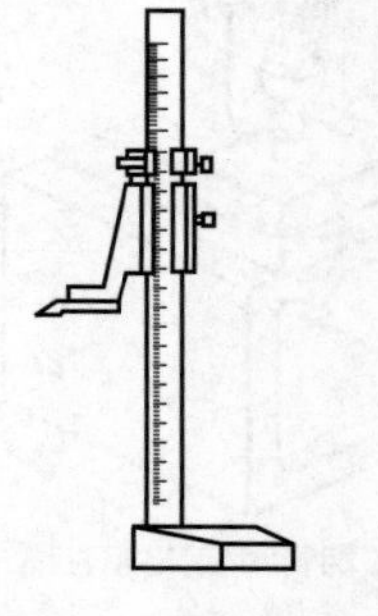

图4-13 高度游标卡尺

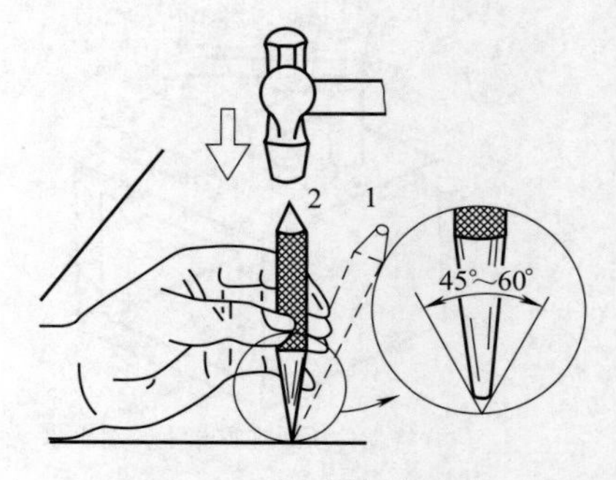

图4-14 样冲及其用法

1—对准位置；2—冲眼

⑦ 量具 划线常用的量具有钢直尺、高度尺及直角尺等。

2. 划线基准

划线时用来确定零件点、线、面的相对位置时，应选定零件上的某些点、线、面作为依据，并以此来调节每次划针的高度，这个依据称为划线基准。一般选重要孔的中心线为划线基准，如图4-15（a）所示。若工件上个别平面已加工过，则应以加工过的平面为划线基准，如图4-15（b）所示。

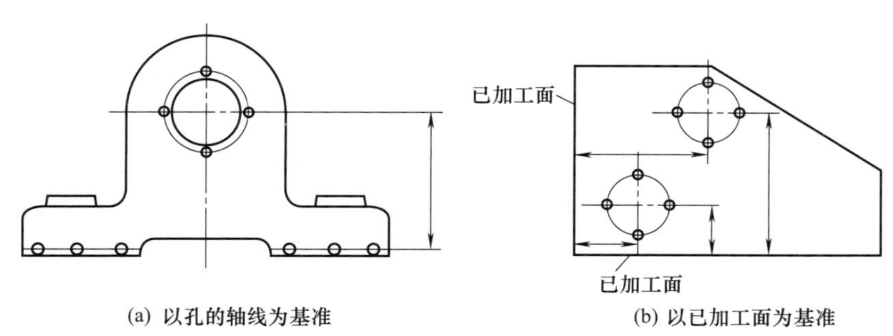

(a) 以孔的轴线为基准　　(b) 以已加工面为基准

图4-15 划线基准

3. 划线操作步骤与方法

（1）研究图样，检查毛坯是否合格，确定划线基准和划线方法。
（2）清理毛坯，在划线部位涂上涂料。
（3）支承、找正工件。
（4）划出基准线。以基准线为依据划出其他水平线。
（5）翻转工件，划出相互垂直线。
（6）检查划线是否正确，打样冲眼。

注意：划线时，同一面上的线条应在一次支承中划全，避免补划时因再次调节支承而产生误差。

4.3.3 锯削

用手锯对材料或工件进行切断或切槽的操作叫做锯削。

1. 手锯

手锯是手工锯削的工具，包括锯弓和锯条两部分，如图4-16所示。

（1）锯弓 锯弓是用来夹持和张紧锯条的，可分为固定式和可调式两种。锯弓由弓架、锯柄、拉杆、蝶形螺母组成。

（2）锯条 锯条一般是用碳素工具钢制成，并经淬火、回火处理，其规格以锯条安装

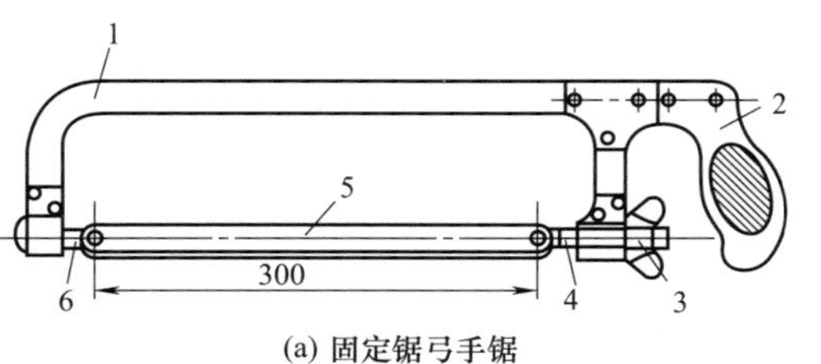

(a) 固定锯弓手锯

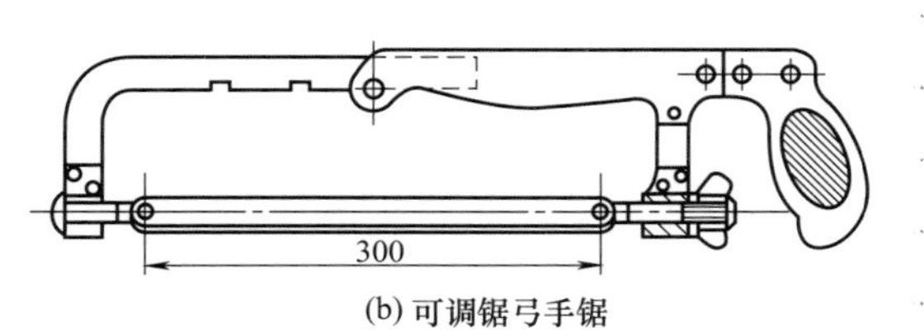

(b) 可调锯弓手锯

图4-16 手锯

1—弓架；2—锯柄；3—蝶形螺母；4—活动拉杆；5—锯条；6—固定拉杆

笔记

孔间的距离表示。常用的锯条长度300mm，宽12mm、厚0.8mm。每一个齿相当于一把錾子，起切削作用。锯齿的形状如图4-17所示。常用锯条锯齿的后角α_0为40°~50°，楔角β_0为45°~50°，前角γ_0约为0°。

锯条制造时，锯齿按一定的形状左右错开，排列成一定的形状，称为锯路，如图4-18所示。锯路的作用是使锯缝宽度大于锯条背部厚度，以防止锯削时锯条卡在锯缝中，减少锯条与锯缝的摩擦阻力，并使排屑顺利，锯削省力，提高工作效率。

锯条齿距大小以25mm长度所含齿数多少分为粗齿、中齿、细齿3种，主要根据加工材料的硬度、厚薄来选择。锯割软材料或厚工件时，应选用粗齿锯条；锯割硬材料及薄工件时，一般至少要有3个齿同时接触工件，使锯齿承受的力量减少，应选用细齿锯条。

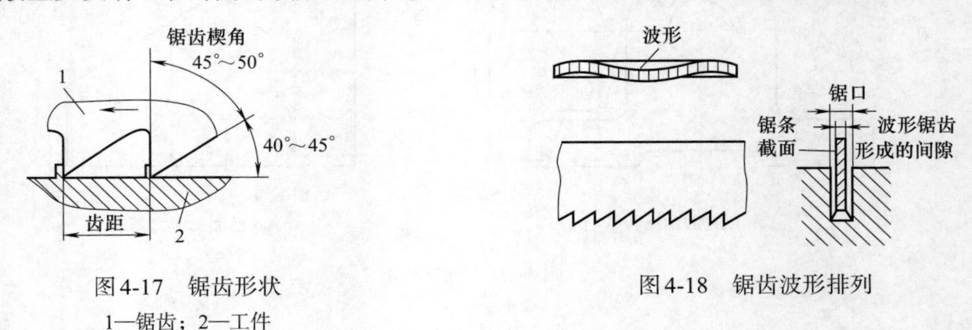

图4-17　锯齿形状

1—锯齿；2—工件

图4-18　锯齿波形排列

（3）锯条的安装　锯条安装应使齿尖的方向朝前，如图4-19（a）所示。锯条松紧要适当，其松紧程度可用手扳动锯条，以感觉硬实即可。锯条安装后，要保证锯条平面与锯弓中心平面平行，不得倾斜和扭曲，否则，锯割时锯缝极易歪斜。

2. 锯削操作

（1）手锯握法　常见的握锯方法：右手满握锯柄，左手轻扶在锯弓前端，如图4-20所示。左脚中心线与虎钳丝杠中心线成30°夹角，右脚中心线与虎钳丝杠中心成75°夹角。锯削时推力和压力由右手控制，左手主要配合右手扶正锯弓，压力不要过大。手锯推出时为切削行程，应施加压力，返回行程不切削，不加压力作自然拉回。工件将断时压力要小。

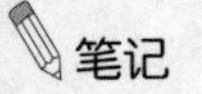笔记

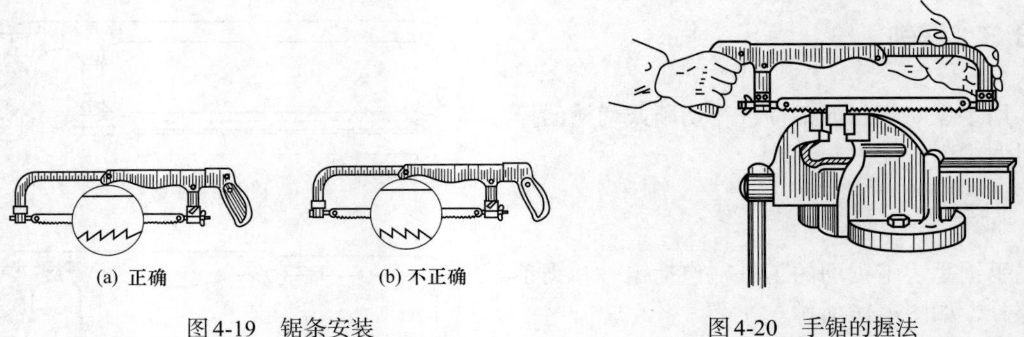

(a) 正确　　(b) 不正确

图4-19　锯条安装

图4-20　手锯的握法

（2）锯削姿势　在虎钳上锯削时，操作者面对虎钳，站立位置应在虎钳的左侧，锯削时前腿微微弯曲，两臂推拉自然，目视锯条，如图4-21所示。

（3）锯削操作方式

① 直线往复式　手锯向前推进和返回时，锯条始终处于水平状态。通过两手的协调控

制，使手锯在向前推进过程中对工件施加基本恒定的切削力，返回时手锯微微抬起。这种操作方式适用于锯削薄壁工件和底部要求平整的锯削加工。

② 摆动式 手锯在向前推进过程中，前手臂逐步上提，后手臂逐步下压，使锯条形成上下摆动中向前推进的切削运动。这种操作方式动作比较自然，可以减轻疲劳，特别适用于无特殊要求的锯削加工。

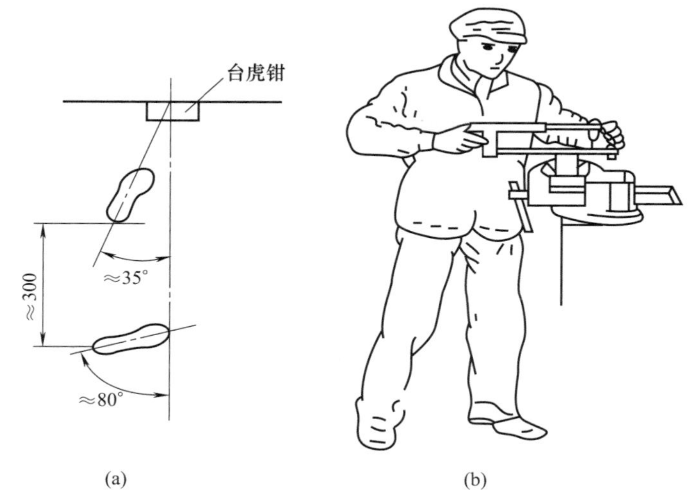

图4-21 锯削姿势

(4) 锯削操作步骤

① 选择锯条 根据工件材料的种类、硬度、结构形式和尺寸等选择合适齿数的锯条。

② 工件的装夹 工件一般应夹在虎钳的左面，以便操作；工件伸出钳口不应过长，防止工件在锯割时产生振动；锯缝线要与钳口侧面保持平行（使锯缝线与铅垂线方向一致），便于控制锯缝不偏离划线线条；夹紧要牢靠。

③ 起锯方法 起锯时应以左手拇指靠住锯条，以防止锯条横向滑动，右手稳推手柄，如图4-22（a）所示。锯条应与工件倾斜一个起锯角α_0约为10°。起锯角过大锯齿易崩碎；起锯角过小，锯齿不易切入，还有可能打滑，损坏工件表面。起锯时锯弓往复行程要短，压力要小，锯条要与工件表面垂直。

④ 锯割动作 过渡到正常锯割后，需双手握锯，如图4-22（b）所示。锯割时右手握锯柄，左手轻握弓架前端，锯弓应直线往复，不可摆动。前推时加压要均匀，返回时锯条从工件上轻轻滑过。往复速度不宜太快，锯切开始和终了前压力和速度均应减小。锯割时尽量使用锯条全长（至少占全长的2/3）工作，以免锯条中部迅速磨损。快锯断时用力要轻，以免碰伤手臂和折断锯条。锯缝如歪斜，不可强扭，否则锯条将被折断，应将工件翻转90° 重新起锯。锯切较厚钢料时，可加机油冷却和润滑，以提高锯条寿命。

笔记

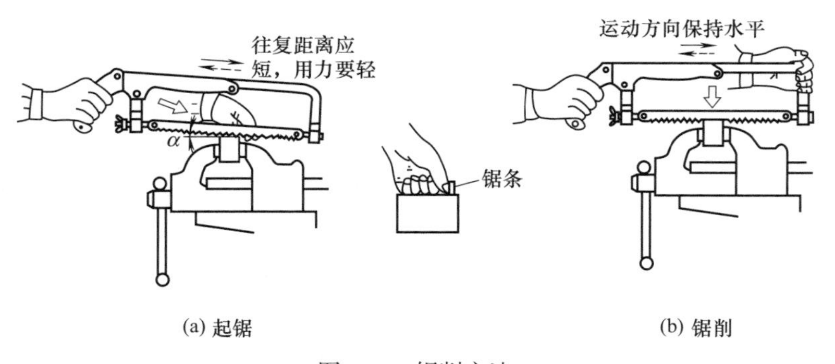

图4-22 锯削方法

4.3.4 錾削

錾削是用手锤打击錾子对金属工件进行切削加工的操作。錾削可加工平面、沟槽、切断金属及清理铸、锻件上的毛刺等。每次錾削金属层的厚度为0.5~2mm。

1. 錾削工具及使用

（1）錾子　錾子是錾削工件的刀具，用碳素工具钢锻打成形，刃部经淬火和回火处理，具有一定的硬度和韧性。常用的錾子有平錾、槽錾、油槽錾等，如图4-23所示。平錾用于錾削平面、切割和去毛刺，槽錾用于开槽，油槽錾用于錾削润滑油槽。錾子的柄部一般做成八菱形，便于控制錾刃方向。头部做成圆锥形，顶端略带球面，使锤击时的作用力易与刃口的錾削主向一致。錾子的握法如图4-24所示。

（2）锤子　锤子是钳工常用的敲击工具，由锤头、木柄和楔子组成，如图4-25所示。锤子的规格以锤头的质量来表示，锤头用T7钢制成，并经热处理淬硬。木柄用比较坚韧的木材制成，木柄装入锤孔后用楔子楔紧，以防锤头脱落。常用的0.69kg手锤柄长约350mm。锤子的握法如图4-26所示。

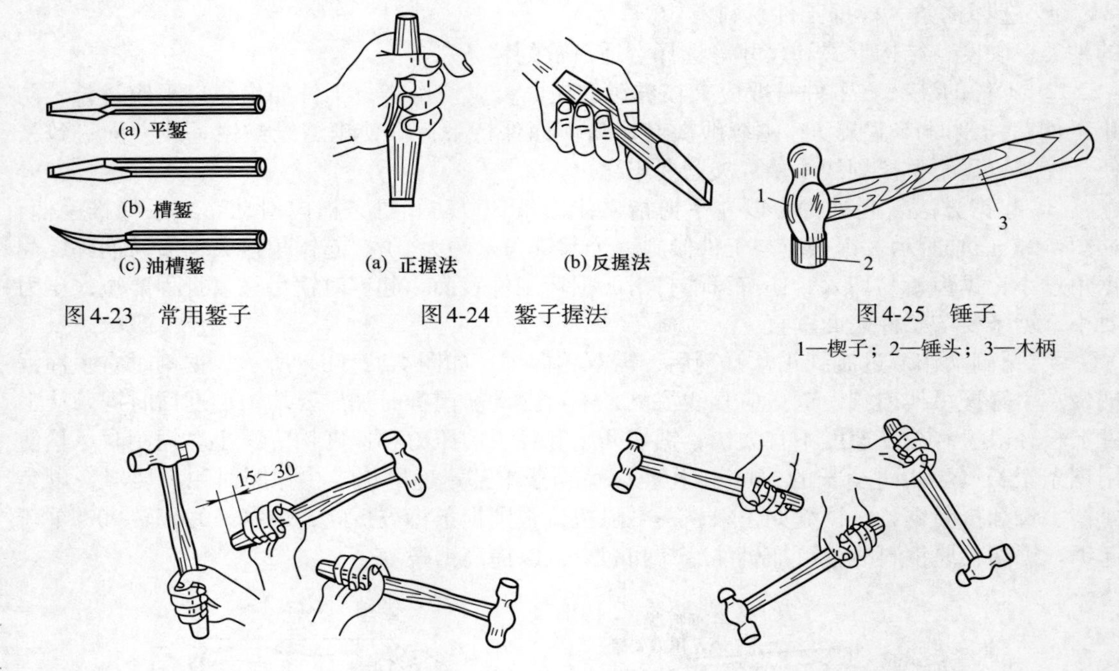

图4-23　常用錾子

图4-24　錾子握法

图4-25　锤子
1—楔子；2—锤头；3—木柄

图4-26　锤子的握法

笔记

2. 錾削操作

操作时身体与虎钳中心线大致成45°角，且略向前倾，左脚跨前半步，膝盖处稍有弯曲，保持自然，右脚要站稳伸直，不要过于用力。

錾削较窄平面时，錾子切削刃与錾削方向保持一定的斜度，如图4-27所示。錾削较大平面时，通常先开窄槽，然后再錾去槽间金属，如图4-28所示。錾削时平錾錾刃应与前进方向成45°角。当錾削快到尽头时，应把工件调转，从另一头錾掉剩余部分。

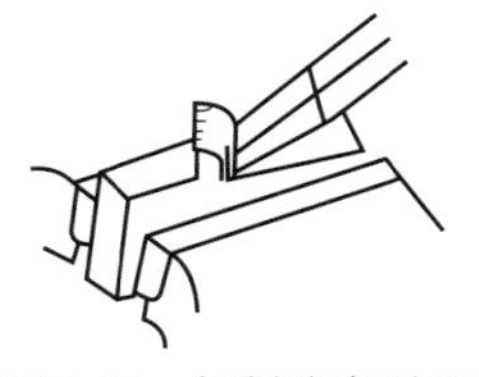

图4-27　錾削狭窄平面

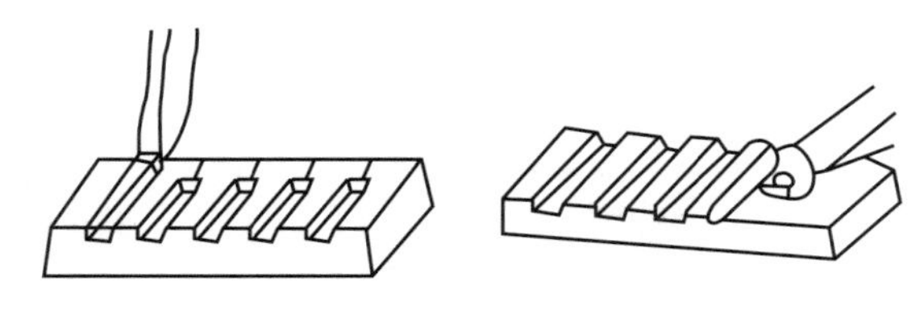

图4-28　錾削较大平面

4.3.5 锉削

用锉刀对工件表面进行切削加工的方法称为锉削。锉削是钳工中最基本的操作方法。这种加工方法可以加工工件的内外平面、内外曲面、内外角、沟槽和各种复杂形状的表面。

1. 锉刀

锉刀是锉削加工的刀具，常用T12A或T13A制造，淬火硬度为62~67HRC，锉刀由锉刀面、锉刀边、锉柄等组成，如图4-29所示。

锉刀齿纹多制成交错排列的双纹，便于断屑和排屑，也使锉削省力。也有单纹锉刀，一般用于锉铝等软材料，如图4-30所示。

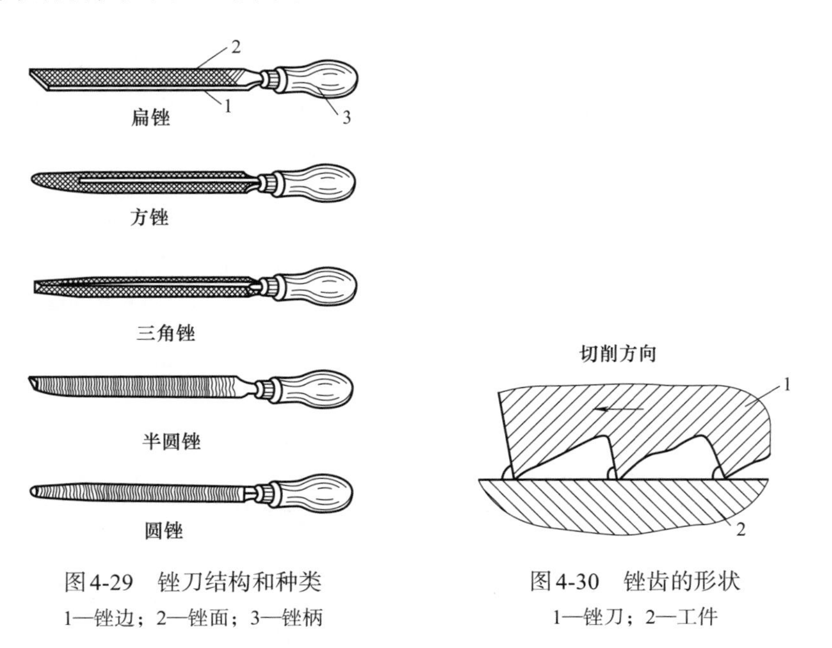

图4-29　锉刀结构和种类

1—锉边；2—锉面；3—锉柄

图4-30　锉齿的形状

1—锉刀；2—工件

笔记

锉刀按用途分为钳工锉、特种锉、整形锉等。锉刀的规格一般以截面形状、锉刀长度、齿纹粗细来表示。

钳工锉刀按其截面形状可分为扁锉、方锉、圆锉、半圆锉和三角锉等5种，如图4-29所示，其中以扁锉用得最多。锉刀大小以工作部分的长度表示，按其长度可分为100mm、150mm、200mm、250mm、300mm、350mm和400mm七种。按其齿纹可分为单齿纹锉刀和双齿纹锉刀。按每10mm长度锉面上的齿数多少可分为粗齿锉（4~12齿）、中齿锉（13~23齿）、细齿锉（30~40齿）、最细齿锉（油光锉，50~62齿）。

2. 锉削操作要领

（1）锉刀握法　锉刀的握法如图4-31所示。使用大的平锉时，应右手握锉柄，左手压在锉端上，使锉刀保持水平，如图4-31（a）、（b）、（c）所示。用中平锉时，因用力较小，左手的大拇指和食指捏着锉端，引导锉刀水平移动，如图4-31（d）所示。小锉刀及更小锉刀的握法如图4-31（e）、（f）所示。

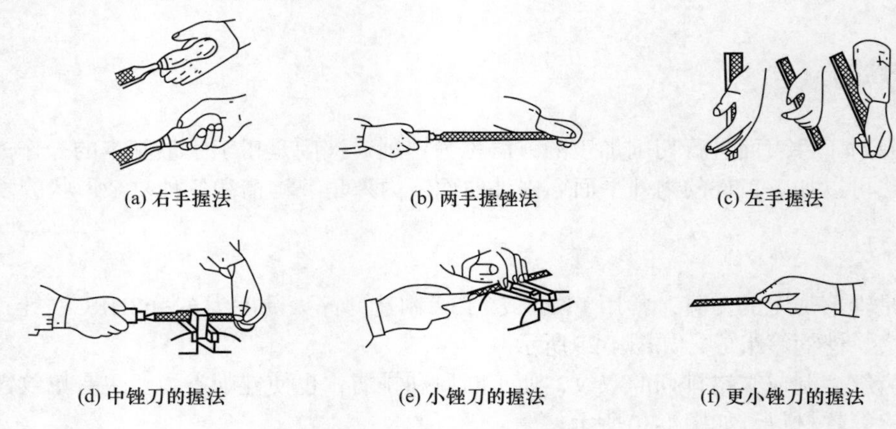

(a) 右手握法　(b) 两手握锉法　(c) 左手握法

(d) 中锉刀的握法　(e) 小锉刀的握法　(f) 更小锉刀的握法

图4-31　各种锉刀的握法

（2）锉削姿势与动作要领　锉削时，身体的重心放在左脚上，右腿伸直，左腿稍弯，身体前倾，双脚站稳，靠左腿屈伸产生上身的往复运动，同时完成两臂的锉推和回锉两个动作。在推锉过程中，身体的前倾角度应随着锉刀的位置变化而不断调整，如图4-32所示。锉削速度每分钟40~60次，要求推锉时的速度稍慢，回锉时的速度稍快。整个锉削动作要配合协调，自然连续。为了锉出平整的平面，在推锉过程中必须使锉刀始终保持水平位置而不能上下摆动。因此，在锉削过程中，右手的压力应随锉刀的前进逐渐增加，而左手的压力则随着锉刀的推进而不断减小。回锉时，两手不能施加压力，以减少锉齿的磨损。

笔记

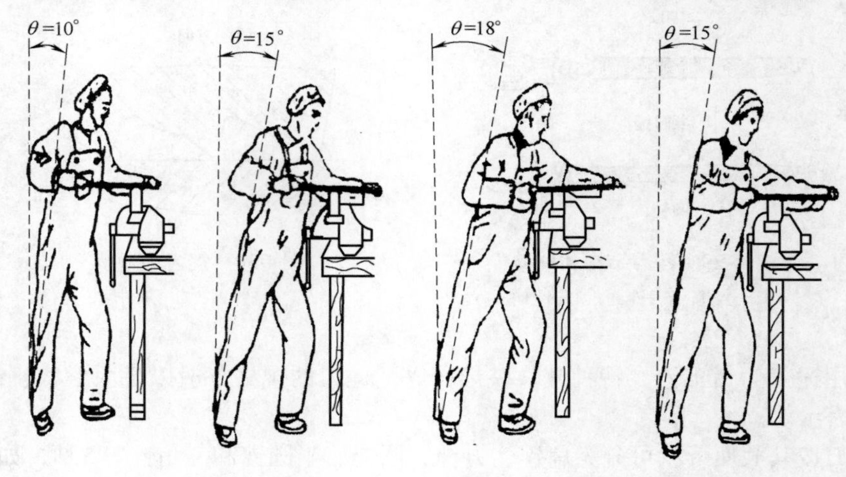

图4-32　锉削姿势

3. 锉削的加工方法

（1）工件装夹　工件必须牢固装夹在虎钳钳口的中间，并略高于钳口。夹持已加工表面时，应在钳口和工件之间垫铜片或铝片。

（2）锉刀的选择 锉削前，应根据金属材料的硬度、加工余量的大小、工件精度和表面粗糙度要求选择锉刀。粗齿锉多用于锉非铁材料（有色金属）以及加工余量大、精度要求低的工件；油光锉仅用于工件表面的最后修光。

（3）平面锉削方法

① 交锉法 即锉刀运动方向与工件夹持方向约成 30°角，如图4-33（a）所示，此法的锉痕是交叉的，故去屑较快，并容易判断锉削表面的不平程度，有利于把表面锉平。

② 顺锉法 即锉刀运动方向与工件夹持方向始终一致，如图4-33（b）所示。顺向锉的锉纹整齐一致，比较美观，适宜精锉。

③ 推锉法 推锉是用双手推锉刀，沿工件表面做推锉运动。平面基本锉平后，在余量很少的情况下，可用细锉或光锉以推锉法修光，如图4-33（c）所示，推锉法一般用于锉光较窄的平面。

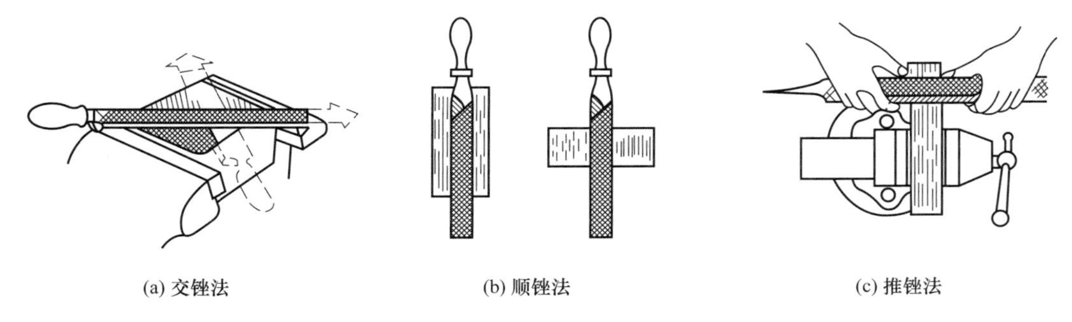

(a) 交锉法　(b) 顺锉法　(c) 推锉法

图4-33 平面锉削方法

（4）曲面锉削方法

① 顺向锉法 顺向锉时，锉刀顺着圆弧曲面的方向推进，同时右手下压，左手上提，使锉刀“上下摆动”。这种方法的动作要领比较容易掌握，锉出的表面光滑，适用于外曲面的精锉 。

② 横向锉法 横向锉时，锉刀既向前推进，又要绕圆弧中心转动。这种方法动作要领的掌握相对较难，但是内曲面的锉削唯有此方法。因此，曲面锉削时，往往先沿着圆弧面横向方向将曲面锉成多棱面，然后采用上述方法进行精锉。

笔记

4.3.6 孔加工

钳工可进行钻孔、扩孔、铰孔、锪孔等多种孔的加工。

1. 钻孔

用钻头在实体材料上加工孔称为钻孔。

（1）钻床

① 台式钻床 简称台钻，如图4-34所示，是一种小型钻床，安放在钳台上使用，其钻孔直径在3mm以下。

② 立式钻床 简称立钻，如图4-35所示，其规格以最大钻孔直径表示，有25mm、35mm、40mm、50mm等几种。立式钻床只能上下移动，靠移动工件来对准钻孔中心，适于加工中小型工件。

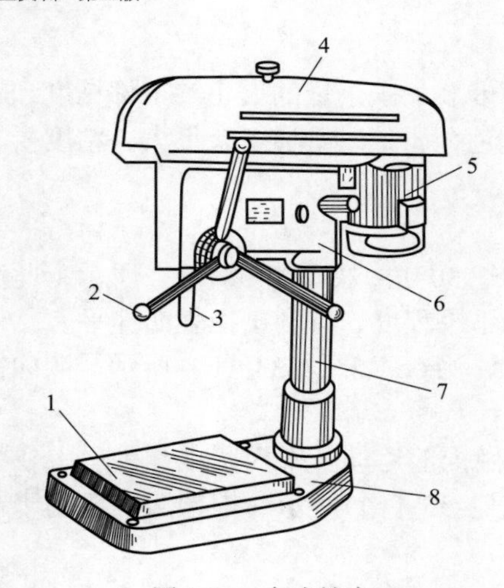

图4-34 台式钻床

1—工作台；2—进给手柄；3—主轴；4—带罩；
5—电动机；6—主轴箱；7—立柱；8—底座

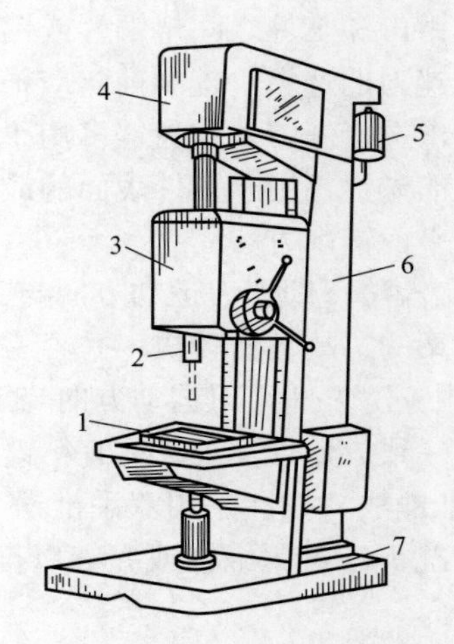

图4-35 立式钻床

1—工作台；2—主轴；3—进给箱；4—变速箱；
5—电动机；6—立柱；7—底座

③ 摇臂钻床　在大型的工件上钻孔，工件不动，钻床主轴能任意调整其位置。适用于单件或成批生产的大、中型工件和多孔工件的孔加工，如图4-36所示。

（2）钻头及其安装

① 钻头　在钻床上用来钻孔的刀具称为钻头，按齿槽的形式可分为直刃钻头和麻花钻头。麻花钻头最为常用，它由柄部、颈部、导向部分和切削部分组成，如图4-37所示。

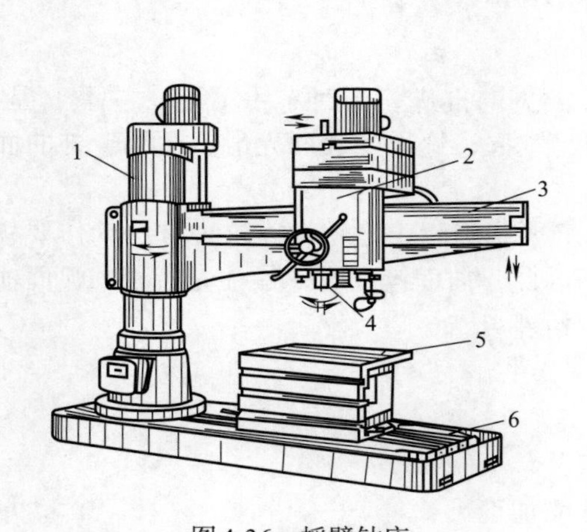

图4-36 摇臂钻床

1—立柱；2—主轴箱；3—摇臂；
4—主轴；5—工作台；6—底座

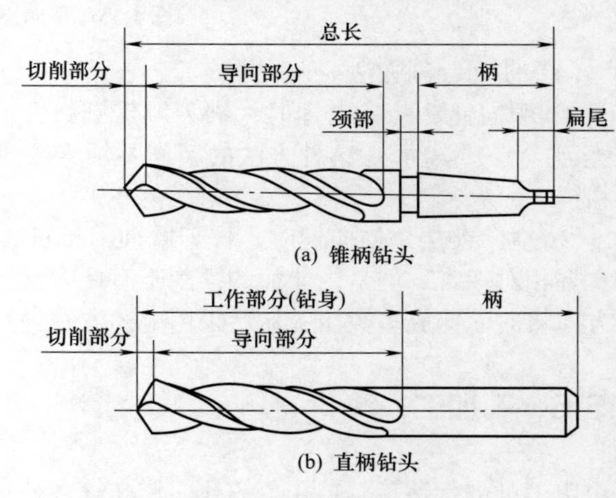

图4-37 麻花钻的组成部分图

笔记

② 钻头的安装　锥柄钻头直接装入钻床主轴孔内，较小的钻头可用过渡套筒安装，套筒上端接近扁尾处的长方形，是卸钻头时打入楔铁用的，如图4-38所示。直柄钻头则用钻夹头安装，如图4-39所示。

（3）钻孔加工方法

① 工件的装夹　在立钻或台钻上钻孔时，工件通常用虎钳装夹，如图4-40（a）、（b）所示。有时把工件直接安装在工作台上，用压板、螺栓装夹，如图4-40（c）所示，夹紧

前先按划线标志的孔位进行找正。在圆形工件上加工孔时，一般把工件安装在V形铁上，如图4-40（d）所示。

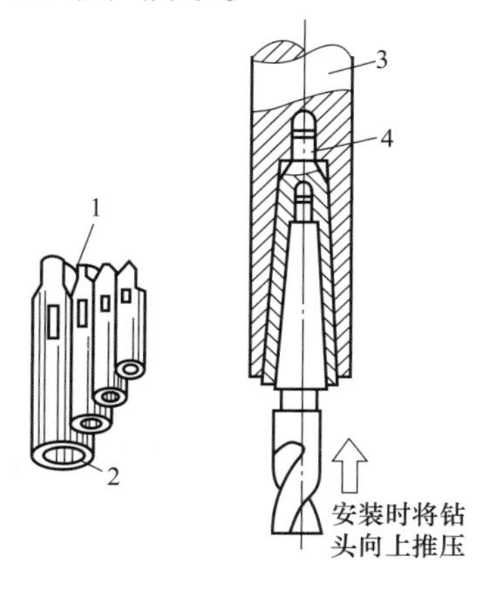

图4-38 用过渡套筒安装钻头

1—过渡套筒；2—锥孔；3—钻床主轴；4—过渡套筒

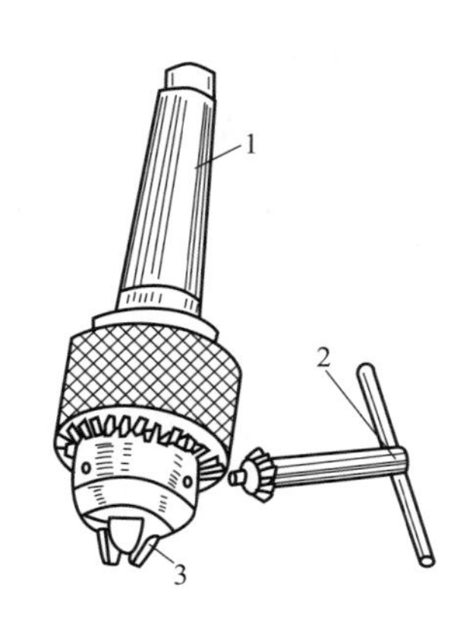

图4-39 钻头夹

1—装在钻床主轴上或接柄上；2—固紧扳手；3—自动定心夹爪

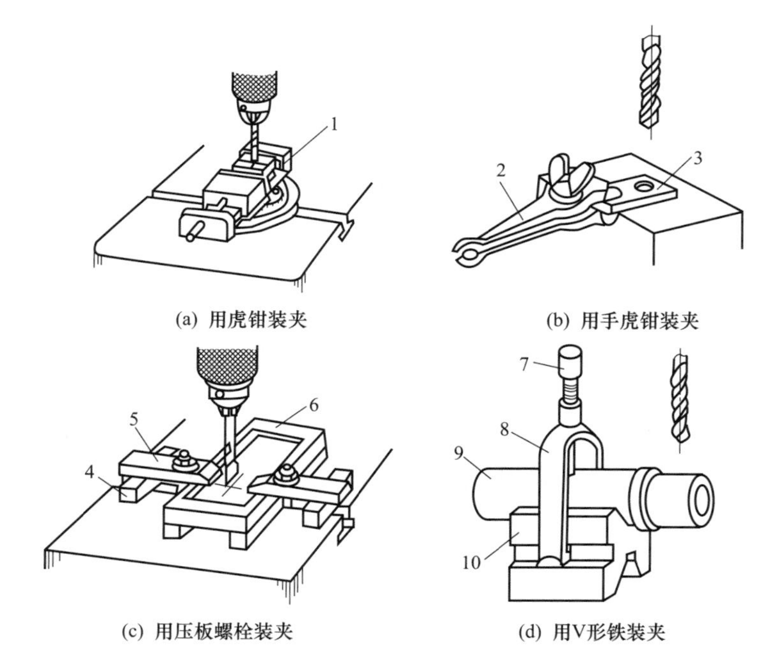

图4-40 工件的装夹

1—垫铁垫平；2—手虎钳；3,6,9—工件；4—垫块；5—压板；7—压紧螺钉；8—工架；10—V形铁

② 钻孔操作要点 通过划线钻孔时，应先对准样眼试钻一浅坑，检查是否对中，如有误，可用冲头重新冲孔纠正，也可用錾子錾出几条槽来加以纠正。钻孔操作时要注意以下几点。

a. 钻头的进给速度要均匀，钻通孔时，工件下面要垫上垫板或把钻头对准工作台空槽，快要钻通时，应减小进给速度，以免折断钻头。

b. 钻韧性材料时应使用切削液，工件材料较硬或钻深孔时，应在钻孔过程中不断地将

笔记

钻头抽出孔外，排出切屑，及时冷却。

c. 钻直径ϕ30mm以上的孔时，应分两次钻成，第一次先钻一个小孔，小孔直径应超过大钻头的横刃宽度，以减少轴向力。

d. 尽量避免在斜面上钻孔。若必须在斜面上钻孔时，应先用小钻头或中心钻钻出一浅孔，或用立铣刀铣出一平面，或用錾子錾出一平面，然后钻孔。

e. 切屑要用毛刷清理，不要用手擦或用嘴吹。

f. 钻孔时身体不要贴近主轴，不能戴手套，以免头发或衣服等被钻头卷入。

2. 扩孔

扩孔用以扩大已加工出的孔（铸出、锻出或钻出的孔）。它可以校正孔的轴线偏差，并使其获得较正确的几何形状与较好的表面粗糙度。扩孔精度一般为IT10，粗糙度Ra一般为1.6~3.2μm。扩孔可作为孔加工的最后工序，也可作为铰孔前的准备工序。扩孔加工余量为0.5~4mm。扩孔钻的形状与麻花钻相似，不同的是：扩孔钻有3~4个切削刃，且没有横刃。扩孔钻的钻心大，刚度较好。由于齿数多，刚性好，故扩孔时导向性好。扩孔钻如图4-41所示。

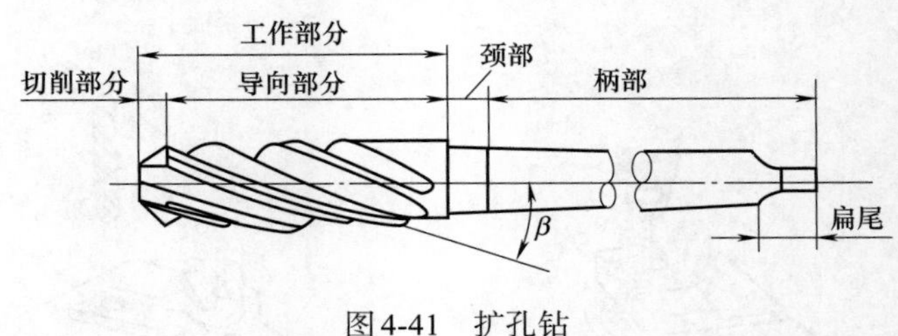

图4-41 扩孔钻

3. 铰孔

铰孔是用铰刀对孔进行最后精加工的方法之一，其粗糙度Ra可达3.2~0.8μm，精度一般为IT7~IT6。直径小于25mm的孔，钻孔后可直接用铰刀铰孔；直径大于25mm时，需扩孔后再铰孔。

（1）铰刀 铰刀有手铰刀和机铰刀两种。手铰刀如图4-42（a）所示，用于手工铰孔，尾部为直柄，工作部分较长；机铰刀如图4-42（b）所示，多为锥柄，装在钻床或车床上铰孔。铰刀的刀齿多（6~12个），刚性好，导向性好；铰削余量小，切削变形小；校准部分起校准孔径和修光孔壁的作用。

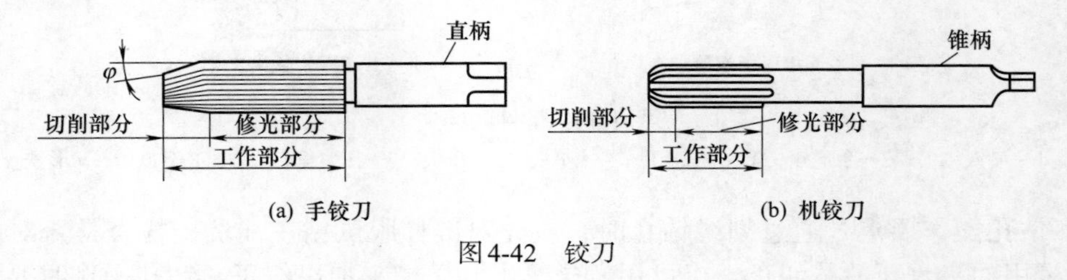

图4-42 铰刀

（2）铰孔注意事项

① 铰刀在孔中绝对不可倒转，即使在退出铰刀时，也不可倒转，否则铰刀和孔壁之间易于挤住切屑，造成孔壁划伤或刀刃崩裂。

② 机铰时要在铰刀退出孔后再停车，否则孔壁有拉毛痕迹。铰孔时铰刀修光部分不可

全部漏出孔外，否则出口处要划坏。

③ 铰钢制工件时，切屑易粘在刀齿上，应经常注意清除，并用油石修光刀刃，否则孔壁要拉毛。

④ 铰削时应加切削液进行润滑和冷却。铰削钢制工件一般用乳化液，铸铁件一般用煤油。

4.3.7 攻螺纹

用丝锥加工内螺纹的操作称为攻螺纹（俗称攻丝）。攻螺纹主要用于加工工件上的紧固螺孔的螺纹加工。

1. 攻螺纹的工具

（1）丝锥　丝锥是专门同来攻螺纹的工具，其构造如图4-43所示。丝锥由工作部分和柄部组成。工作部分包括切削部分和校准部分。切削部分的作用是切去孔内螺纹牙间的金属。校准部分有完整的齿形，用来校准已切出的螺纹，并引导丝锥沿轴向前进。柄部有方头，用来传递切削扭矩。

丝锥的材料一般用合金工具钢（如9SiCr）制造，并经热处理淬硬。丝锥应成组使用，M6~M24的丝锥为两只一组，称为头锥和二锥；小于M6和大于M24的丝锥为三只一组，称为头锥、二锥和三锥。

（2）丝锥扳手　是用来夹持和扳动丝锥（或铰刀）的工具，其构造如图4-44所示。

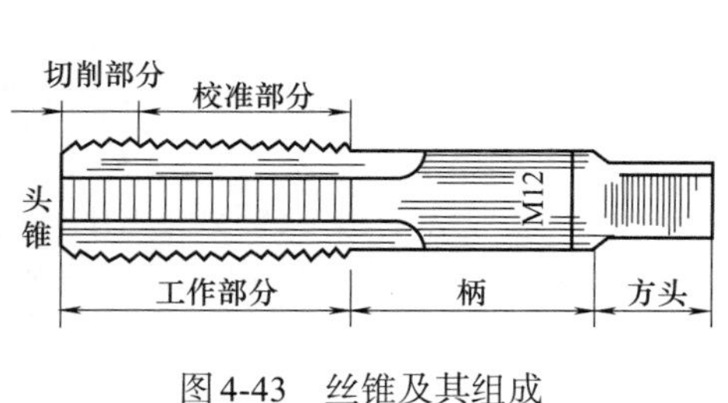

图4-43　丝锥及其组成

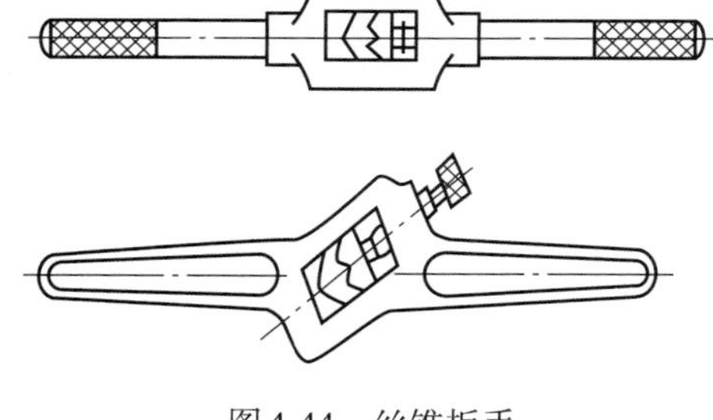
图4-44　丝锥扳手

笔记

2. 攻螺纹操作

（1）攻螺纹前首先要确定螺纹底孔直径，然后划线、打底孔。

脆性材料（铸铁、青铜等）

$$D_{底}=D-1.05P$$

韧性材料（钢、紫铜等）

$$D_{底}=D-P$$

式中　$D_{底}$——底孔直径，mm；

D——螺纹大径，mm；

P——螺距，mm。

（2）操作方法与注意事项。

① 开始攻螺纹时，用头锥起攻，起攻时，可一手用手掌按住绞杠中部，沿轴线用力加压，另一手配合作顺向旋进，如图 4-45（a）所示；或两手握住绞杠两端均匀施加压力，并

将丝锥顺向旋进，如图4-45（b）所示。孔口倒角，使丝锥开始切削时容易切入，丝锥放正，轻压旋入，当丝锥的切削部分全部进入工件时，就不需要再施加压力，而靠丝锥作自然旋进切削。并要经常倒转1/4~1/2圈，使切屑碎断后容易排除。盲孔攻螺纹的时候尤其应经常旋出丝锥进行彻底排屑。

② 用头锥攻完后用二锥、三锥时，应先将丝锥旋入几扣，只旋转不加压，然后再用绞杠转动。

③ 攻塑性材料的螺孔时，要加切削液，以减小切削阻力，减小螺孔表面粗糙度和延长丝锥寿命。

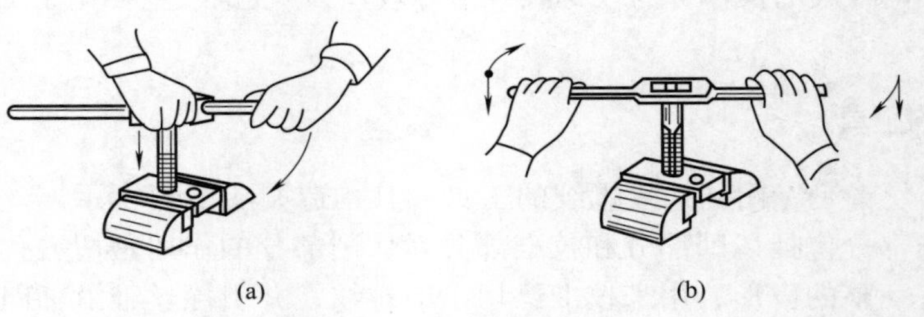

图4-45 攻螺纹

4.3.8 套螺纹

用板牙加工外螺纹的操作称为套螺纹，又称套扣。

1. 套螺纹工具

（1）板牙 板牙是加工外螺纹的标准刀具，是用合金工具钢 9SiCr、9Mn2V 或高速钢并经淬火、回火制成，分为固定式和开缝式两种。板牙的构造如图 4-46所示，由切削部分、校准部分和排屑孔组成。它本身像一个圆螺母，只是在它上面钻有几个排屑孔，并形成切削刃。切削部分是板牙两端带有切削锋角（2Φ）的部分起主要切削作用。板牙的中间是校准部分，也是套螺纹的导向部分。板牙的外圈有一条深槽和 4 个锥坑，深槽可微量调节螺纹直径大小，锥坑用来定位和紧固板牙。

（2）板牙架 是套螺纹的辅助工具，用来夹持并带动板牙旋转，如图 4-47所示。

笔记

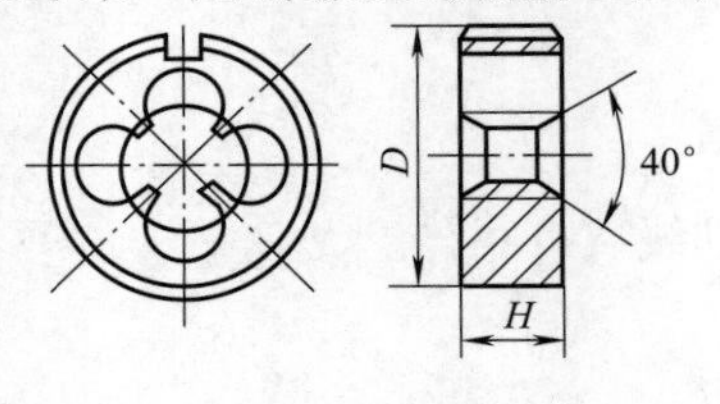

图4-46 板牙

D—板牙直径；H—板牙厚度

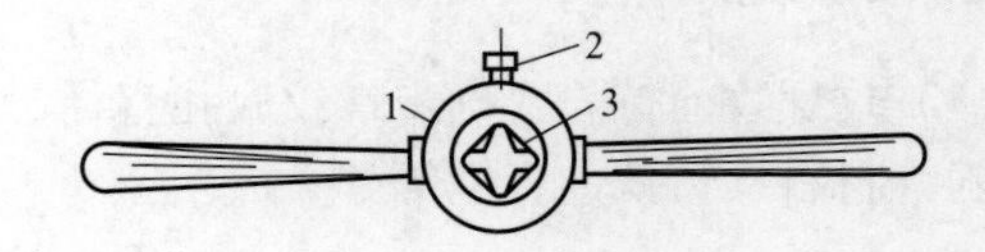

图4-47 板牙架

1—板牙架；2—紧固螺钉；3—板牙

2. 套螺纹加工方法

（1）圆杆直径的确定 套螺纹时圆杆直径的确定可通过查表或用下列经验计算来确定。

$$d_{杆}=d-0.13P$$

式中 $d_{杆}$——圆杆直径，mm；

d——螺纹大径，mm；

P——螺距，mm。

（2）操作方法及注意事项

① 套螺纹前圆杆端部要倒角15°~20°，使板牙易套入和放正。

② 板牙在板牙架内要方正顶紧，以防套螺纹过程中松动和偏斜。

③ 工件要用V形垫铁或软材料夹紧夹正，以防外表面夹偏或套螺纹时产生转动。套螺纹时，工件露出钳口不宜过长。

④ 套螺纹操作时保证板牙端面与圆杆的垂直，一手用手掌按住绞杠中部，沿圆杆轴向施加压力，另一手配合作顺向切进，转动要慢，压力要大，注入润滑油润滑，也要经常倒转以断屑。

4.3.9 刮削

用刮刀在工件已加工表面上刮去一层很薄金属的操作称为刮削。刮削后的表面具有良好的平面度，表面粗糙度*Ra*值可达1.6μm以下，是钳工中的精密加工。零件上的配合滑动表面，如机床导轨、滑动轴承等常需要刮削加工。但刮削劳动强度大，生产率低。

1. 刮刀

刮刀头一般由 T12A 碳素工具钢或耐磨性较好的GCr15 滚动轴承钢锻造，并经磨制和热处理淬硬而成。

刮刀分平面刮刀和曲面刮刀两大类。

平面刮刀用来刮削平面和外曲面。平面刮刀分为普通刮刀和活头刮刀两种，如图 4-48所示。曲面刮刀用来刮削内曲面，主要有三角刮刀和蛇头刮刀两种，如图 4-49所示。使用前刮刀端部要在砂轮上磨出刃口，然后再用油石抛光。

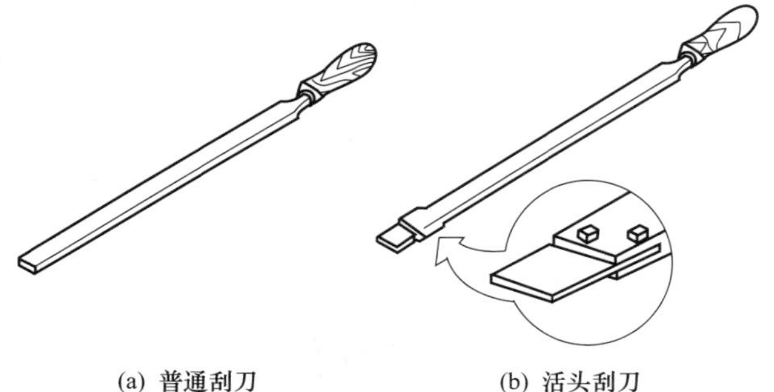

(a) 普通刮刀　　(b) 活头刮刀

图4-48　平面刮刀

笔记

2. 刮削操作

刮削时将刮刀柄放在小腹右下侧，双手握住刀身，刮削时刮刀对准研点，左手下压，利用腿部和臀部力量，使刮刀向前推挤，在推动到位的瞬间，同时用双手将刮刀提起，完成一次刮点。刮削的全部动作归纳为“压、抬、推”反复进行，如图4-50所示。

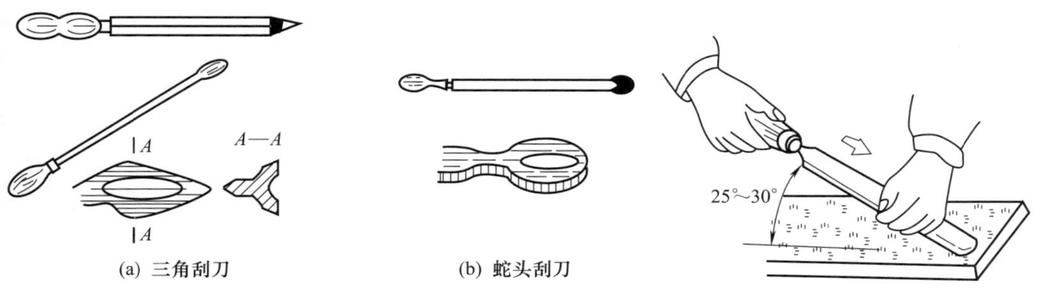

(a) 三角刮刀　　(b) 蛇头刮刀

图4-49　曲面刮刀

图4-50　刮削操作

3. 刮削精度的检验

刮削表面精度的检验通常采用研点法进行检验，如图4-51所示。将工件表面擦净，均匀涂上一层很薄的红丹油，然后与校准工具（常用标准平板）相配研，配研后，被刮工件表面高点处的红丹油被磨掉，显出亮点（即贴合点），每25mm×25mm面积内的亮点数即反映了刮削表面的精度。普通机床导轨面为8~10点，精密机床导轨面为12~15点。

4. 平面刮削

平面刮削是用平面刮刀刮削平面的操作，主要用于刮削平板、工作台、导轨面等。按其加工质量不同可分为粗刮、细刮、精刮和刮花等。

（1）粗刮　工件表面粗糙、有锈斑或加工余量较大时（0.05~0.1mm），应先粗刮。粗刮用长刮刀，用较大的推力和压力，刮削行程长，刮去的金属多。刮削方向与原机加工刀痕方向约成45°，以后各次刮向交叉进行，直到刀痕全部刮掉为止。当粗刮到工件表面上贴合点增至每25mm×25mm面积内有4~5个点时，可以转入细刮。

（2）细刮　将粗刮后的高点刮去，使贴合点数增加到12~15个即可精刮。细刮采用短刮刀，刮出的刀痕短且不连续，刮向须交叉进行。

（3）精刮　将大而宽的高点全部刮去，中等大小的高点在中部刮去一小块，小点子则不刮。经反复研点与刮削，使贴合点数目逐渐增多，直到符合要求为止。精刮刀短而窄，刀痕也短（3~5 mm）。

（4）刮花　在刮削平面上刮出花纹即为刮花。刮花的目的：一是使刮削平面美观，二是保证其表面有良好的润滑，三是可凭刀花在使用过程中的消失情况判断其磨损程度。

5. 曲面刮削

对配合精度要求高的曲面有时也需刮削，如滑动轴承的轴瓦、衬套等，图4-52所示为三角刮刀刮削轴瓦的情况，刮削过程中也要进行研点检查。

笔记

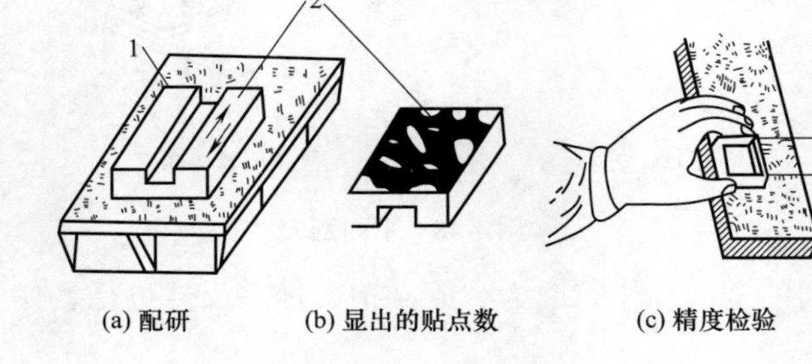

图4-51　研点法

1—标准平板；2—工件

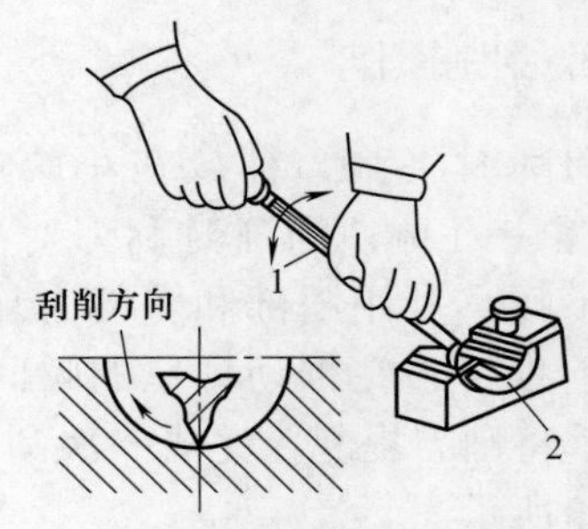

图4-52　曲面刮削

1—刮刀；2—轴瓦

4.4 任务实操

任务1　制作小手锤

如图4-53所示，通过小手锤的制作，了解钳工加工工艺范围及其主要设备和基本工具，了解主要钳工工艺方法的基本操作要点。掌握划线、锯削、锉削、钻孔、攻螺纹等钳工基本操作技能。

加工步骤如下：

（1）锯ϕ18圆钢，长75mm。

（2）把材料放在V形块上，在端面划线加工A面，锯锉A面，如图4-54所示。

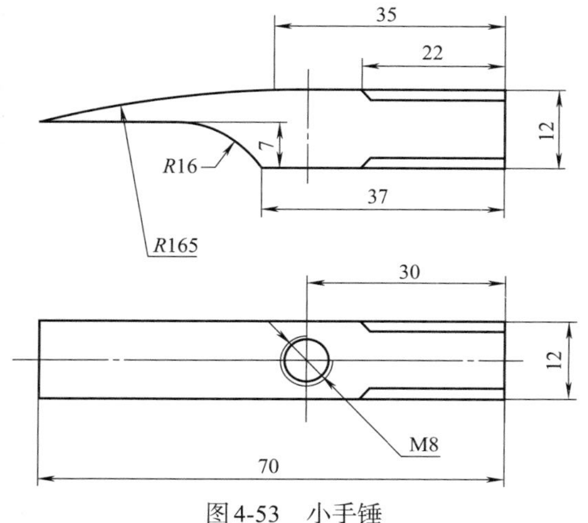

图4-53 小手锤

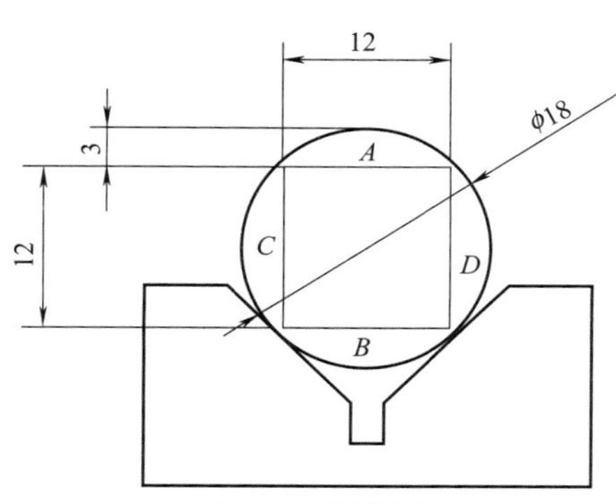

图4-54 划线图

（3）把A面放在平板上，划线B面，锯锉B面。

（4）把A面贴紧方箱，划线C面，锯锉C面。

（5）把A面贴紧方箱，划线D面，锯锉D面。

（6）划22mm长度线，倒四边棱角45°×2。

（7）划线37mm、35mm两条圆弧开始线，再用圆弧模板划两条圆弧线。先锯直线，再锯斜线，去掉R16的多余块。

（8）用半圆锉修R16的圆弧。

（9）用扁锉修R165圆弧面。

（10）螺孔中心线划线30mm和6mm，打样冲孔，钻孔ϕ6.8，孔口倒角。

（11）攻M8螺纹。

笔记

任务2 制作方形块镶配

如图4-55所示，加工步骤如下：

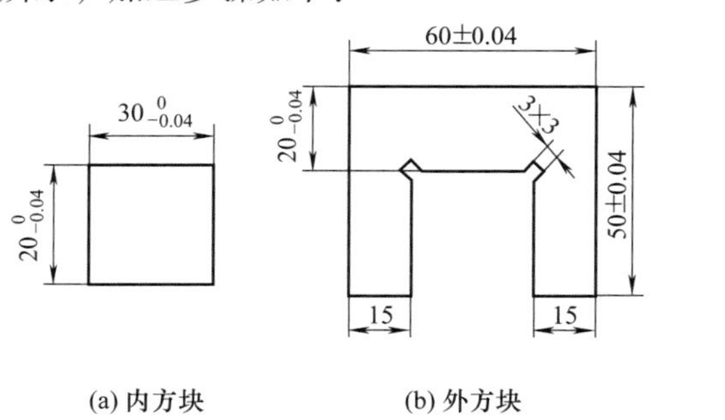

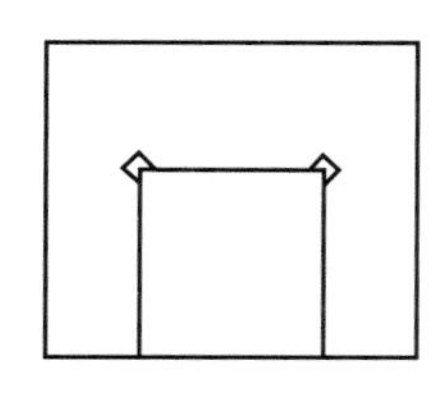

(a) 内方块　(b) 外方块　(c) 内外方块

图4-55 方形块镶配

（1）先制作两个分别为60mm×50mm，30mm×30mm的方块，每边留加工余量。

（2）加工外方块至公差范围±0.04mm。

（3）加工内方块$30_{-0.04}^{\ 0}$mm×$30_{-0.04}^{\ 0}$mm，垂直度和平行度要求在0.04mm以内。

（4）再以内方块为基准修配外方块的凹档。配合间隙小于0.05mm。方块的四面都得换位配合。

任务3 制作五角星

如图4-56所示，五角星加工步骤如下：

（1）将工件小头圆ϕ11夹持在分度头上，将划线高度尺调好划出上边线。

（2）转动分度头，每转72°划一次（摇分度手柄8圈），划出五角星。

（3）先锯锉五角星外的部分。

（4）再在台虎钳上夹住工件小头圆，平面倾斜用锉刀沿对角线斜锉五角星10条斜边，中间凸，边缘低，使立体感强。

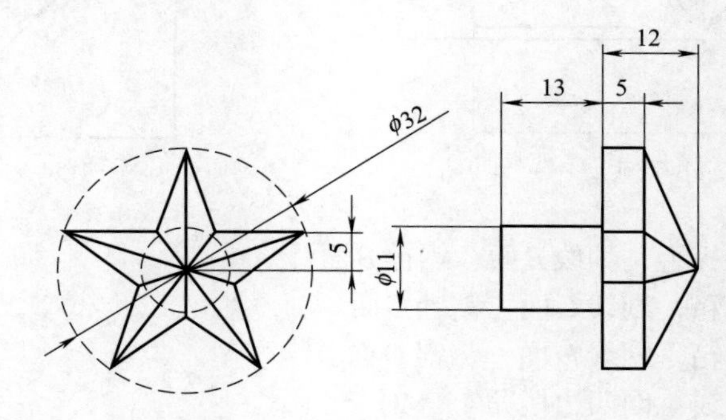

图4-56 五角星

模块 5 铣削加工

5.1 认识铣削加工

1. 铣削加工的基本概念

铣削，就是在铣床上以铣刀旋转做主运动，工件平移作为进给运动的切削加工方法。

2. 铣削加工类型

常见的铣削加工方式如图5-1所示。

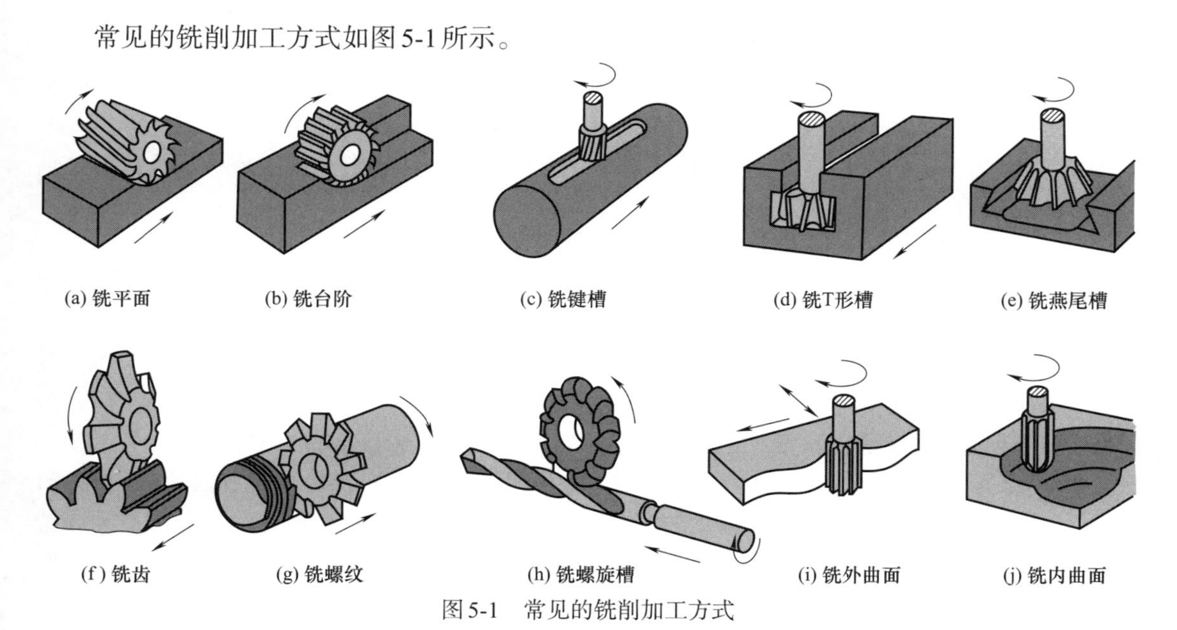

图5-1 常见的铣削加工方式

5.2 认识铣削加工设备

1. 铣床的结构和组成

常用铣床按结构可分为立式铣床和卧式铣床两大类。其中X62W型铣床组成部件的名称

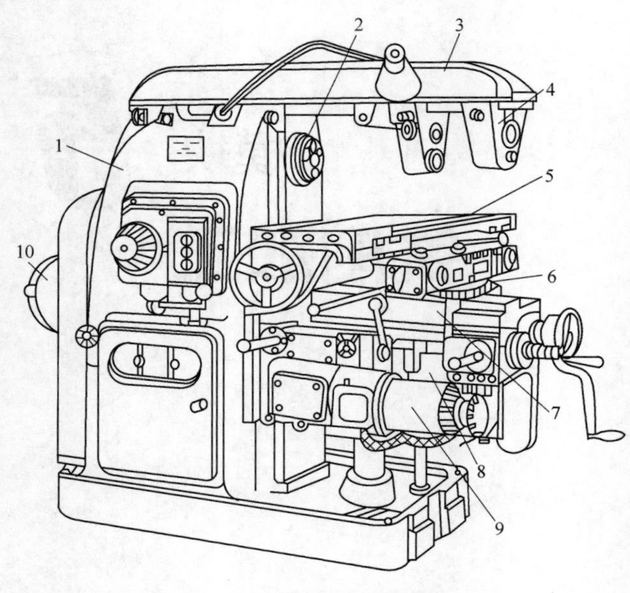

图5-2 X62W型铣床

1—床身；2—主轴；3—横梁；4—挂架；5—纵向工作台；6—转台；7—横向工作台；8—升降台；9—进给变速箱及操纵机构；10—主轴变速箱的变速机构

及作用，如图5-2所示。

（1）床身 床身是机床的主体，机床的大部分部件都必须安装在床身上。它是箱体结构，大多数情况下由优质灰铸铁铸成，其结构坚固、刚性好、强度高；同时，床身在制造时还必须经过精密的金属切削加工工序以及时效处理以保证机床精度。床身的顶部有一水平燕尾槽导轨，可供横梁来回移动；其正面是垂直导轨，可供升降工作台进行上下移动；其背面安装有主电动机。床身内腔结构较复杂，其上部装有铣床主轴，而中部装有主轴变速部分，下部则安装电器部分。

（2）主轴 主轴是前端带有锥孔的空心轴，其锥度通常是7∶24，可用来安装刀具。它是机床的主要部件，必须旋转平稳，所以要使用优质结构钢来制造，在加工时要保证跳动小和刚性好，必须经过热处理以及精密加工。

（3）横梁及挂架 在横梁上附带有一挂架，横梁可沿床身顶部的导轨进行移动。它们主要是用来支持安装铣刀的长刀轴外端，横梁可以通过调节其伸出长度来适应安装各种长度不同的铣刀刀轴。横梁的背部呈拱形，使其具有足够的刚度；挂架上有一支持孔，该孔与主轴同轴线，保证支持端与主轴同心，避免出现刀轴安装后扭曲的情况。

（4）纵向工作台 纵向工作台的主要作用是安装工件以及带动工件纵向移动。纵向工作台的台面上有三条T形槽，可使用T形螺钉来安装和固定工夹具。纵向工作台的台面、导轨面以及T形槽直槽的精度要求都非常高。

（5）横向工作台 横向工作台位于升降台和纵向工作台之间，可用来带动纵向工作台及工件作横向移动。其上部是纵向燕尾导轨槽；其中部是回转盘，可将纵向工作台在前、后45°的角度范围内扳转所需角度；其下部是平导轨槽（万能铣床可回转±45°）。

（6）升降台 升降台安装于床身的前侧垂直导轨上，在其中部由丝杠和底座螺母相连，主要作用是带动工作台在床身前侧的垂直导轨上作上下移动。工作台和进给部分的传动装置都安装于升降台上。升降台的前面装有进给电动机、升降台手柄以及横向工作台手轮；侧面装有进给横向升降台的机动手柄和机构变速箱。升降台的精度要求也较高，如果升降台精度过低，会导致铣削过程中产生很大振动，影响工作的加工精度。

（7）进给变速机构 安装在升降台内，作用是将进给电动机的额定转速通过齿轮变速传递到进给机构，从而实现工作台不同速度的移动以适应铣削加工要求。

（8）主轴变速机构 主轴变速机构的作用是将主电动机的固定转速通过齿轮变速变换成不同转速，传递给主轴，以适应铣削的需要。

（9）底座 底座是整部机床的支承部件，具有足够的刚性和强度。在底座四角有机床安装孔，可用螺钉将机床安装在固定位置。底座本身是箱体结构，箱体内盛装冷却润滑液，供切削时冷却润滑。

2. 铣床夹具

（1）机用虎钳（平口钳） 常用的机用虎钳可分为回转式（图5-3）和非回转式（图5-4），二者的结构基本相同，但在回转式的机用虎钳的底部设有转盘，可以使其进行360°任意旋转。

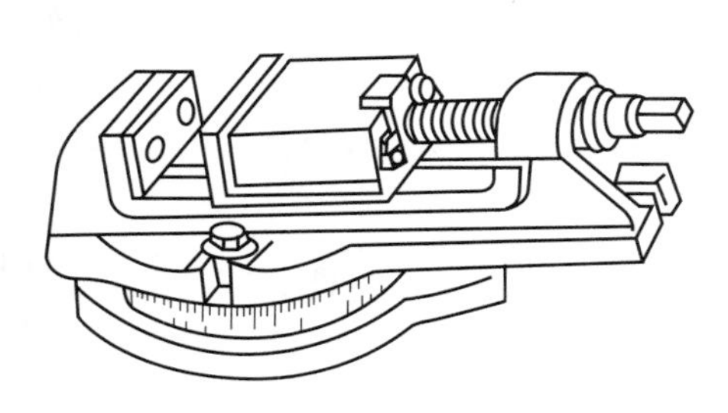

图5-3 回转式虎钳

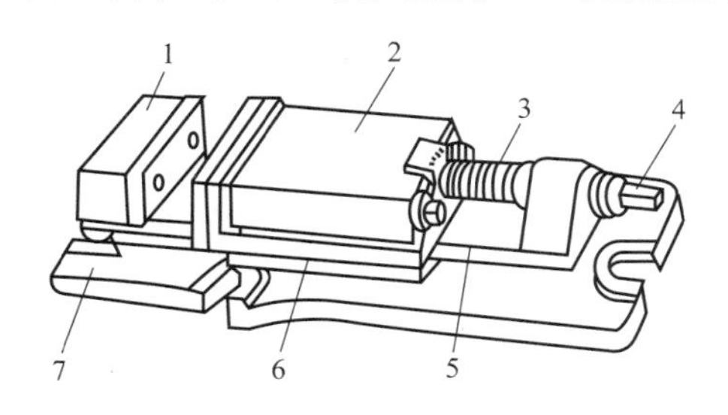

图5-4 非回转式虎钳

1—固定钳口；2—活动钳口；3—丝杠；4—方头；5—导轨；6—压板；7—钳体

（2）圆转台 圆转台按控制类型可分为分手动和机动两种，按转台直径规格划分有：500、400、320、200(mm）等，主要的功用是周向进给，可铣圆弧、圆周分度、加工成形面工件等。常用的是手动圆转台（图5-5）。

图5-5 圆转台

（3）万能分度头（图5-6所示） 分度头的主要功用：

① 使工件围绕其本身轴线进行分度（可等分或不等分），如六方、齿轮、花键等等分的零件。

② 使工件的轴线相对铣床工作台台面扳成所需要的角度（水平、垂直或倾斜）。因此，使用分度头可以加工不同角度的斜面。

③ 配以相应挂轮将分度头和工作台纵向丝杠相连接，使分度头主轴（工件）随着工作台纵向移动的同时做连续转动，可铣螺旋槽、斜齿轮、等速凸轮等零件。

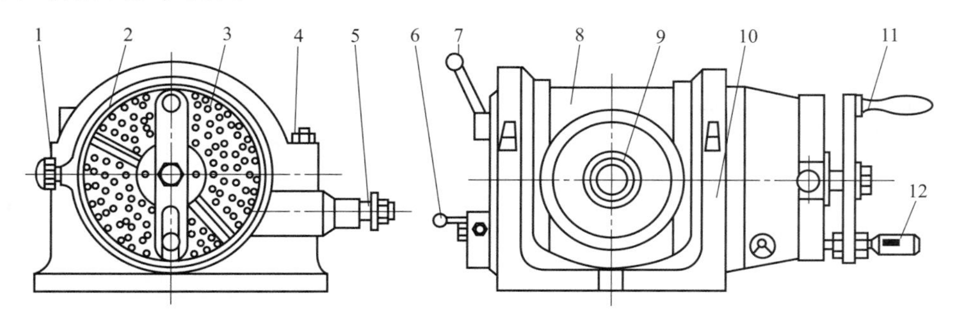

图5-6 万能分度头

1—分度盘紧固螺钉；2—分度叉；3—分度盘；4—螺母；5—交换齿轮轴；6—蜗杆脱落；7—主轴锁紧手柄；8—回转体；9—主轴；10—基座；11—分度手柄；12—定位销

3. 常用的铣刀及加工方式

铣刀，是用于铣削加工的、具有一个或多个刀齿的旋转刀具。工作时各刀齿依次间歇地切去工件的余量。铣刀主要用在铣床上加工平面、台阶、沟槽、成形表面和切断工件等。

按铣刀结构和安装方法可分为带柄铣刀和带孔铣刀。

（1）带柄铣刀　带柄铣刀有直柄和锥柄之分。通常直径小于20mm的较小铣刀做成直柄，而直径较大的铣刀多做成锥柄。带柄铣刀多用于立铣加工。

① 端铣刀：由于其刀齿分布在铣刀的端面和圆柱面上，故多用于立式升降台铣床上加工平面，也可用于卧式升降台铣床上加工平面。

② 立铣刀：它是一种带柄铣刀，有直柄和锥柄两种，适于铣削端面、斜面、沟槽和台阶面等。

③ 键槽铣刀和T形槽铣刀：它们是专门加工键槽和T形槽的铣刀。

④ 燕尾槽铣刀：专门用于铣燕尾槽的铣刀。

（2）带孔铣刀　带孔铣刀适用于卧式铣床加工，能加工各种表面，应用范围较广。

① 圆柱铣刀：它仅在圆柱表面上有切削刃，用于卧式升降台铣床上加工平面。

② 三面刃铣刀和锯片铣刀：三面刃铣刀一般用于卧式升降台铣床上加工直角槽，也可以加工台阶面和较窄的侧面等；锯片铣刀主要用于切断工件或铣削窄槽。

③ 模数铣刀：用来加工齿轮等。

铣刀按用途区分有多种常用的形式。

（1）圆柱形铣刀　可用于卧式铣床上加工平面。其刀齿分布在铣刀的圆周上，按齿形分为直齿和螺旋齿两种。按齿数分粗齿和细齿两种。螺旋齿粗齿铣刀齿数少，刀齿强度高，容屑空间大，适用于粗加工；细齿铣刀适用于精加工。

（2）面铣刀　用于立式铣床、端面铣床或龙门铣床上加工平面，端面和圆周上均有刀齿，也有粗齿和细齿之分。其结构有整体式、镶齿式和可转位式 3种。

（3）立铣刀　用于加工沟槽和台阶面等，刀齿在圆周和端面上，工作时不能沿轴向进给。当立铣刀上有通过中心的端齿时可轴向进给。

（4）三面刃铣刀　用于加工各种沟槽和台阶面，其两侧面和圆周上均有刀齿。

（5）角度铣刀　用于铣削成一定角度的沟槽，有单角和双角铣刀两种。

（6）锯片铣刀　用于加工深槽和切断工件，其圆周上有较多的刀齿。为了减少铣切时的摩擦刀齿两侧有15′~1°的副偏角。

此外还有键槽铣刀、燕尾槽铣刀、T形槽铣刀和各种成形铣刀等。

5.3 铣削加工基本操作规范

1. 安全实习注意事项

（1）按生产要求着装，当多人共用一台铣床时，只能由一人操作，严禁两人同时操作。

（2）开车前应按润滑规定加油，同时检查油标、油量是否正常，油路是否畅通，保持润滑系统清洁，润滑良好。

（3）开车前检查各手柄是否在规定位置，操纵是否灵活，螺栓螺母不能有滑压或松动现象。

（4）装夹工件、铣刀时必须牢固，换刀杆时必须确保拉杆螺母拧紧。切削前应先作空转实验，确认无误后方可进行切削加工。

（5）工作台面不得放置金属物品，在安放虎钳、分度头以及较重夹具时，需轻放轻取，以免碰伤台面。

（6）切削过程中，在刀具未退出工件表面前，不得停车，谨防刀具损伤。停车时应先停止进刀，再主轴停转。

（7）所用刀杆应保持清洁，夹紧垫圈的端面必须平行并与轴线垂直。

（8）自动走刀要安装定位保险装置，在快速移动时，要注意工作台的移动，防止发生事故。

（9）在工作台移动前，松开固定螺钉。而工作台不移动时，紧固固定螺钉。

（10）出现以下情况时，操作者都必须停车，如操作者离开机床、变速、换刀、测量尺寸。

（11）工作结束时，应先将工作台移至中间位置，再将各手柄均放在非工作部位，之后切断电源，最后清扫机床，保持整洁。

（12）机床上的各种部件、安全防护均不得任意拆卸。所有附件均应妥善保管。

（13）机床发生故障或出现不正常现象时，立即停机，排除故障或报告维修人员进行维修。

2. 操作练习

（1）开机、停机练习。

（2）调节主轴转速。通过调节主轴的变速手柄使主轴获得12级转速。

（3）工作台调节。

工作台手动：通过工作台升降摇动手把使工作台升降；通过工作台纵向移动手轮操纵工作台纵向移动；通过工作台横向移动手轮操纵工作台横向移动。

工作台机动：通过工作台升降及横向移动操作手柄，调节工作台的升降及横向移动，通过工作台快速移动手柄使工作台快速移动。

（4）进给量调节。通过调节进给量变速手轮从而改变工作台进给量。

笔记

3. 设备保养

铣床是高精度的金属机械加工设备，所以在使用时必须进行合理的使用和维护保养，以保持铣床的加工精度。保养分日常保养、一级保养和二级保养。

（1）日常保养　铣床日常保养是由操作者在日常使用时进行的保养和维护。保养包括以下几方面。

① 保持铣床润滑，每班必须按要求加油，注油，并注意观察油窗和油标是否有出油和达标线的位置，根据使用说明书的要求定期加油和换油，以保持运动部分的润滑。

② 启动前要将机床外露部分如导轨、工作台丝杠等揩干净并上油，工作中杂物不放在其上面，工作后要清除铁屑、杂物并上油。

③ 在加工时若发现异常现象和声响时，应及时停车排除。

④ 合理使用机床，包括合理的操作方法，选择合理的铣削用量、刀具、辅具、负荷、行程等。

（2）一级保养　在铣床运转500h以后进行的保养。以操作者为主，以专业维护人员为辅。保养时间为6~8h，保养包括以下几方面。

① 外保养：各个部位的清洗，上油。

② 转动部分保养：包括导轨、丝杠、离合器摩擦片间隙三角带松紧等的调整。

③ 冷却系统：过滤网清洗，以及冷却液的更换。

④ 铣床的总体维护和保养。

（3）二级保养　铣床运转1500h以后进行。作业时间为24h。以专业维护人员为主，以操作者为辅。维修内容同一级保养，在力度上加大、加深，并更换全部润滑油。

5.4 综合训练

5.4.1 铣平面

1. 任务书

在铣床上加工如图5-7所示的零件。毛坯料为125mm×125mm×85mm的45钢。

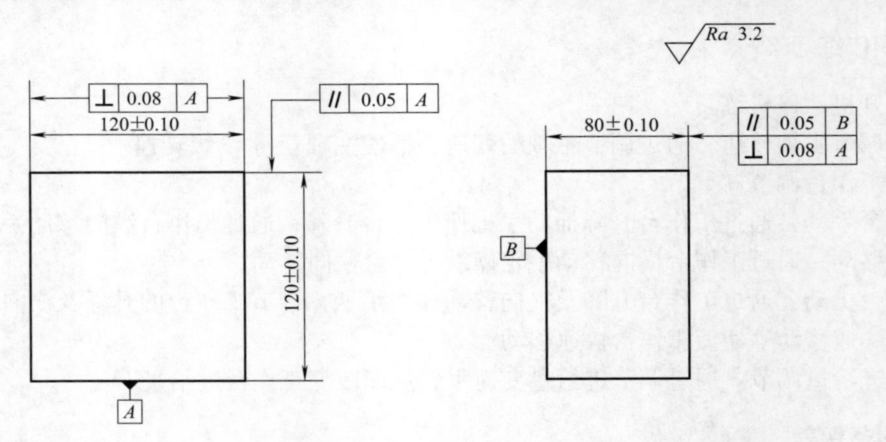

图5-7　方钢

2. 知识点和技能点

知识点：

（1）平面加工中刀具、量具、夹具的选择及使用；

（2）平面铣削的加工步骤；

（3）平面铣削中切削用量的选择。

技能点：

（1）常用平面铣刀的装夹和使用方法；

（2）工件的装夹及对刀；

（3）合理切削用量的选择；

（4）尺寸的检测。

3. 任务说明

图5-7所示方钢的几何公差要求更为较严，是加工中的重点和难点，而尺寸要求相对较松。加工时应以与B面相邻的A面作为粗基准，使A面与定钳口贴合，再首先加工B面（此时不可使用锤子敲击B面），之后用加工好的B面作为精基准加工其余各面。此时基准面B在加工过程中应靠向平口钳钳体导轨面或定钳口面以保证其余各加工面相对基准面的垂直度、平行度精度要求，图中的零件可选用设计基准B面作为定位基准。

4. 任务实施

在加工前首先检查坯料的尺寸及几何公差是否符合坯料图纸的要求。

（1）工件装夹　根据工件的工艺要求，选用立式铣床来进行加工，在加工开始之前先校正立铣头零位，同时校正机床用平口虎钳，使其固定钳口面与纵向进给方向平行后紧固。

（2）刀具选用　选用直径为80mm的高速钢面铣刀。

（3）切削用量选择　侧吃刀量≥75mm。背吃刀量，粗铣2.2mm，精铣0.3mm。铣削速度为60mm/min。

（4）工艺过程　工艺过程见表5-1。

表5-1　工艺过程

工序号	工序简图	工序内容	注意事项
1	1 82.5 125	铣基准面1	开车对刀，之后纵向退出工件，上升调整a_p=2mm，纵向进给，逆铣粗加工面1。之后将工件放松，重新夹紧工件a_p=0.3mm，机动进给面1，加工完成后检测
2	2 122.5 82.5	铣垂直面2	将加工完的面1与固定钳口贴合，用相同的方法垫好平行垫铁，并利用圆棒夹紧。纵向进给铣垂直面2，步骤与铣削面1相同，铣好面2 应立即卸下工件并进行检测
3	3 120 82.5	铣垂直面3	仍将基准面1与固定钳口贴合，面2朝下装夹，先进行试铣，并测量面3的加工余量，调整a_p=加工余量−0.5mm，纵向进给粗铣加工工件，再准确测量对边尺寸，之后调整a_p后再精铣，保证对边尺寸公差

笔记

续表

工序号	工序简图	工序内容	注意事项
4	120 4 80	铣平面4	夹紧工件2、3面，使用与步骤(3)相同的方法铣好平面4，保证尺寸公差，注意应将工件落实在平行垫铁上(可使用0.2mm 塞尺检查)
5	5 122.5 120	铣端面5	擦净平口虎钳钳面，找正后夹紧2、3两面。若工件露出钳口较高，可适当减小a_p，降低铣削进给量，减小铣削振动
6	120 6 120	铣端面6	步骤同上，并保证长度尺寸公差

(5) 评分标准　见表5-2。

笔记

表5-2　评分标准

序号	操作内容与要求	分值	评分细则	实测记录	得分
1	刀具的安装	10	刀具安装不正确扣5分		
2	工件的安装	10	装夹不牢固不得分		
3	机床调整	10	调整操作不正确扣5分		
4	切削用量的选择	10	切削用量选择不当扣5分		
5	对刀的方法	10	对刀方法使用不正确扣2分		
6	粗铣各面	10	操作不正确扣5分		
7	精铣各面	10	操作不正确扣5分		
8	工件质量检测	25	尺寸一处不符合扣2分		
9	安全文明操作	5	违犯一次扣2分		

(6) 工件测量　长度尺寸可使用钢尺或者游标卡尺测量。

5.4.2　铣斜面

1. 任务书

加工如图5-8所示的零件，毛坯是直径为60mm，长度为100mm的HT100棒料。

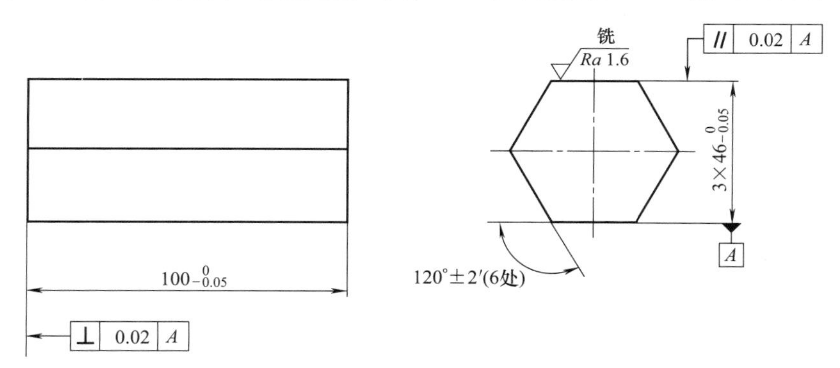

图5-8　六方柱

2. 知识点和技能点

知识点：
（1）斜面加工刀具、量具、夹具的选择及使用；
（2）斜面的加工步骤；
（3）合理切削用量的选择。
技能点：
（1）常用加工斜面铣刀，以及其装夹和使用方法；
（2）加工斜面时，工件的装夹及对刀；
（3）切削用量的选择；
（4）尺寸的检测。

笔记

3. 任务说明

图5-8所示零件对于尺寸精度以及几何公差的要求较高，是加工中的重点和难点，而表面粗糙度的要求不高。

4. 任务实施

在加工前，首先检查坯料的尺寸及几何公差是否符合坯料图纸的要求。

（1）工件装夹　根据工件的工艺要求，选用立式铣床来完成加工，先校正立铣头零位，同时校正机床用平口虎钳，使平口钳固定钳口面与纵向进给方向垂直后将其紧固。

（2）刀具选用　选择直径为120mm的端铣刀。

（3）切削用量的选择

侧吃刀量≥75mm。背吃刀量：粗铣2.2mm，精铣0.3mm。铣削速度为60mm/min。

（4）加工步骤　加工工艺见表5-3。

注意事项：

① 在铣削加工过程中，每次重新装夹工件前，必须及时修正工件上的锐边同时去除毛刺；

② 铣削加工需按照先粗后精的原则以提高加工质量；同时注意保护已加工好的表面；

③ 铣削时，不使用的进给机构必须锁紧，在工件加工完毕再松开。

表 5-3 加工工艺

工序号	工序简图	工序内容	注意事项
1	23	加工基准面 *A*	首先对刀，之后加工基准面 *A*，达到表面粗糙度值要求
2	100	铣一个端面	以 *A* 作为基准面，贴固定钳口，铣出一个端面
3	90	铣出另一个端面	以 *A* 作为基准面，贴固定钳口，铣出另一个端面，检测，保证长度方向的尺寸精度
4	120° 120°	铣基准面 *A* 相邻的两个侧面	以先加工出来的端面为基准，贴固定钳口装夹，先后铣出与基准面 *A* 相邻的两侧面，并保证角度精度和表面粗糙度值达标。至此已加工好 3 个侧面
5	46	依次加工出另外 3 个侧面	依次加工出最后 3 个侧面，保证尺寸 41mm 的精度及表面粗糙度的值达到要求

笔记

（5）评分标准 见表 5-4。

表 5-4 评分标准

序号	操作内容与要求	分值	评分细则	实测记录	得分
1	刀具的安装	10	刀具安装不正确扣 5 分		
2	工件的安装	10	装夹不牢固不得分		
3	机床调整	10	调整操作不正确扣 5 分		
4	切削用量的选择	10	切削用量选择不当扣 5 分		
5	对刀的方法	10	对刀方法使用不正确扣 2 分		
6	粗铣各面	10	操作不正确扣 5 分		
7	精铣各面	10	操作不正确扣 5 分		

续表

序号	操作内容与要求	分值	评分细则	实测记录	得分
8	工件质量检测	25	尺寸一处不符合扣2分		
9	安全文明操作	5	违犯一次扣2分		

（6）工件的尺寸测量　长度尺寸使用钢尺和游标卡尺测量，零件表面的平面度误差用检验平尺检验，而角度尺寸则使用万能角度尺测量。

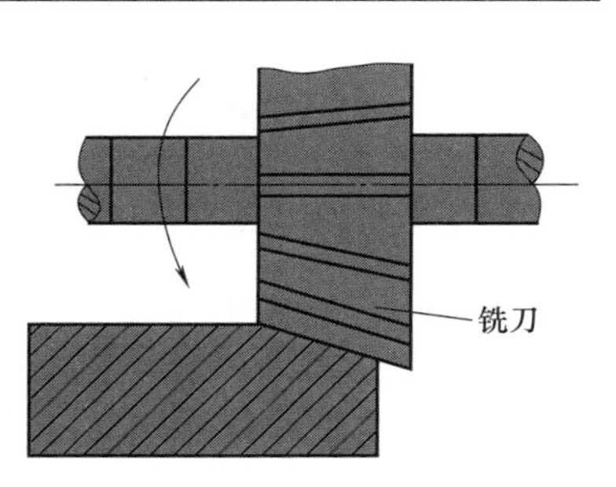

图5-9　倾斜安装工件铣斜面

5. 知识拓展

斜面是工件比较常见的结构，斜面铣削方法也较多，常见的有以下几种（见图5-9~图5-11）：

（1）使用倾斜垫铁来铣斜面　在零件设计基准的下方垫一块倾斜的垫铁，那么铣出的平面就与设计基准面成倾斜位置。而改变基准下方倾斜垫铁的角度，即可加工出不同角度的斜面。

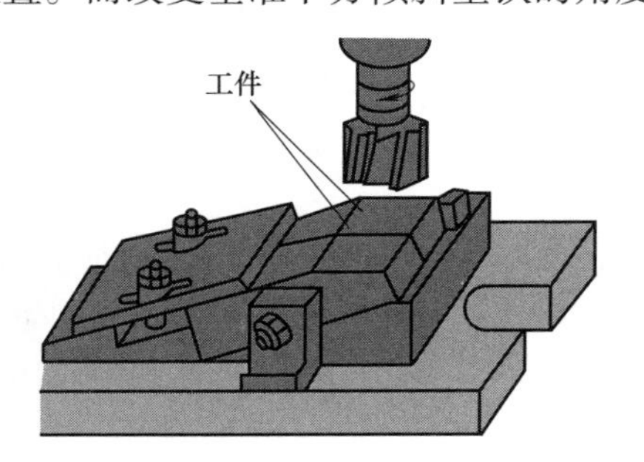

图5-10　刀具倾斜铣斜面

图5-11　用角度铣刀铣斜面

（2）利用分度头铣斜面　若要在一些圆柱形和特殊形状的零件上加工斜面，可利用分度头将工件转成所需位置而铣出斜面。

（3）用万能铣头铣斜面　使用万能铣头铣斜面，万能铣头能方便地改变刀轴的空间位置，因此可以转动铣头以使刀具相对工件倾斜一个角度。

笔记

5.4.3　铣台阶面

1. 任务书

加工如图5-12所示的零件。毛坯为100mm×35mm×30mm的45钢。

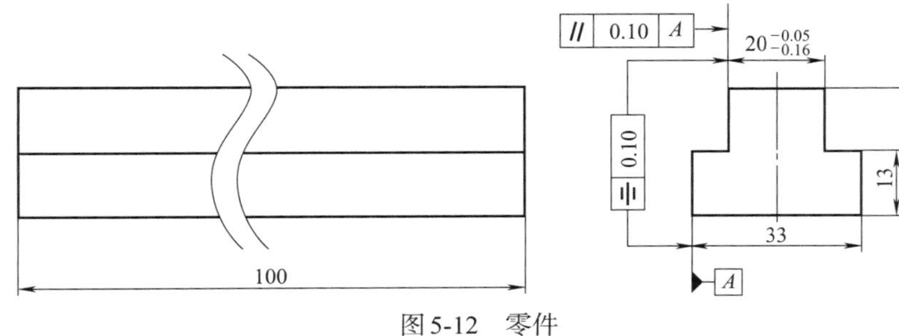

图5-12　零件

2. 知识点和技能点

知识点：

（1）铣削台阶面所使用的加工刀具、量具、夹具选择，以及它们的使用；

（2）铣削台阶面的加工步骤；

（3）切削用量的选择。

技能点：

（1）常用平面铣刀的装夹和使用；

（2）工件的装夹及对刀；

（3）切削用量的选择；

（4）尺寸的检测。

3. 任务说明

本次加工的主要的尺寸为零件上台阶面，主要精度要求有平行度和对称度。工艺过程按精、粗加工一次装夹中完成。该零件的加工工艺过程为 ：粗铣左台阶—粗铣右台阶—精铣右台阶面—精铣左台阶面。

4. 任务实施

（1）工件装夹说明　工件用机用平口虎钳装夹。首先校正固定钳口，之后将基准面 *A* 紧贴固定钳口；装夹工件时在工件下面垫平行垫铁。工件装夹好后，应露出钳口 15mm 左右。

（2）刀具选用　选用的铣刀是错齿三面刃铣刀，其参数是宽度 *B*=12mm，孔径为 27mm，外径为 80mm，刀齿数为 12。

（3）切削用量选择　主轴转速 95r/min，进给速度 47.5mm/min。粗铣：背吃刀量 13.5mm，侧吃刀量 6mm。精铣：背吃刀量 0.5mm，侧吃刀量 0.5mm。

（4）加工步骤　加工工艺过程见表 5-5。

表 5-5　工艺过程

笔记

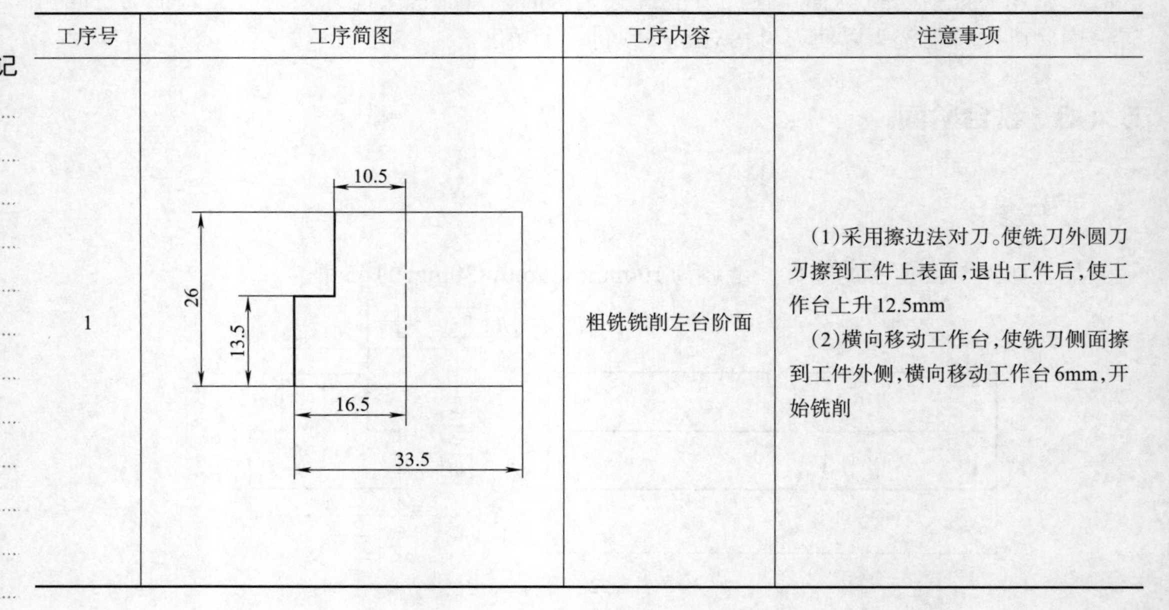

工序号	工序简图	工序内容	注意事项
1	10.5 26 13.5 16.5 33.5	粗铣铣削左台阶面	(1)采用擦边法对刀。使铣刀外圆刀刃擦到工件上表面，退出工件后，使工作台上升 12.5mm (2)横向移动工作台，使铣刀侧面擦到工件外侧，横向移动工作台 6mm，开始铣削

续表

工序号	工序简图	工序内容	注意事项
2	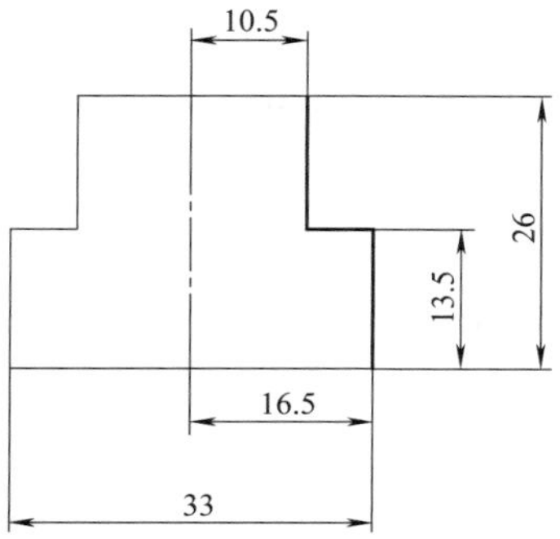	粗铣铣削右台阶面	第一个台阶铣削完成后，工作台横向移动(12+18)30mm，试切测量调整后，开始铣削第二个台阶面
3	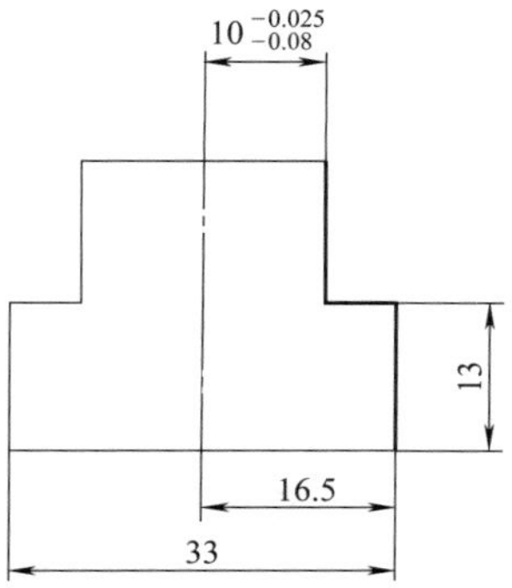	精铣铣削右台阶面	
4	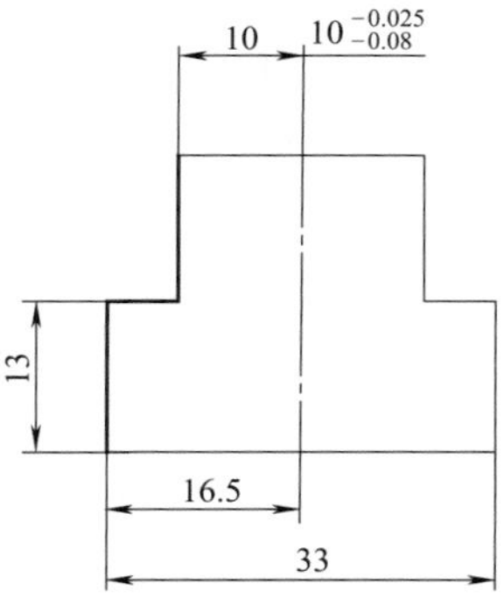	精铣铣削左台阶面	

笔记

（5）评分标准　见表5-6。

表5-6　评分标准

序号	操作内容与要求	分值	评分细则	实测记录	得分
1	刀具的安装	10	刀具安装不正确扣5分		
2	工件的安装	10	装夹不牢固不得分		
3	切削用量的选择	10	切削用量选择不当扣5分		
4	机床调整	10	调整操作不正确扣5分		
5	对刀的方法	10	对刀方法使用不正确扣2分		
6	粗铣两肩	10	操作不正确扣5分		
7	精铣两肩	10	操作不正确扣5分		

续表

序号	操作内容与要求	分值	评分细则	实测记录	得分
8	工件质量检测	25	尺寸一处不符合扣2分		
9	安全文明操作	5	违犯一次扣2分		

（6）工件测量　长度尺寸可使用钢尺和游标卡尺测量，而角度尺寸则用角尺测量。

5.4.4 铣沟槽

1. 任务书

加工如图5-13所示槽形孔零件的槽形孔，毛坯为45钢。

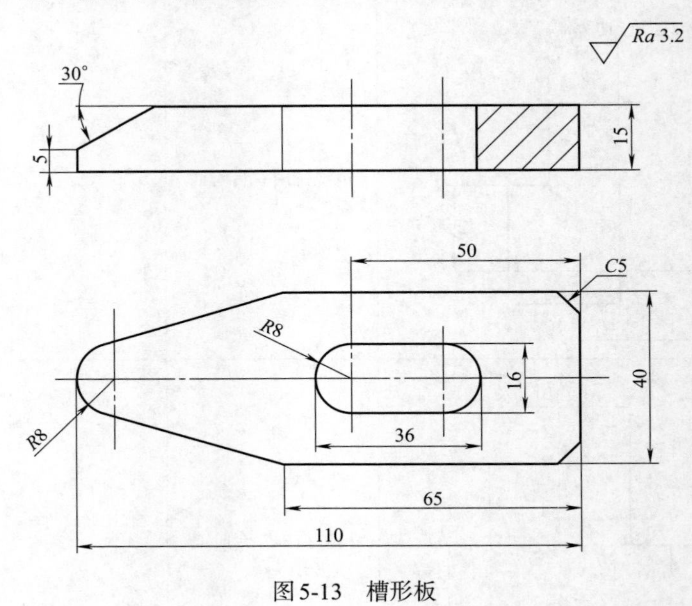

图5-13　槽形板

笔记

2. 知识点和技能点

知识点：
（1）铣削加工沟槽所使用的刀具、量具、夹具的选择，以及它们的使用方法；
（2）铣削沟槽的加工步骤；
（3）切削用量的选择。
技能点：
（1）常用沟槽铣刀的装夹和使用；
（2）工件的装夹及对刀；
（3）切削用量的选择；
（4）尺寸的检测。

3. 任务说明

本次加工的主要的尺寸是长度为36mm、宽度为16mm、两端半径为8mm的半圆的沟槽，尺寸精度的要求和几何公差的要求不高。工艺过程按精、粗加工一次装夹中完成。该零件的加工工艺过程为：钻孔（即钻落刀孔）—粗铣槽孔—精铣槽孔。

4. 任务实施

（1）工件装夹说明　使用机用平口虎钳装夹工件，装夹是在工件下面垫两块较窄的平行垫铁，以便于立铣刀穿过。

（2）刀具选用　由于所要加工的槽孔尺寸精度要求不高，所以选用直径等于槽宽16mm的立铣刀，刀齿数为3。

（3）切削用量选择　主轴转速375r/min。进给速度30mm/min或选择手动进给。

（4）加工步骤　加工工艺过程见表5-7。

表5-7　工艺过程

工序号	工序简图	工序内容	注意事项
1	$\phi15$　50	钻孔	钻直径15mm的落刀孔
2	R8　36		(1)移动工作台和主轴套筒，使铣刀对准落刀孔，紧固套筒，并进行横向夹紧 (2)上升工作台使铣刀穿过落刀孔，采用纵向进给铣削至图样尺寸

（5）评分标准　见表5-8。

表5-8　评分标准

序号	操作内容与要求	分值	评分细则	实测记录	得分
1	刀具的安装	10	刀具安装不正确扣5分		
2	工件的安装	10	装夹不牢固不得分		
3	切削用量的选择	10	切削用量选择不当扣5分		
4	机床调整	10	调整操作不正确扣5分		
5	对刀的方法	10	对刀方法使用不正确扣2分		
6	粗铣槽孔	10	操作不正确扣5分		
7	精铣槽孔	10	操作不正确扣5分		
8	工件质量检测	25	尺寸一处不符合扣2分		
9	安全文明操作	5	违犯一次扣2分		

笔记

（6）工件测量　使用游标卡尺测量宽度。

5. 知识拓展

铣床能够加工的沟槽种类很多，包括直槽、键槽、特形沟槽等，特形沟槽如角度槽、V形槽、T形槽、燕尾槽等。根据沟槽在工件上的位置又分为敞开式、封闭式以及半封闭式三种。

在加工时，根据沟槽的形式和种类的不同，首先应选择相应的铣刀。通常来讲，敞开式直槽用圆盘铣刀加工；封闭式直槽用立铣刀或键槽铣刀加工；而半封闭直槽则须根据封闭端形式不同，采用不同的铣刀进行加工。对特形沟槽采用相应的特形铣刀。

（1）铣键槽　敞开式的键槽一般在卧式铣床上加工，所用的圆盘铣刀的宽度根据键槽的宽度而定。安装时，圆盘铣刀的中心平面必须和轴的中心对准，横向调整好工作台。铣刀对准后，将机床横向溜板紧固。铣削时先试铣，在检验槽宽合格后，再铣出全长。

封闭式键槽是在立式铣床上加工。如果采用立铣刀，因为立铣刀中央无切削刃，不能垂直向下进刀，所以需要在键槽端部先钻一个落刀孔，之后再进行铣削；如果采用键槽铣刀，其端部有切削刃，可以直接向下进刀，但进给量应小些。

（2）铣削T形槽　铣削T形槽加工方法分两步进行，第一步加工出直槽，然后在立式铣床上用T形槽铣刀铣削T形槽。因为T形槽铣刀工作时排屑困难，所以在加工时切削用量应小些，同时加用冷却液。

（3）铣螺旋槽　铣削加工螺旋槽如麻花钻、斜齿轮、螺旋铣刀的螺旋槽时，刀具做旋转运动，而工件安装在尾架与分度头之间，一方面随工作台作匀速直线运动，同时又随分度头作匀速旋转运动。根据螺旋线形成原理，要铣削出一定导程的螺旋槽，必须保证当纵向移动距离等于螺旋槽的一个导程时，工件恰好转动一圈。这一点可通过丝杠和分度头之间的配换挂轮来实现。在生产实践中，一般只要算出工件的导程或挂轮速比，即可从铣工手册中查出各挂轮的齿数。

为了获得规定的螺旋槽截面形状，还必须使铣床纵向工作台在水平面内转过一个角度，使螺旋槽的槽向与铣刀旋转平面一致。工作台转过的角度应等于螺旋角β。工作台转动的方向应由螺旋槽的方向来确定。铣右旋螺旋槽时，用右手推工作台；铣左旋螺旋槽时，则用左手推。

5.5 任务实操

任务1 铣削零件

铣削如图5-14所示的零件。

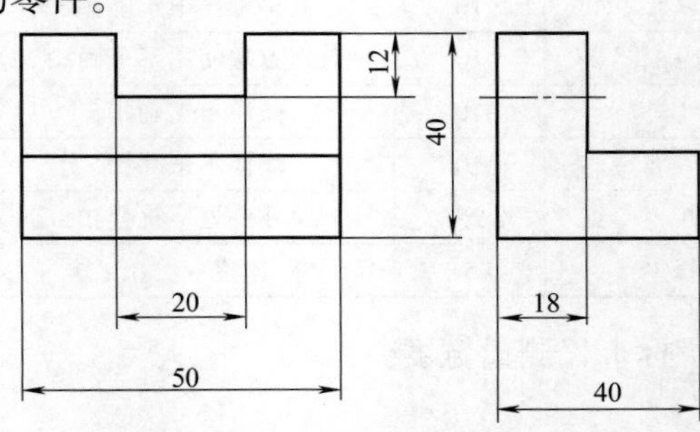

图5-14 铣削零件

任务2 制作亭子

亭子的加工内容有铣平面、铣沟槽、铣对称台阶、铣斜面、铣均布孔槽。亭子的加工要注意对称性，边加工边测量。亭子的图纸如图5-15所示。

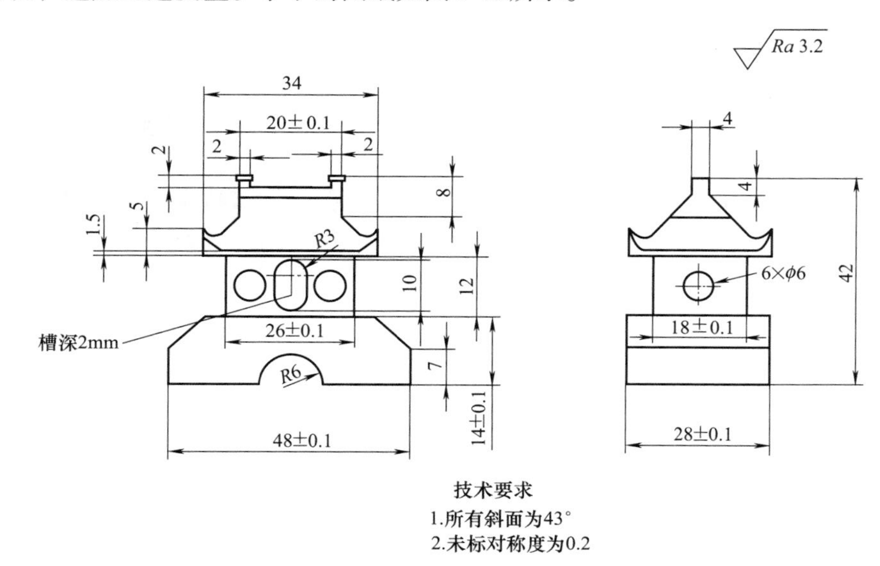

图5-15 亭子

加工步骤：

（1）用端铣刀：

铣48mm×42mm×28mm六方。

（2）用12mm的立铣刀：

① 加工26mm×18mm凹档的4面凹槽。

② 加工34mm对称台阶的两边。

③ 加工房脊。

④ 加工桥孔的半圆凹槽。

（3）用6mm的立铣刀：

① 加工均布孔槽。

② 加工房脊的凹槽。

（4）用12mm的立铣刀：

加工4面斜房顶和桥的二斜面。

（5）检验。

笔记

模块 6 刨削加工

6.1 认识刨削加工

1. 刨削加工的基本概念

刨削加工是在刨床上通过刨刀作直线往复运动进行切削加工的方法之一。

2. 刨削平面类型

刨削主要用于加工水平面、垂直面、阶梯、槽、斜面、成形面等。如图6-1所示。

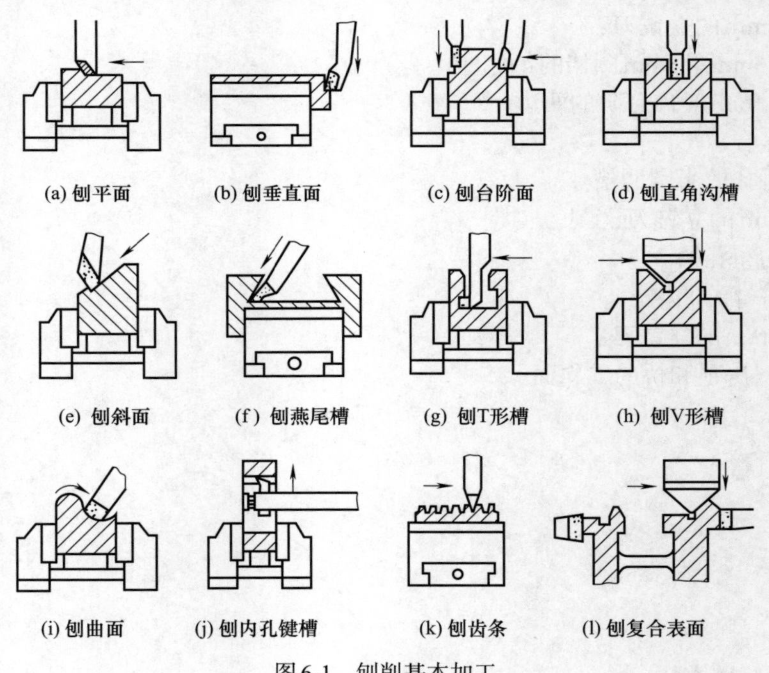

图6-1　刨削基本加工

3. 刨削的工艺特点

① 刨削加工的生产效率不高；

② 通用性范围广；

③ 加工精度可达IT7~IT9，表面粗糙度Ra6.3~1.6μm。

6.2 认识刨削加工设备

1. 常用刨床的类型

常用的刨床可分为牛头刨床和龙门刨床两大类。牛头刨床结构如图6-2所示。牛头刨床主要加工较小的零件表面，而龙门刨床主要加工较大的箱体、支架、床身等零件表面。

2. 牛头刨床组成

牛头刨床主要由床身、滑枕、刀架、刀架座、横梁、工作台等部分组成。

① 刀架：如图6-3所示，其作用是装夹刨刀。它由手柄、刻度环、溜板、刻度转盘、轴、紧固螺钉、刀夹、抬刀板、刀座组成。

② 滑枕：滑枕带动刨刀作直线往复运动 ，通过内部的丝杠螺母传动装置改变滑枕的行程位置。

③ 工作台：工件安装在工作台上面，工作台上的T形槽通过螺栓来拧紧工件或夹具。

④ 床身：床身是支承刨床各个零部件，内部由摆杆机构和齿轮变速机构、滑块机构等组成，可以改变滑枕的往复运动的速度和行程。

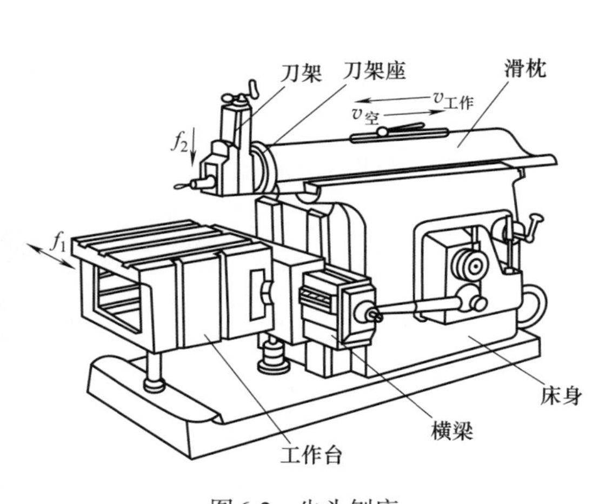

图6-2 牛头刨床

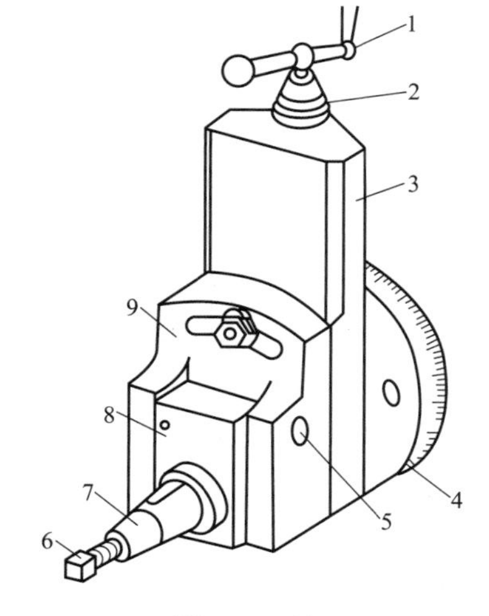

图6-3 刀架

1—手柄；2—刻度环；3—溜板；4—刻度转盘；5—轴；6—紧固螺钉；7—刀夹；8—抬刀板；9—刀座

笔记

3. 牛头刨床的传动路线及调整

（1）牛头刨床的传动路线

① 传动路线。

a. 电动机→带传动→齿轮变速机构→摆杆机构→丝杠螺母运动→滑枕→刀架→刀具往复直线运动；

b. 电动机→带传动→齿轮变速机构→摆杆机构→连杆机构→棘轮机构→丝杠螺母副→工作台横向进给运动。

② 摇臂机构。如图6-4所示，摇臂机构作用是把旋转运动转换成滑枕的往复直线运动。由摇臂、偏心滑块、摇臂齿轮等组成。摇臂齿轮转动时，摇臂被偏心滑块带动并绕支架左右摆动，因此滑枕被摇臂带动作往复直线运动。

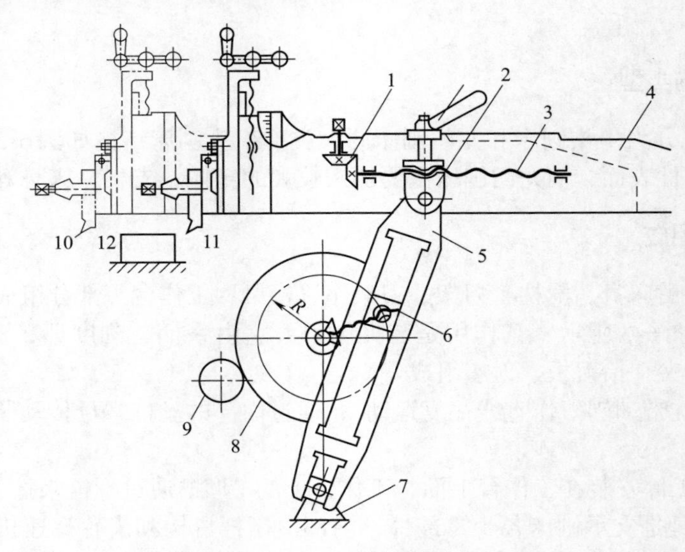

图6-4 摇臂机构

1—锥齿轮；2—锁紧手柄；3—螺母；4—丝杠；5—滑枕；6—摇臂；7—偏心滑块；8—支架；9—摇臂齿轮；10—小齿轮；11—调整前位置；12—调整后位置

（2）机床调整　如图6-5所示，通过改变偏心滑块的偏心距，可以调整滑枕行程长度。滑枕的行程总长度应略大于加工工件长度。

转动滑枕上的手柄，将丝杠的转动转换成滑块的移动，并调节刨刀相对工件位置以便加工。依据选定滑枕每分钟往复的次数，扳动变速箱手柄位置。通过拨动挡环的位置，可以改变棘轮的挡环位置，并控制棘爪每次拨动的有效齿数，从而改变工作台的进给量大小。提起棘轮爪，工作台便停止进给运动。

棘轮机构作用是使工作台完成实现间歇水平进给运动，如图6-6所示。

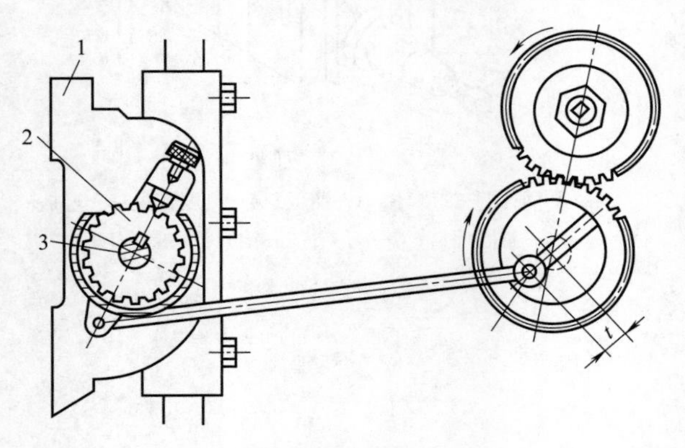

图6-5 偏心滑块

1—偏心块；2—摇臂齿轮；3—锥齿轮

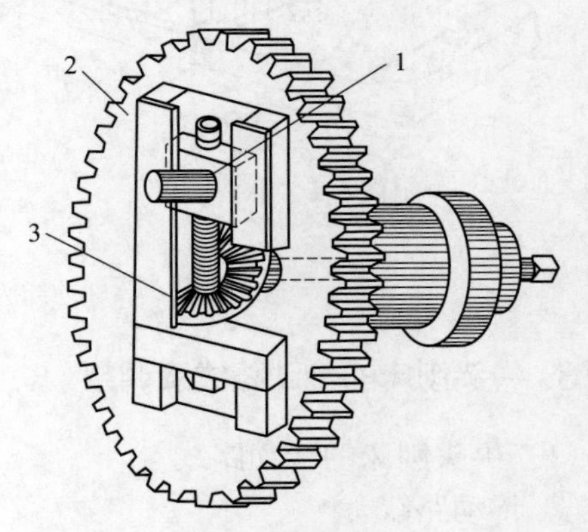

图6-6 棘轮机构

1—偏心滑块；2—摇臂齿轮；3—锥齿轮

4. 刨刀的种类及用途

刨刀种类有很多，用来刨水平面的平面刨刀，用来刨垂直面或斜面的偏刀，用来刨燕尾槽并相互成一定角度的表面的角度偏刀，用来刨削沟槽或者切断工件的切刀，用来刨削侧面槽或T形槽的弯切刀，加工直线型成形表面的圆头刨刀。

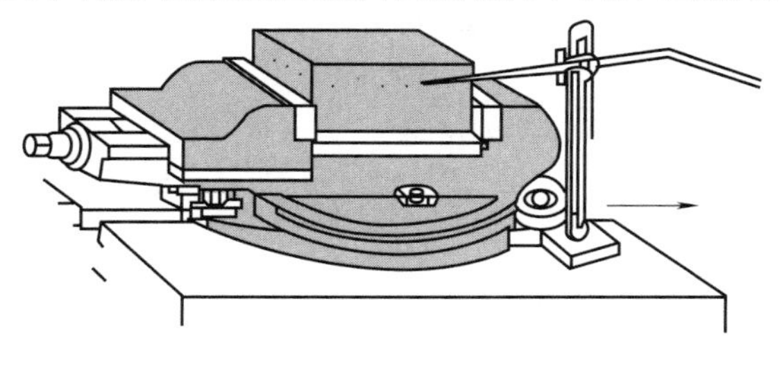

图6-7 平口钳

5. 工件的安装方法

刨床上工件的装夹常用平口钳（图6-7），在工作台上用螺钉拧紧压块装夹（图6-8）和压板装夹（图6-9）。

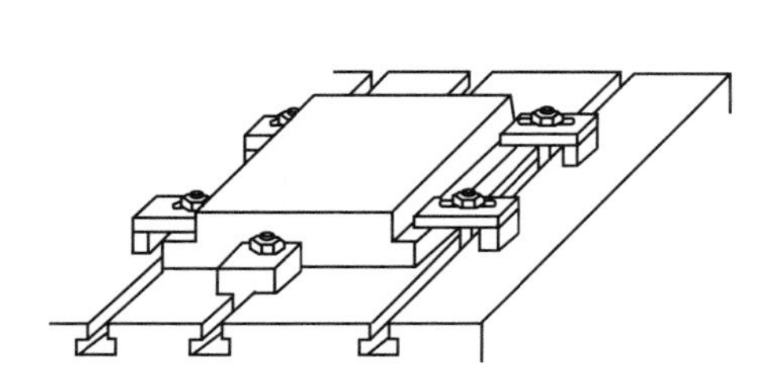

图6-8 工作台上的装夹

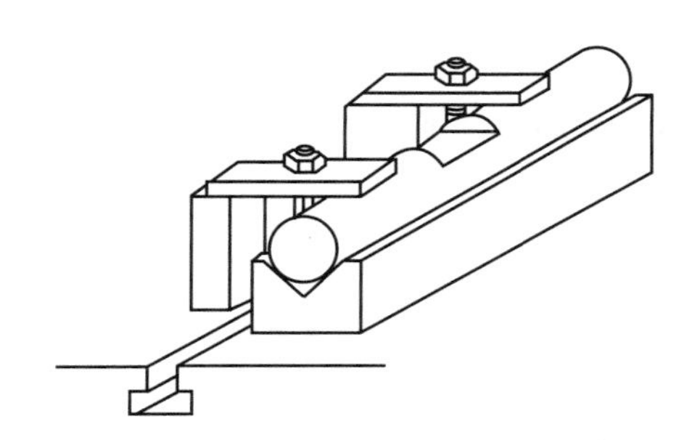

图6-9 专用夹具的装夹

6.3 刨削加工基本操作规范

1. 操作规程

① 刨削加工时，操作工要穿好工作服戴工作帽。

② 正确装夹好工件，不要把任何物品放置在工作台和横梁上。开机前要前后观察，避免发生安全事故。

③ 机床在工作时，绝对不允许离开机床。

④ 机床在工作时，不准进行变速、清除切屑、调整机床、测量工件等操作。清除切屑需要用刷子，不能直接用手清除，避免刺伤手指。

笔记

2. 刨床操作练习

（1）正确装夹工件。根据加工零件选用夹具。

（2）开机、停机练习。

（3）调整机床滑枕的行程和前后位置。通过变速手柄控制滑枕速度。

（4）调节刀架。刀架前部可作±18°转动，后座可作±60°的转动。

（5）工作台调节。

① 调节进给量：通过进刀手柄调节进给量。

② 机动进给：调节变向与变换手柄可实现工作台水平来回自动进给和上下自动进给。
③ 手动进给：手柄拨至中间位置可以进行手动进给的操作。
④ 工作台快速移动：通过拨动快速手柄可以使工作台快速移动。

6.4 综合训练

6.4.1 平面的刨削

1. 任务书

在刨床上加工如图6-10所示平板，其余表面粗糙度为*Ra*6.3μm。毛坯长、宽、高尺寸为：155mm×60mm×85mm的平板。

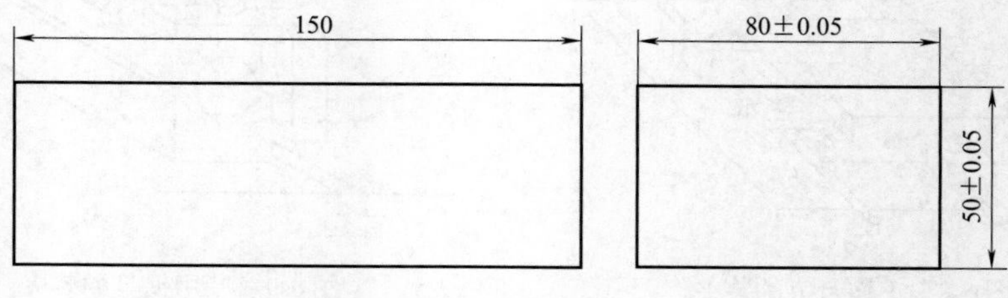

图6-10 平板

2. 知识点和技能点

知识点：
① 刀具、夹具、量具的选择；
② 刨削平行平面的方法；
③ 切削三要素的选择。
技能点：

① 常用平面刨刀的装夹及刃磨；
② 工件装夹与对刀；
③ 根据切削三要素的选择，学会机床的使用及调整；
④ 各尺寸的测量。

3. 任务说明

如图6-10所示平板的主要特点为平面，需加工6个平面，平板的尺寸是：150mm×80mm×50mm。

在一次装夹中将完成粗、精加工。

该平板零件的加工工艺过程为：刀具选择→确定切削三要素→机床调整→工件装夹及刀具安装→确定刨削工艺路线→粗加工→精加工。

4. 任务实施

(1) 刀具

① 刀具的选择　刨刀与车刀类似，有平面刨刀、偏刀、角度偏刀、切刀、弯切刀等，如图6-11所示。

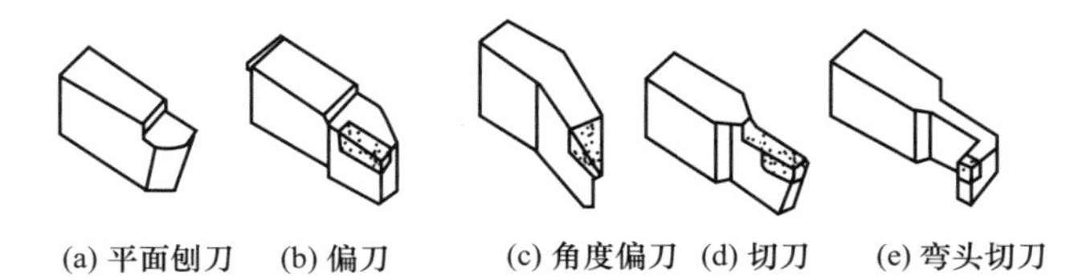

图6-11　刨刀种类

用于加工水平面常采用直头刨刀和弯头刨刀，加工垂直面、台阶面和外斜面采用偏刀。加工内斜面采用角度偏刀。切断工件和加工直角槽常采用切刀。加工T形槽常采用弯头切刀。

该平板零件加工采用高速钢平面刨刀。

② 刨刀刃磨 选用氧化铝砂轮对高速钢刨刀进行刃磨，选用碳化硅砂轮对硬质合金刨刀进行刃磨。

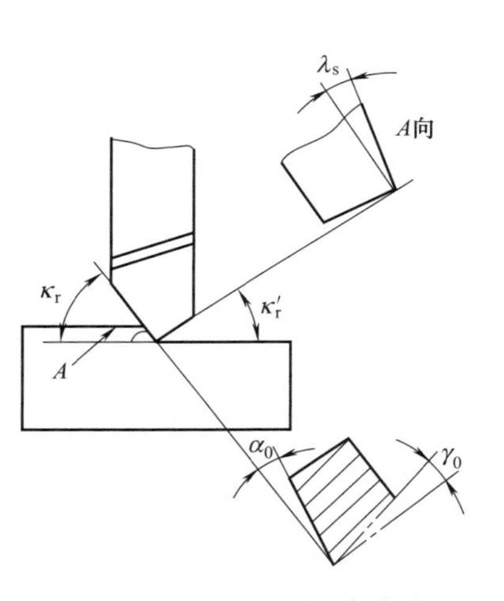

图6-12　平面刨刀的几何角度

如图6-12所示，刨刀的刃磨步骤如下：

a. 磨前刀面的目的是磨出刨刀的刃倾角λ_s及前角γ_0。粗刨时取λ_s=0°~−5°，精刨时取 λ_s=0°~5°

b. 磨主后刀面的目的是磨出刨刀的主偏角κ_r和主后角α_0。一般平面刨刀主偏角κ_r取30°~70°，高速钢材料的平面刨刀主后角α_0一般取8°~12°；硬质合金材料的刨刀主后角α_0一般取8°~10°。

c. 磨副后刀面的目的是磨出刨刀的副偏角κ'_r及副后角α'_0。一般平面刨刀副偏角κ'_r取5°~10°，副后角α'_0角度刃磨与主后角度α_0一般取8°~12°。

d. 磨刀尖圆弧和直线过渡刃的目的是在主切削刃与副切削刃之间磨出一小段圆弧或一段小直线来提高刀尖强度和改善散热条件。一般刨刀刃粗磨时直线过度刃刃宽b_r=0.3~0.5mm；刀尖圆弧半径取1~3mm。

磨刀时的注意事项：

a. 磨刀前要检查砂轮是否有裂纹，不可敲击砂轮，应采用防护罩。

b. 磨刀时，人站在砂轮的侧边，用力均匀地双手拿稳刨刀，合适倾斜角度，并在砂轮圆周面的中间部位刃磨，同时左右移动。

c. 磨刀时避免手拿棉纱裹刀防止发生危险。

d. 刃磨刨刀时，注意姿势要正确，避免手和刀具扎入砂轮托板上酿成事故。

e. 刃磨时，将各刀面磨平，并观察刀面磨平的状态。

f. 正确磨出刨刀的几何角度。

③ 刨刀的装夹

a. 装夹前的准备 首先对刀架的位置进行调整，刀座和刀架应处在中间位置（图6-13）。

b. 装夹方法

（a）保证刀具合理几何角度，在装夹刀具时，保证工作台与刀杆的垂直度。刀具的几何角度在刃磨过程中是以刀杆为基准的。

（b）装刀时，刀具不能伸得太长，一般情况下直头刨刀伸出的长度大约为刀杆厚度的1.5倍，弯头刨刀一般为2倍左右（图6-14）。

（c）拆卸刀具时，注意一只手拿刨刀，另一只手用扳手拆卸，避免刨刀突然落地，碰坏刨刀。

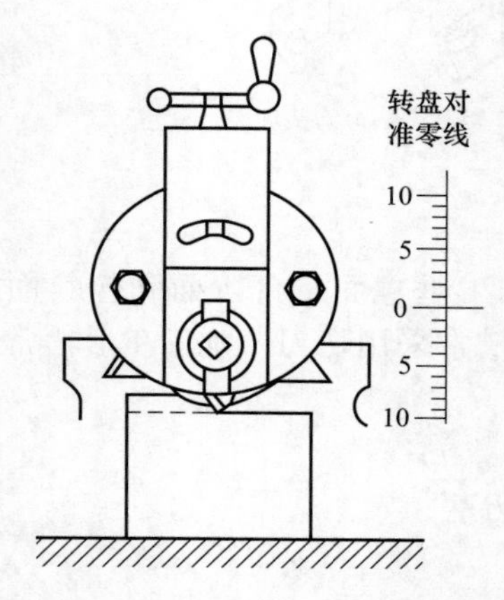

图6-13 刨削平面时刨刀的正确安装

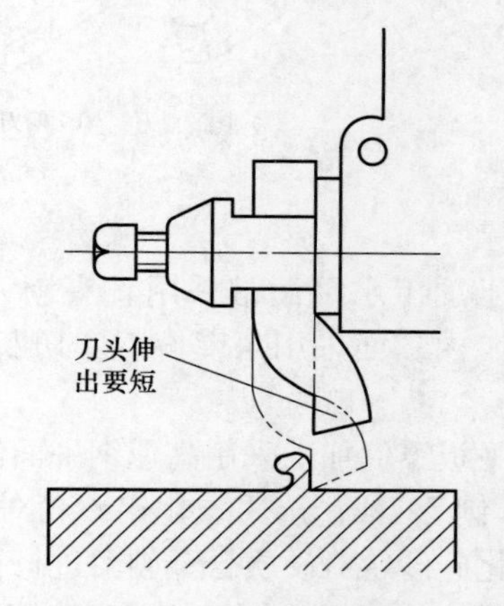

图6-14 刀头的伸出长度

（2）工件的装夹方法

① 装夹前的准备 首先，将平口虎钳安装在工作台上；然后校正固定钳口和行程方向的平行度和垂直度。准备好需要的垫铁及工器具。

② 装夹方法与要领

a. 工件的被加工表面要高于钳口，如果工件高度不够需要采用平行垫铁将工件垫高。

b. 装夹工件时，采用手锤轻轻敲击工件，保证工件贴实垫铁。

c. 如果工件已经划有加工线，则可采用划线盘按照加工线来找正，如图6-15所示。

（3）切削三要素的选择（图6-16）

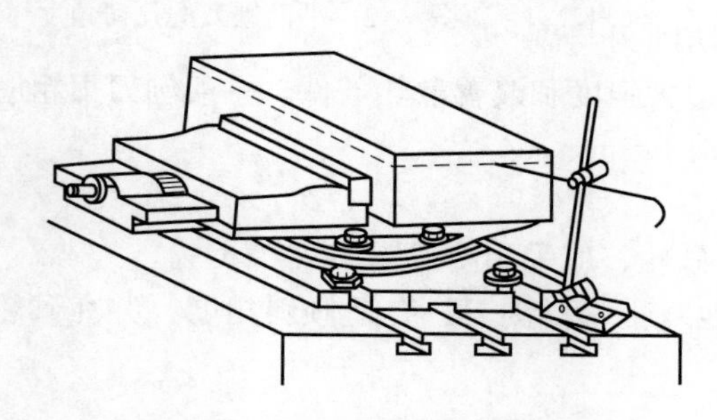
图6-15 在平口台虎钳上校正工件

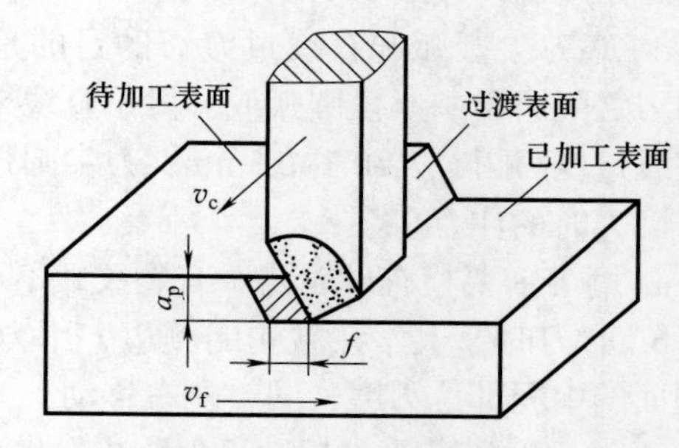

图6-16 刨削加工

选择切削三要素的选择次序是先确定最大的切削深度量，然后选择最大的进给量f，最后合理确定切削速度。粗刨时一般留精加工余量0.2~0.5mm。

① 粗加工时切削用量的选择 切削深度a_p一般取2~3mm，进给量f取0.5~1.5mm/往复行程。

② 精加工时进给量的选择 切削深度a_p一般取1~2mm，进给量f取0.1~0.6mm/往复行程以保证获得良好的切削效果。

（4）加工步骤 加工步骤见表6-1。

表6-1 切削加工平板步骤

工序号	工序简图	工序内容	注意事项
1	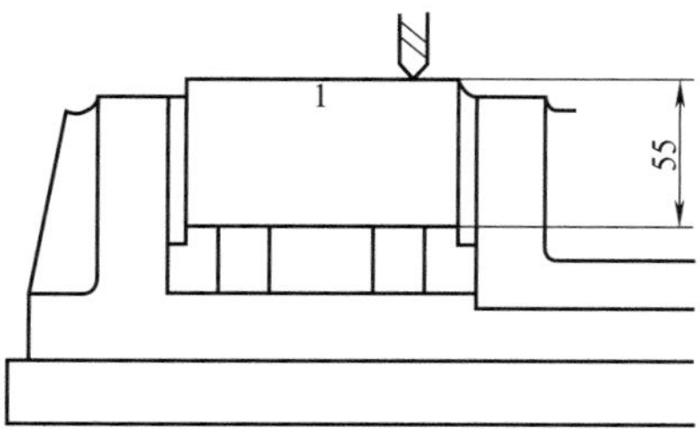 1 55	先刨出大面1作为基准面	(1)对刀 (2)加强试切法的训练 (3)为达训练目的刨平面时应加强进行手动进刀训练 (4)为达训练目的每次吃刀深度为1mm
2	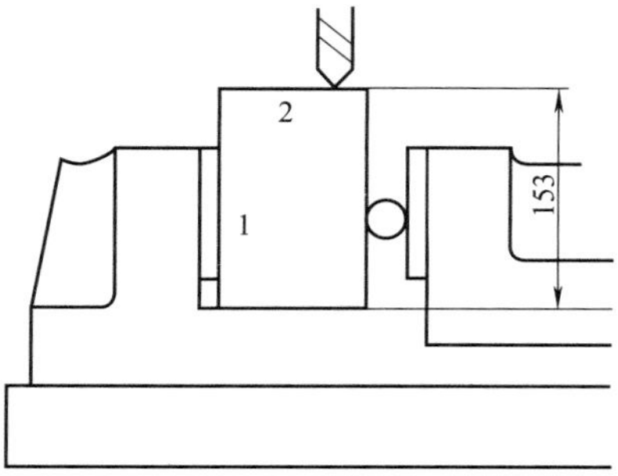 2 1 153	以面1为基准,紧贴固定钳口,在工件与活动钳口之间垫个圆棒,夹紧后加工面2	(1)对刀 (2)加强试切法的训练 (3)为达训练目的刨平面时应加强进行手动进刀训练 (4)为达训练目的每次吃刀深度为1mm
3	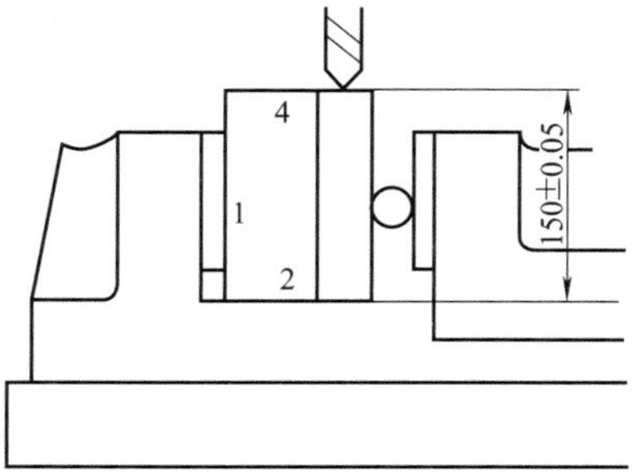 4 1 2 150±0.05	以2为基面,翻转180°使2面朝下,加工面4至尺寸	(1)对刀 (2)加强试切法的训练 (3)为达训练目的刨平面时应加强进行手动进刀训练 (4)为达训练目的每次吃刀深度为1mm
4	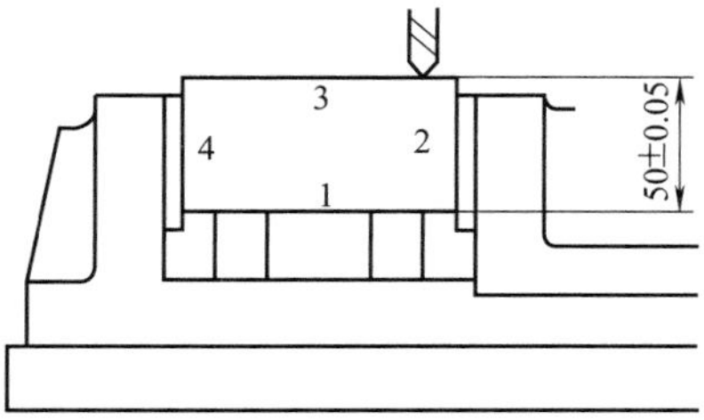 3 4 2 1 50±0.05	将面1放在平行的垫块上,工件夹紧在两钳口之间,并使面1与平行垫块贴实,加工面3至尺寸	(1)对刀 (2)加强试切法的训练 (3)为达训练目的刨平面时应加强进行手动进刀训练 (4)为达训练目的每次吃刀深度为1mm

笔记

续表

工序号	工 序 简 图	工 序 内 容	注意事项
5	82 5	将平口钳转90°，使钳口与刨削方向垂直，刨端面5	(1)对刀 (2)加强试切法的训练 (3)为达训练目的刨平面时应加强进行手动进刀训练 (4)为达训练目的每次吃刀深度为1mm
6	80 6	同样的方法刨削6到尺寸	(1)对刀 (2)加强试切法的训练 (3)为达训练目的刨平面时应加强进行手动进刀训练 (4)为达训练目的每次吃刀深度为1mm

(5) 工件测量

① 游标卡尺、直尺检查长度尺寸。

② 90°角尺检测垂直度。

③ 用表面粗糙度样块检测粗糙度。

(6) 考核

① 技能理论考核（30分）。

② 技能操作考核（30分）。重点考查学生操作的规范性、熟练程度、安全防范意识、质量分析、问题处理能力。

笔记

③ 平时考核（60分）。

从工作过程、实训效果，以及职业素质等方面进行多元化过程考核评价。

通过学生自评、教师评价两个角度，对学生的考勤、岗位工作表现、工作绩效、职业活动记录、实习报告等内容进行考核。

对有创新想法和设计、承担组长工作的学生有鼓励加分。对学生的敬业精神，团队精神，安全环保意识，吃苦耐劳等职业素质和道德等也纳入考核范畴。

6.4.2 斜平面的刨削

1. 任务书

加工如图6-17所示工件，表面粗糙度 *Ra* 为6.3μm。毛坯长、宽、高尺寸为：150mm×100mm×50mm。

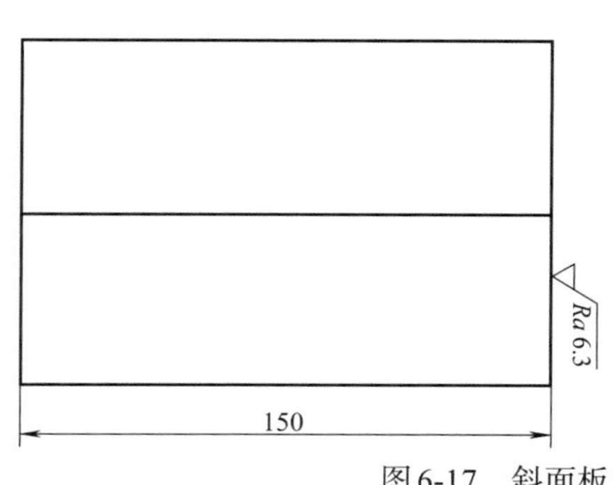

图6-17 斜面板

2. 知识点和技能点

知识点：

（1）刀具、量器具的选择；

（2）刨斜面的工艺方法。

技能点：

（1）常用平面刨刀的装夹及刃磨；

（2）工件装夹与对刀；

（3）根据切削三要素的选择，学会机床的使用及调整；

（4）各尺寸的测量。

3. 任务说明

如图6-17所示零件的主要特征有5个平面和一个斜面，需加工五个平面，一个斜面。

工艺在一次装夹多次加工中把粗、精加工在一起完成。

该零件加工的基本步骤：下料→刨平面1→刨平面2→刨平面3→刨平面4→刨平面5→刨斜面6→检验。

4. 任务实施

笔记

（1）刀具

① 刨刀的选择 选平面刨刀刨平面；选角度刨刀刨斜面。

② 刨刀刃磨

a. 磨前刀面为了磨出刨刀的前角（γ_0）及刃倾角（λ_s）。偏刀前角常用γ_0=5°，一般粗刨时λ_s=0°~−5°，精刨一般取λ_s=0°~5°。

b. 磨主后刀面为了磨出刨刀的主偏角及主后角。常用偏刀主偏角κ_r=97°，高速钢材料的平面刨刀主后角α_0=8°~12°；硬质合金材料的刨刀主后角取α_0=8°~10°。

c. 磨副后刀面为了磨出刨刀的副偏角（κ'_r）及副后角（α'_0）。一般刨刀副偏角κ'_r=8°，副后角角度刃磨与主后角相同。

③ 刨刀的装夹

a. 粗刨时，主偏角安装为7°~15°；精刨时，副偏角安装为8°。

b. 安装偏刀时，如图6-18所示，首先将刀架对准零线，并将刀座转一定角度。扳转刀座时，其上端向背离工件加工表面的方

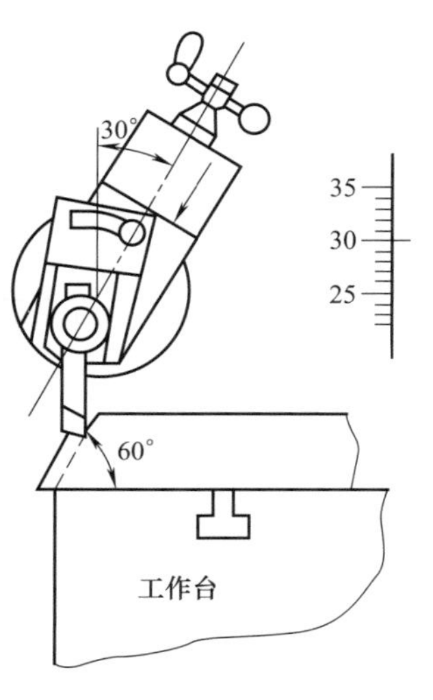

图6-18 刨削斜平面

向偏转。如垂直高度在10mm以下时，则不一定要扳转刀座。

c. 角度刨刀的装夹：必须将刀架扳转与被加工斜面方向平行，在扳刀架时，需要检查找正。刀架扳转一个角度后还要扳转刀座，扳转刀座的原则与刨直面时相同。

（2）工件的装夹方法

① 装夹前的准备

a. 把平口钳安装紧在工作台上。

b. 校正固定钳口与行程方向垂直。

c. 准备好所用的垫块、工量具。

② 装夹方法与要领

a. 把工件的加工一端伸出钳口，但不能伸得太长。

b. 工件装夹时，要用手锤轻轻敲击工件，使工件贴紧垫铁。

（3）切削用量的选择

切削用量的选择方法与刨平面相同。

（4）切削的工艺过程 见表6-2。

表6-2 切削的工艺过程

工序号	工 序 简 图	工 序 内 容	注意事项
1	1 2 4 3 52.5	刨削基准平面1,至尺寸52.5mm	(1)必须动车对刀 (2)加强试切法的训练 (3)为达训练目的刨平面时应加强进行手动进刀训练 (4)为达训练目的每次吃刀深度为1~2mm
2	2 1 3 4 102	刨平面2,至尺寸102mm	(1)必须将平面1贴紧固定钳口 (2)为达训练目的,分多次粗刨
3	4 1 3 2 100	刨平面4,至尺寸100mm	(1)必须将平面1贴紧固定钳口 (2)必须将平面2紧贴平行垫铁 (3)为保证尺寸,注意尺寸度量及控制

笔记

续表

工序号	工序简图	工序内容	注意事项
4	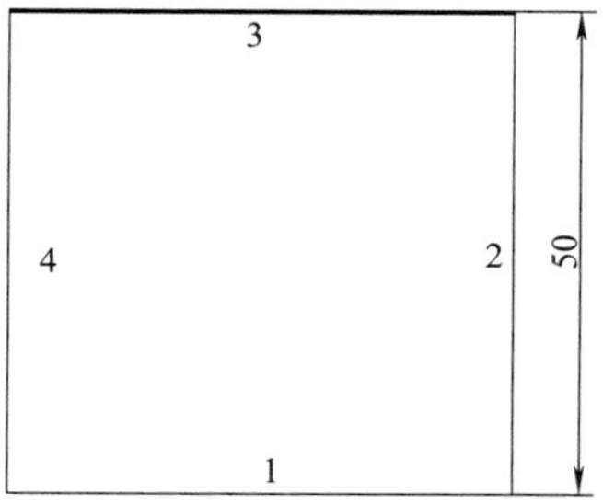 3 4 2 50 1	刨削平面,至尺寸为50mm	(1)必须将平面1紧贴平行垫铁 (2)为保证尺寸,注意尺寸度量及控制
5	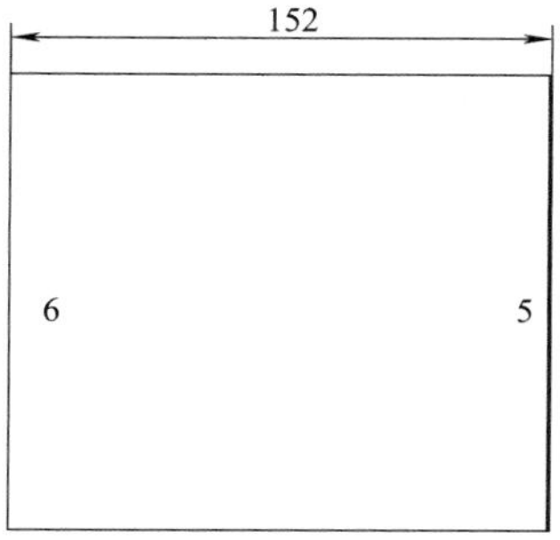 152 6 5	偏刀刨削端面5,至尺寸为152mm	(1)必须将固定钳口调整至与行程方向相垂直 (2)必须将工件紧贴于台钳导轨面 (3)为达训练目的,分多次粗刨
6	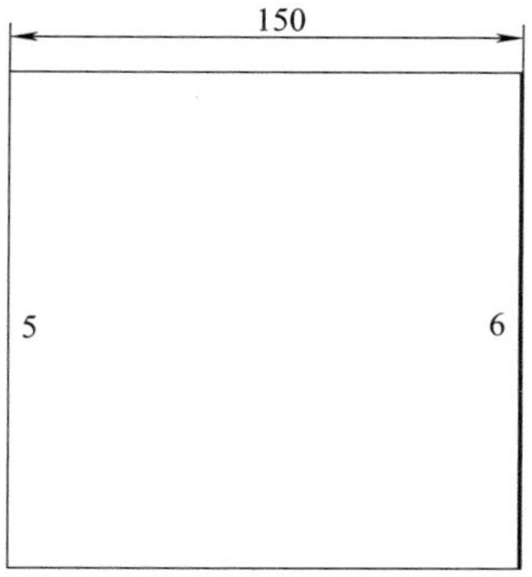 150 5 6	偏刀刨削端面6,至尺寸为150mm	(1)必须将固定钳口调整至与行程方向相垂直 (2)必须将工件紧贴于台钳导轨面 (3)为保证尺寸,注意尺寸度量及控制
7	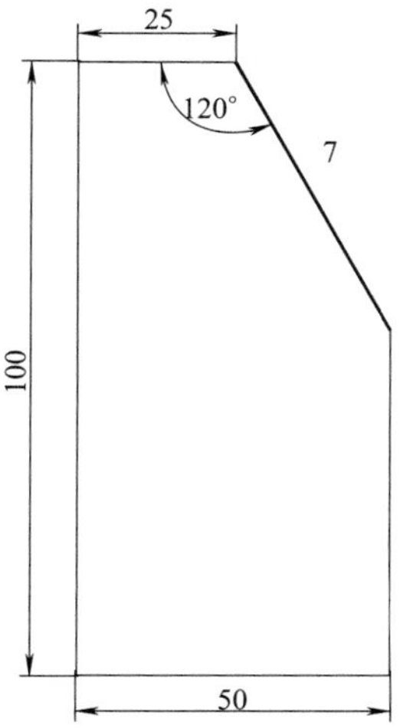 25 120° 7 100 50	刨削60斜面7,至图纸要求	(1)必须将刀架扳动的角度调整正确 (2)用样板或量角器检验工件合格后,才能卸下工件

笔记

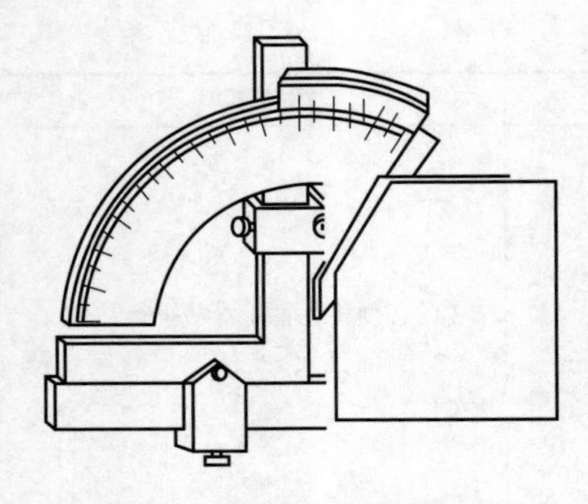

图6-19 量角器测量角度

(5) 工件测量

卡尺测量长度，用量角器测量角度（图6-19）。

(6) 考核

① 技能理论考核（30分）。

② 技能操作考核（30分）。重点考查学生操作的规范性、熟练程度、安全防范意识、质量分析、问题处理能力。

③ 平时考核（60分）。

从工作过程、实训效果，以及职业素质等方面进行多元化过程考核评价。

通过学生自评、教师评价两个角度，对学生的考勤、岗位工作表现、工作绩效、职业活动记录、实习报告等内容进行考核。

对有创新想法和设计、承担组长工作的学生有鼓励加分。对学生的敬业精神、团队精神、安全环保意识、吃苦耐劳等职业素质和道德等也纳入考核范畴。

6.5 任务实操

任务 刨削槽

在刨床上加工如图6-20所示零件，表面粗糙度 $Ra6.3\mu m$。毛坯长、宽、高尺寸为：100mm×100mm×100mm。

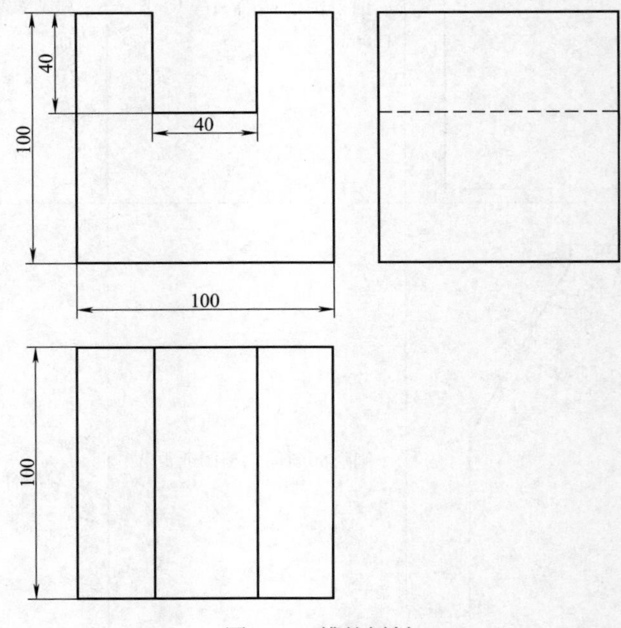

图6-20 槽的刨削

笔记

模块 7
磨削加工

7.1 认识磨削加工

1. 磨削加工的基本概念

磨削加工就是在磨床上利用砂轮、磨粒对工件表面进行切削加工的方法。

2. 磨削加工的工艺范围

磨削主要用于零件的内、外圆柱面、内、外圆锥面、平面、成形面、螺纹及齿轮等的精加工，如图 7-1 所示。

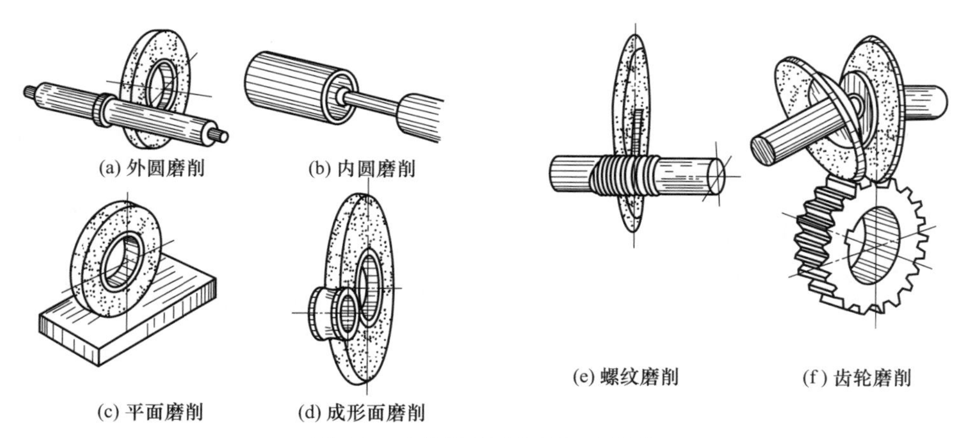

图 7-1　几种常见的磨削加工类型

3. 切削用量

（1）磨削速度 v_0　磨削速度指砂轮的圆周速度，即砂轮外圆表面上的某一磨粒每秒所通过的路程，即

$$v_0 = \frac{\pi D_0 n_0}{1000 \times 60} \text{ (m/s)}$$

式中　D_0——砂轮直径，mm；

　　　n_0——砂轮转速，r/min。

(2) 背吃刀量 a_p 对于外圆磨削、内圆磨削、无心磨削而言，背吃刀量又称横向进给量，即工作台每次纵向往复行程终了时，砂轮在横向移动的距离。背吃刀量越大，生产率越高，但磨削精度和表面粗糙度也越低。

通常磨外圆时，粗磨背吃刀量取0.01~0.025mm，而精磨取0.005~0.015mm；磨内圆时，粗磨背吃刀量取0.005~0.03mm，精磨取0.002~0.01mm；磨平面时，粗磨背吃刀量取0.015~0.15mm，精磨取0.005~0.015mm。

(3) 纵向进给量 f 外圆磨削时，纵向进给量是指工件每回转一周，工件沿自身轴线方向相对砂轮的移动距离。粗磨时纵向进给量 f 一般取（0.3~0.85）B；精磨时 f 取（0.2~0.3）B（B 是砂轮宽度，f 单位是mm/r）。

(4) 工件圆周速度 v_w 指圆柱面磨削时工件待加工表面的线速度，又称工件的圆周进给速度，用下式表示：

$$v_w=\pi D_w n_w/1000\ (\text{m/min})$$

式中 D_w——工件直径，mm；

n_w——工件转速，r/min。

通常，粗磨时 v_w 取20~85m/min，精磨时 v_w 取15~50m/min。

7.2 认识磨削加工设备

7.2.1 砂轮和磨削液

1. 砂轮

砂轮是由许多极硬的颗粒经过粘接而成的具有一定几何形状的多孔体。砂轮表面上的多棱多角的坚硬颗粒称为磨料，在加工时起着切削作用。把磨料粘接在一起的粘接材料称为结合剂。磨料和结合剂之间有许多空隙，起到加速散热和容纳磨屑的作用。磨料、结合剂和空隙构成砂轮结构的三要素，如图7-2所示。

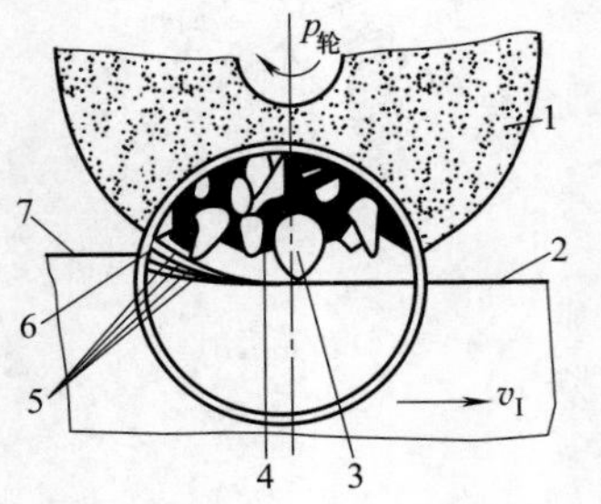

笔记

图7-2 砂轮的组成

1—砂轮；2—已加工表面；3—磨粒；4—结合剂；5—切削表面；6—空隙；7—待加工表面

在磨削过程中，锋利的磨粒会因磨损而变钝，此时变钝的磨粒受到磨削力的增大进而脱落或者崩碎，露出新的锋利的磨粒，从而使砂轮保持原来的切削性能，砂轮的这种性能称砂轮的自锐性。

磨粒的微刃分布在砂轮圆周上，其距基准圆远近不等，这就造成了砂轮的微刃不等高性。经金刚石修整后，可改善其不等高性。

(1) 砂轮的标志、特性与选用 砂轮标志是用符号和数字表示该砂轮的特性，标在砂轮的非工作表面上。例如：

P	300x	40x	127	WA	46	K	5	V	30
形状	外径	厚度	孔径	磨料	粒度	硬度	组织号	结合剂	允许的磨削速度

砂轮的特性包括磨粒、粒度、结合剂、硬度、组织、形状和尺寸等。每种砂轮根据其本身的特性都有一定的适用范围，所以使用时需要根据工件的材料、热处理方法以及形状和尺寸精度等来选择合适的砂轮。

① 磨料。磨料是砂轮的主要原料，直接担负着切削工作。磨削时，磨料需要在高温下要经受剧烈的摩擦和挤压，所以磨料必须具有很高的硬度、耐热性和一定的韧性。常用的磨料有两类：

a. 刚玉类。其主要成分是Al_2O_3，韧性较好，适用于磨削钢材等塑性材料。其代号有A—棕刚玉；WA—白刚玉。

b. 碳化物类。其硬度比刚玉类高，磨粒锋利，导热性好，适用于磨削铸铁及硬质合金刀具等脆性材料。其代号有：C—黑碳化硅；GC—绿碳化硅。

② 粒度。指的是磨料颗粒的大小。粒度号数字越大，则颗粒越小。粗磨时，选择较粗的磨粒，可以提高生产率；而精磨时，应选择较细的磨粒，可以减小表面粗糙度。

③ 结合剂。砂轮中，将磨粒黏结成具有一定强度和形状的物质称为结合剂。砂轮的强度、抗冲击性、耐热性及耐蚀性能主要取决于结合剂的性能。常用的结合剂包括：陶瓷结合剂、树脂结合剂和橡胶结合剂。

④ 硬度。砂轮的硬度和磨料的硬度是不同的两个概念需进行区分。磨料的硬度是表示磨料本身软硬程度的物理量，而砂轮的硬度是指砂轮表面的磨粒在外力作用下脱落的难易程度。磨粒容易脱落称为软砂轮，反之称为硬砂轮。通常，加工硬材料时，选用较软砂轮；而加工软材料时，选用较硬砂轮。

⑤ 组织。砂轮的组织是指砂轮中磨料、结合剂、气孔三者体积的比例关系。砂轮的组织号数是以磨料体积所占百分比来确定的，即磨料所占的体积越大，则砂轮的组织越紧密，砂轮组织号数越小。

⑥ 形状与尺寸。根据机床类型和磨削加工的需要，砂轮可制成各种标准形状和尺寸，如图7-3所示。

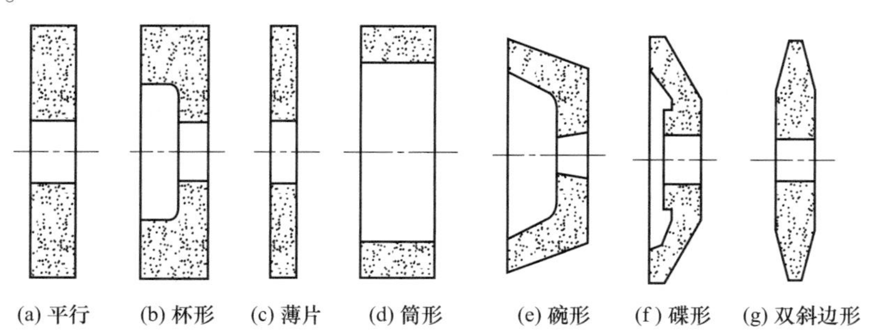

图7-3 砂轮的形状

平行砂轮：用于磨削外圆、内圆、平面。

杯形砂轮：用于磨削平面、内圆及刃磨刀具。

薄片砂轮：用于切断和开槽。

筒形砂轮：用于立轴端面平磨。

碗形砂轮：用于刃磨刀具及导轨磨削。

碟形砂轮：用于磨削铣刀、铰刀、拉刀及齿轮齿形。

双斜边形砂轮：用于磨削齿轮齿形和螺纹。

(2) 砂轮的检查、安装、平衡和修整

笔记

① 砂轮在高速运转下工作，所以安装前必须对其进行检查避免发生事故，首先检查其外观是否完整，有无破损，再敲击听其响声判断砂轮内部是否有裂纹。

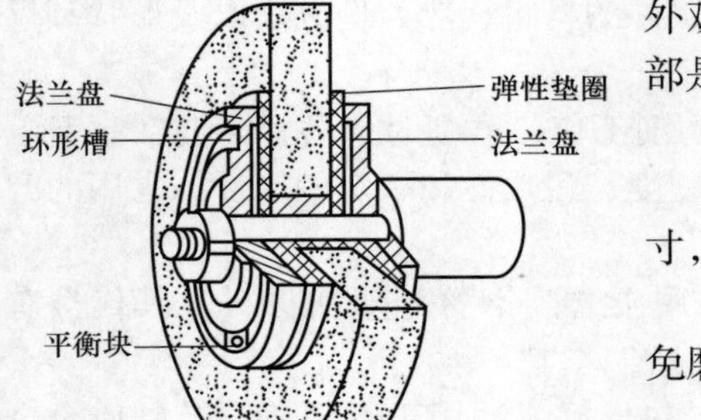

图7-4 砂轮安装

② 砂轮的安装和拆卸（图7-4）。

a. 安装砂轮前，核对所选砂轮的性能、形状和尺寸，同时检查砂轮是否有裂纹。

b. 砂轮孔与砂轮轴或法兰盘间应有一定的间隙，以免磨削时主轴受热膨胀而把砂轮胀裂。

c. 用法兰盘装夹砂轮时，两法兰盘的直径必须相等，其尺寸一般为砂轮直径的一半，不得小于砂轮直径的1/3。

d. 紧固砂轮法兰盘时，螺母不能拧得太紧，避免把砂轮压碎。

e. 拆装砂轮时，要注意螺母旋松的方向，不能搞错，避免把砂轮压碎。在磨床上顺着砂轮旋转的方向扳动螺母是旋松；反之，旋紧。

③ 为保证砂轮工作时状态平稳，不发生振动，一般直径在250mm以上的砂轮都要进行静平衡调整。如图7-5所示，具体方法如下：

a. 砂轮进行静平衡调整前，必须把砂轮法兰盘内孔、环形槽内、平衡块、平衡心轴和平衡架导轨等擦拭干净。

b. 平衡架的两根圆柱导轨应校正到水平位置，在砂轮进行静平衡试验时，平衡心轴轴线要与平衡架导轨轴线保持垂直。

c. 不断调整平衡块，直到将砂轮转到任意位置时，砂轮都能停住，则砂轮的静平衡完毕。

d. 安装新砂轮时，砂轮需要进行两次静平衡试验。

第一次粗平衡后装到磨床上，使用金刚石刀修整砂轮外圆和端面，之后将砂轮卸下后再进行第二次精平衡。

④ 砂轮常用金刚石笔进行修整，如图7-6所示。金刚石笔与水平面的安装倾角一般取10°左右，与端面的倾角一般取20°~30°，且低于砂轮中心1~2mm，这样可以减少修整时的振动，避免金刚石笔嵌入砂轮。修整砂轮时要用大量的冷却液，以冲掉脱落的碎粒，同时也可以避免金刚石笔因温度剧升而破裂。

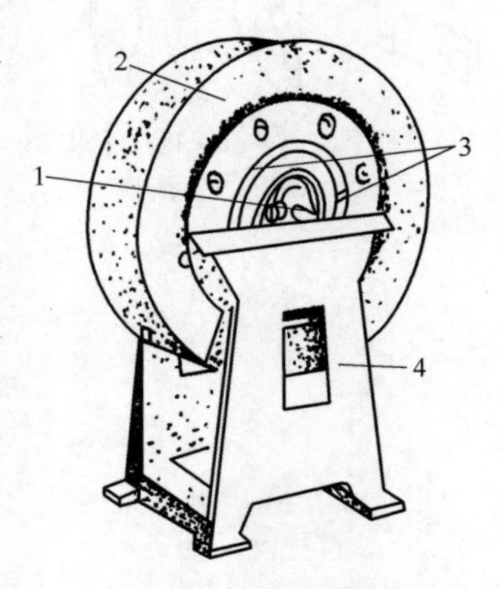

图7-5 砂轮的静平衡调整

1—心轴；2—砂轮；3—平衡块；4—平衡架

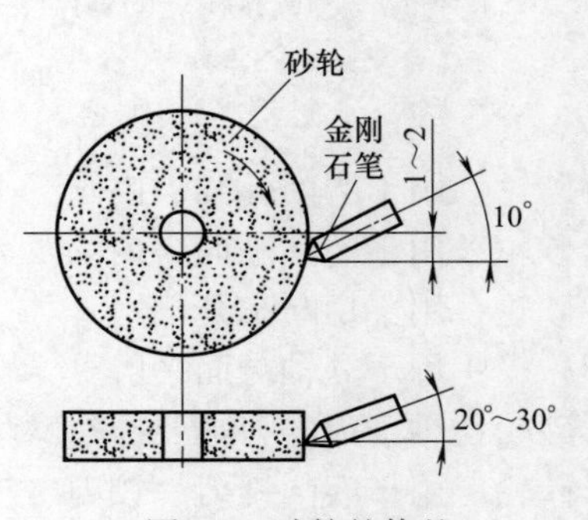

图7-6 砂轮的修整

（3）砂轮操作练习

① 识别各种类型的砂轮。

② 对平行砂轮进行静平衡调整。

③ 练习平行砂轮的安装和拆卸。

2. 磨削液

磨削时，除了要正确地选择砂轮、磨削条件和修整条件以外，磨削液及其供给方法的选择对于磨削的效果也有相当大的影响。

磨削液的作用：降低磨削温度，改善加工表面质量，延长砂轮使用寿命，提高磨削效率。从提高磨削效果来看，磨削液必须具备以下作用。

（1）冷却：通过切削液的热传导，降低磨削区的温度，从而避免工件烧伤、变形，提高工件精度。

（2）润滑：切削液能渗入到磨粒与工件的接触面之间，并粘附在金属表面上形成润滑膜，减少磨粒与工件间的摩擦，减小工件的表面粗糙度同时延长砂轮寿命。

（3）洗涤：将磨屑和脱落的磨粒冲洗掉，避免工件表面烧伤。

（4）防锈：在切削液中加入防锈添加剂，能在金属表面形成保护膜，避免工件、机床氧化，起到防锈作用。

除了以上作用外，磨削液还要求无毒、无臭，化学稳定性好，不刺激皮肤，不易腐败变质，不产生泡沫、废液，易处理与再生，避免污染环境等特性。

7.2.2　磨床

种类：主要有外圆磨床、内圆磨床、平面磨床、工具磨床、工具刃具磨床，此外还有专用磨床等。应用最普遍的磨床是万能外圆磨床和平面磨床。

1. 平面磨床

常用的平面磨床按其砂轮轴线的位置和工作台的结构特点，可分为卧轴矩台平面磨床、卧轴圆台平面磨床、立轴矩台平面磨床、立轴圆台平面磨床等几种类型，如图7-7所示。其中应用范围最广的是卧轴矩台平面磨床。

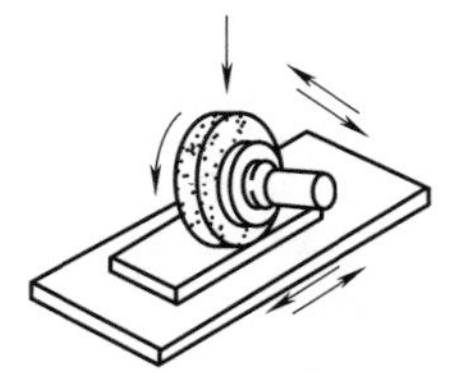
(a) 卧轴矩台平面磨床

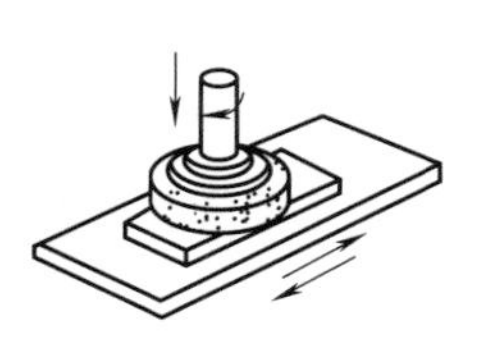
(b) 立轴矩台平面磨床

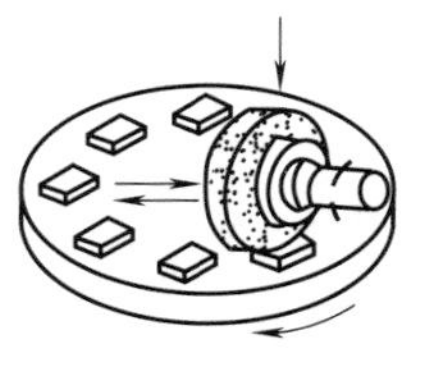
(c) 卧轴圆台平面磨床

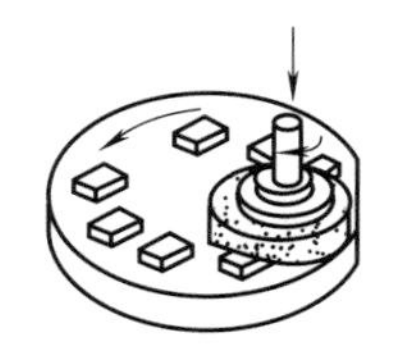
(d) 立轴圆台平面磨床

图7-7　平面磨床的几种类型及其磨削运动

（1）M7120A型平面磨床主要部件及功用　以图7-8为例进行介绍。

① 床身　床身的主要作用是支承磨床各部件。上面有水平导轨，作为工作台的移动导向。内部装有液压传动装置以及纵、横向进给机构。

② 工作台　工作台可在手动或液压传动系统的驱动下，沿水平导轨作纵向往复的进

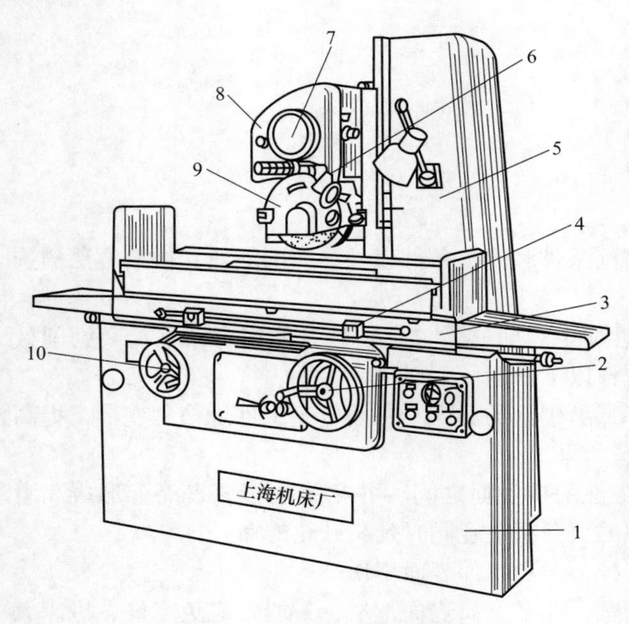

图7-8 M7120A型平面磨床

1—床身；2—升降手轮；3—工作台；4—撞块；5—立柱；6—砂轮修整器；7—横向手轮；8—拖板；9—磨头；10—纵向手轮

给运动。工作台上装有电磁吸盘，可用于装夹具有导磁性的工件，而对于不导磁的工件，可以利用夹具装夹。工作台的前侧有换向撞块，能自动控制工作台的往复运动的行程。

③ 砂轮架 砂轮架的砂轮主轴与电动机主轴直接连接，得到高速旋转运动（即磨削加工的主运动）。

④ 垂直进给机构 转动垂直进给手轮，可实现磨头的垂直进给。

⑤ 液压操纵部件 操纵磨床上的液压手柄和旋钮，可实现工作台的纵向和磨头的横向液压进给运动，同时还可以调节进给运动的速度。

⑥ 立柱 立柱用于支承滑座和砂轮架，其侧面有两条垂直导轨，转动升降手轮，滑座连同砂轮架会一起沿垂直导轨上下移动，以实现垂直进给运动。

⑦ 滑座 滑座的下部有燕尾形导轨与砂轮架相连，其内部有液压缸，用以驱动砂轮架作横向间歇进给运动或连续移动，也可以转动横向进给手轮从而实现手动进给。

（2）磨削形式 磨削平面的形式是根据磨削时砂轮工作表面的不同来进行划分的，有圆周磨削法和端面磨削法两种，如图7-9所示。

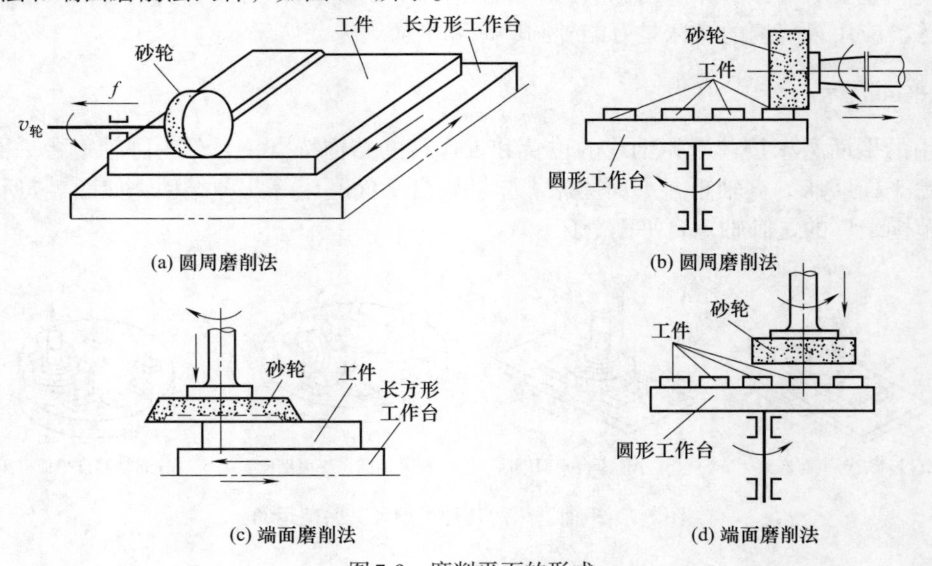

图7-9 磨削平面的形式

笔记

① 圆周磨削法 又称周边磨削法，指使用砂轮的圆周面来进行磨削加工。圆周磨削时，砂轮与工件接触面积小，故排屑和冷却条件好，工件发热量少。因此磨削易翘曲变形的薄片工件常用圆周磨削法进行加工以获得较好的加工质量，但这种加工方式磨削效率低，一

般用于精磨。

② 端面磨削法　指使用砂轮的端面来进行磨削加工。端面磨时，由于砂轮轴伸出较短，且主要是受轴向力，因此刚性较好，能采用较大的进给量。此外，加工时砂轮与工件接触面积大，磨削效率高，但发热量大，也不易排屑和冷却，所以加工质量较圆周磨削低，一般用于粗磨和半精磨。

（3）卧轴矩台平面磨床磨削平面的主要方法

① 横向磨削法　每当工作台纵向的行程终了时，砂轮主轴会作一次横向进给，直到工件表面上第一层金属磨去后，砂轮再按预选磨削深度作一次垂直进给，之后按上述过程逐层磨削，直到磨削余量全部切完。横向磨削法是最常用的磨削方法，适于磨削长而宽的平面，也适于相同小件按序排列，作集合磨削。

② 深度磨削法　先将粗磨余量一次磨去，粗磨时的纵向移动速度很慢，而横向进给量很大，为（3/4~4/5）B（B为砂轮厚度）；然后再用横向磨削法精磨。深度磨削法的垂直进给次数少，生产效率高，但加工时磨削抗力大，一般用于在刚性好、动力大的磨床上磨削平面尺寸较大的工件。

③ 阶梯磨削法　将砂轮厚度的前一半修成几个阶台，粗磨余量由这些阶台分别磨除，而砂轮厚度的后一半用于精磨。这种磨削方法生产效率高，但要注意磨削时横向进给量不能过大。使用阶梯磨削法时，磨削余量被分配在砂轮的各个阶台圆周面上，磨削负荷及磨损由各段圆周表面分担，故能充分发挥砂轮的磨削性能。但由于砂轮修整麻烦，其应用受到一定的限制。

（4）M7120A型平面磨床操作（图7-10）

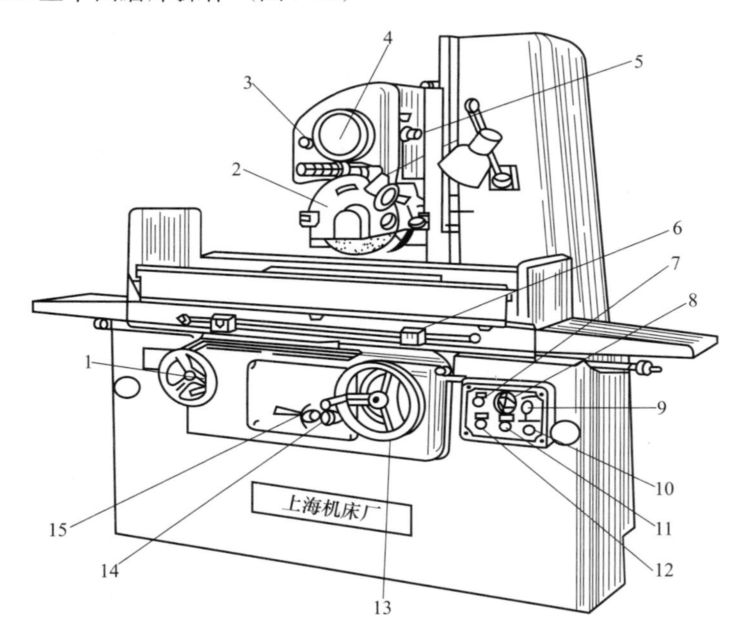

图7-10　M7120A型平面磨床操作示意图

1—纵向进给手轮；2—砂轮架；3—砂轮架换向手轮；4—砂轮架横向进给手轮；5—砂轮架润滑按钮；6—挡铁；7—电源显示；8—砂轮低速启动按钮；9—砂轮高速启动按钮；10—电磁吸盘工作状态选择开关；11—切削液开关；12—急停开关；13—垂直进给手轮；14—砂轮架液动进给旋钮；15—工作台启动调速手柄

① 润滑

a. 工作台润滑：启动液压泵，扳动工作台的调速手柄，使工作台由慢到快作直线往复

笔记

运动。

b. 砂轮架润滑：转动滑轮架润滑旋钮，使砂轮架由慢到快作直线往复运动。将工作台及砂轮架行程挡块调到最大位置。

② 砂轮的操作

a. 砂轮修整垂直进给，转动垂直进给手柄，手柄上的刻度每小格为0.005mm，每次进给0.01~0.02mm。

b. 在操作中出现意外时，要立即按急停按钮，将机床停机。

2. 外圆磨床

（1）M1432A型万能外圆磨床主要组成部分及作用　如图7-11所示。

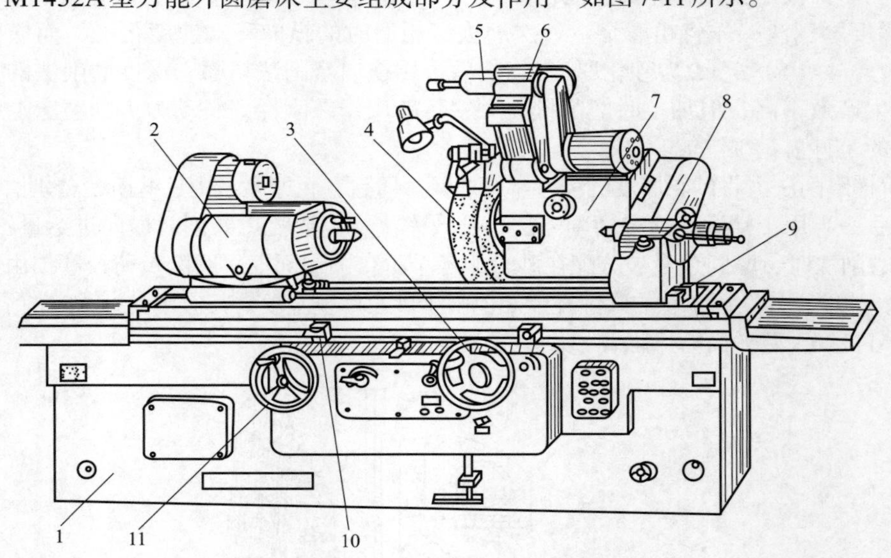

图7-11　M1432A型万能外圆磨床

1—床身；2—头架；3—横向进给手轮；4—砂轮；5—内圆磨具；6—支架；7—砂轮架；8—尾架；9—工作台；10—撞块；11—纵向进给手轮

① 床身：用以支承磨床其他部件。床身上有纵向导轨和横向导轨，分别作为磨床工作台和砂轮架的移动导向。

② 头架：头架主轴可与卡盘连接或安装顶尖，用来装夹工件。头架主轴由头架上的电动机经带传动、头架内的变速机构带动回转，实现工件的圆周进给，共有25~224r/min六级转速。头架可绕垂直轴线逆时针回转0°~90°。

③ 砂轮架：砂轮架用以支承砂轮主轴，它可沿床身横向导轨移动，实现砂轮的径向（横向）进给。砂轮的径向进给量可以通过手轮来手动调节。安装在主轴上的砂轮由一独立电动机通过带传动带动其回转，转速为1670r/min。砂轮架可绕垂直轴线回转-30°~+30°。

④ 工作台：工作台由上、下两层组成，上层可绕下层中心轴线在水平面内顺（逆）时针回转3°~6°，可使机床完成小锥角的长锥体工件的磨削加工。工作台上层安装有头架和尾座，工作台下层连同上层可一起沿床身纵向导轨移动，实现工件的纵向进给。纵向进给可通过手轮调节，其纵向进给运动由床身内的液压传动装置驱动。

⑤ 尾座：套筒内安装尾顶尖，用以支承工件另一端。后端装有弹簧，利用可调节的弹簧力顶紧工件，也可在长工件受磨削热影响而发生伸长或弯曲等形变时便于工件装卸。 装

卸工件时，可采用手动或液动的方式使尾座套筒缩回。

⑥ 内圆磨头：内圆磨头上装有内圆磨具，用来磨削内圆。由专门的电动机经平带带动其主轴高速回转（转速10000r/min以上），实现内圆磨削的主运动。不用时，将内圆磨头翻转到砂轮架上方，磨内圆时翻下。

M1432A型万能外圆磨床除了可以磨削外圆柱面和外圆锥面外，还可以磨削内圆柱面和内圆锥面等，应用很广泛。但刚度较低，生产率不太高，适用于单件、小批生产。

（2）外圆磨床的磨削方法　在外圆磨床上磨削外圆的方法有四种，如图7-12所示。

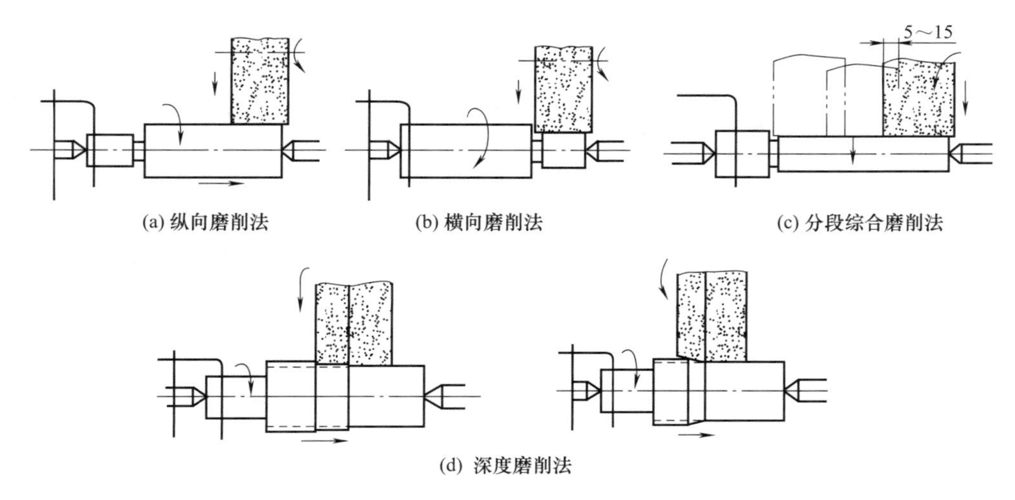

(a) 纵向磨削法　(b) 横向磨削法　(c) 分段综合磨削法

(d) 深度磨削法

图7-12　磨外圆的方法

① 纵向磨削法简称纵磨法　磨削时工件作圆周进给运动，同时随工作台作纵向进给运动，在每一纵向行程或往复行程结束后，砂轮作一次小量的横向进给。当工件磨削至最终尺寸时，无横向进给，纵向继续往复几次，至火花消失为止。纵磨时磨削深度小，磨削力小，磨削温度低，再加磨到最后又作几次无横向进给的光磨行程，能逐步消除由于机床、工件、夹具弹性变形而产生的误差，所以磨削精度较高。

纵向磨削法是最通用的一种磨削方法，其特点是可用同一砂轮磨削长度不同的工件，且加工质量好。在单件小批量生产以及精磨时被广泛使用。

笔记

② 横向磨削法　磨削时工件无纵向进给运动，采用一只比工件需要磨削的表面宽（或等宽）的砂轮连续地或间断地向工件作横向进给运动，直至磨掉全部加工余量，此法又称径向磨削法或切入磨法。横向磨削法生产率高，但由于工件相对砂轮无纵向进给运动，相当于成形磨削，砂轮的形状误差会直接影响工件的形状精度；另外，砂轮与工件的接触宽度大，磨削力大，磨削温度高，因此砂轮要勤修整，切削液供应要充分，工件刚度要好。

横向磨削法主要用于磨削短外圆表面、阶梯轴的轴颈和粗磨等。

③ 分段综合磨削法　分段综合磨削法是纵向磨削法和横向磨削法的综合应用。先在工件磨削表面的全长上分成几段进行横磨，相邻两段间有5~15mm重叠，每段都留下0.01~0.03mm的精磨余量，然后用纵向磨削法将它磨去。

这种磨削方法综合了横向磨削法生产率高、纵向磨削法精度高的优点。当工件磨削余量较大，加工表面的长度为砂轮宽度的2~3倍，而一边或二边又有台阶时，采用此法最为合适。

④ 深度磨削法　深度磨削法的特点是将全部磨削余量在一次纵向走刀中磨去。砂轮一

端外缘修成锥形或阶梯形，磨削时工件的圆周进给和纵向进给速度都很慢，最后再以无横向进给作纵向往复几次至火花消失为止，以获得较细的表面粗糙度。修整砂轮时，最大直径的外圆要修整得精细，因为它起精磨作用。

深度磨削法的生产率约比纵向磨削法高1倍，磨削力大，工件刚度及装夹刚度要求要好。同时修整砂轮较复杂，只适合大批量生产，磨削允许砂轮越出被加工面两端较大距离的工件。

（3）M1432A型万能外圆磨床操作练习（图7-13）

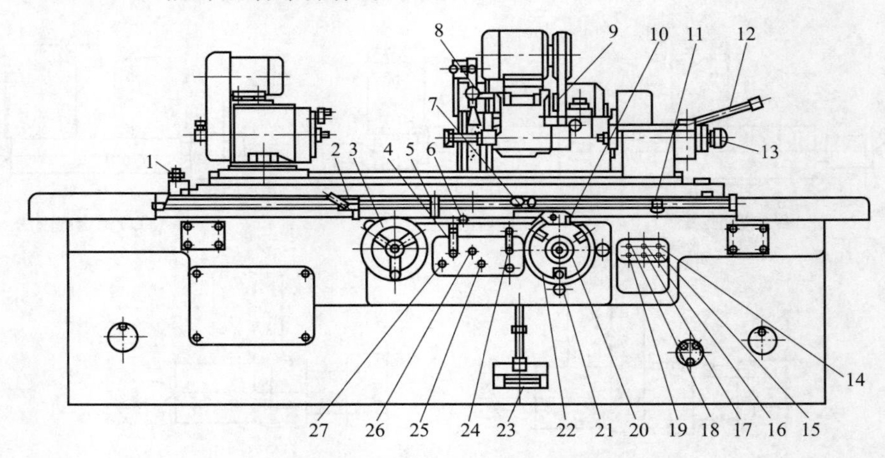

图7-13 M1432A型万能外圆磨床操作系统

1—放气阀；2—工作台换向挡块（左）；3—工作台纵向进给手轮；4—上工作台液压传动开停手柄；5—工作台换向杠杆；6—头架点转按钮；7—工作台换向挡块（右）；8—冷却液开关手把；9—内圆磨具支架非工作位置定位手柄；10—砂轮架横向进给定位块；11—调整工作台角度用螺杆；12—移动尾架套筒用手柄；13—工件顶紧压力调节捏手；14—砂轮电动机停止按钮；15—冷却泵电动机开停选择旋钮；16—砂轮电动机启动按钮；17—头架电动机旋钮；18—电器总停按钮；19—油泵启动按钮；20—砂轮磨损补偿旋钮；21—粗细进给选择拉杆；22—砂轮架横向进给手轮；23—脚踏板；24—砂轮架快速进退手柄；25—工作台换向停留时间调节旋钮（右）；26—工作台速度调节旋钮；27—工作台换向停留时间调节旋钮（左）

① 停车练习

a. 手动工作台纵向往复运动　顺时针转动工作台纵向进给手轮3，此时工作台会向右移动，反之工作台向左移动。

b. 手动砂轮架横向进给移动　顺时针转动砂轮架横向进给手轮22，此时砂轮架会带动砂轮移向工件，反之砂轮架向后退回远离工件。当粗细进给选择拉杆21推进时为粗进给，手轮22每转过1周时砂轮架移动2mm；当拉杆21拔出时为细进给，手轮22每转过1周时砂轮架移动0.5mm，同时为了补偿砂轮的磨损，可将砂轮磨损补偿旋钮20拔出，并顺时针转动，此时手轮22不动，然后将砂轮磨损补偿旋钮20推入，再转动手轮22，使其行程撞块碰到砂轮架横向进给定位块10为止，即可得到一定量的行程进给（横向进给补偿量）。

② 开车练习

a. 砂轮的转动和停止　按下砂轮电动机启动按钮16，此时砂轮旋转，按下砂轮电动机停止按钮14，此时砂轮停止转动。

b. 头架主轴的转动和停止　当头架电动机旋钮17处于慢转位置时，头架主轴慢转；当其处于快转位置时，头架主轴处于快转；当其处于停止位置时，头架主轴停止转动。

c. 工作台的往复运动　按下油泵启动按钮19，油泵启动并向液压系统供油。扳转工作台液压传动开停手柄4使其处于开位置时，工作台开始纵向移动。当工作台向右移动终了时，工作台换向挡块（左）2碰撞工作台换向杠杆5，使工作台换向向左移动。当工作台向左移动终了时，同样，工作台换向挡块（右）7碰撞工作台换向杠杆5，使工作台又换向向右移动。这样循环往复就实现了工作台的往复运动。调整挡块2与7的位置可调整工作台的行程长度，转动工作台速度调节旋钮26可改变工作台的运行速度，转动工作台换向停留时间调节旋钮25或27可改变工作台行至最右端和最左端时的停留时间。

d. 砂轮架的横向快退或快进　转动砂轮架快速进退手柄24，可压紧行程开关使油泵启动，同时改变了换向阀阀芯的位置，使砂轮架能够横向快速移近工件或快速退离工件。

e. 尾座顶尖的运动　脚踩脚踏板23时，接通液压传动系统，使尾座顶尖缩进；松开脚踏板23时，断开液压传动系统，使尾座顶尖伸出。

③ 磨削外圆的操作要点

a. 启动砂轮要点动，然后逐步进入高速旋转状态。

b. 对接触点要细心，砂轮必须慢慢靠近工件。

c. 精磨前一般要对砂轮进行修整。

d. 磨削过程中，工件的温度会有所提高，所以测量时应考虑热膨胀对工件尺寸的影响。

3. 内圆磨床

（1）M2110型内圆磨床的组成　如图7-14所示。

（2）M2110型内圆磨床的操纵和调整　如图7-15所示。

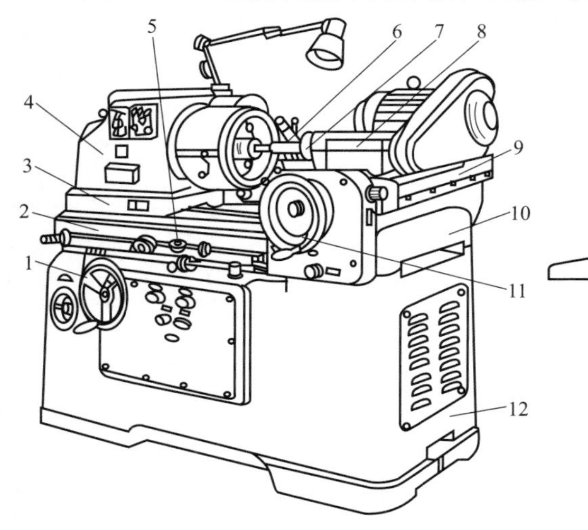

图7-14　M2110型内圆磨床结构

1,11—手轮；2—工作台；3—底板；4—床头箱；5—撞块；6—砂轮修整器；7—内圆磨具；8—磨具架；9—拖板；10—桥板；12—床身

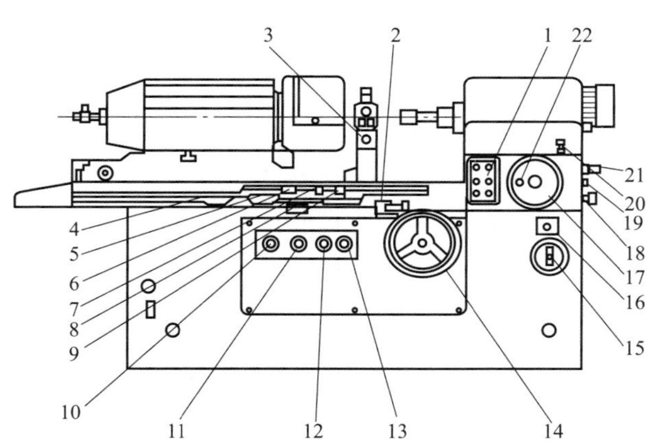

图7-15　M2110型内圆磨床操作示意图

1—电器操作板；2—换向手柄；3—修整器回转头；4—行程压板；5—中停压板；6—微调挡铁；7—反向挡铁路；8—行程阀；9—修正挡铁；10—开停旋钮；11—动作旋；12—速度旋钮；13—修整速度旋钮；14,17—手轮；15—电源开关；16—转速开关；18—移动旋钮；19—挡销；20—顶杆；21—手柄；22—螺母

① 工作台的操纵和调整

a. 工作台的启动　按动电器操纵板上的液压泵启动按钮，使机床液压油路正常工作。将工作台开停旋钮10旋到“开”位置，同时将工作换向手柄向上抬起，工作台启动阀被压下，工作台快速引进，之后把手松开，启动阀借弹簧力作用而弹起，工作台停止。

笔记

b. 工作台在磨削位置时挡铁距离的调整和运动速度的调整　调整行程压板4的位置，使砂轮进入工件孔之前，行程压板到达行程阀8的位置，将行程阀压下，工作台迅速转入磨削运动速度。然后调整工作台往复微调挡铁6和工作台返回挡铁7的位置，使工作台在工件全长磨削范围内来回往复运动。调节工作台磨削速度旋钮12，使工作台运动速度处于磨削所需要的速度。

c. 工作台在修整砂轮位置时挡铁距离和运动速度的调整　将动作选择按钮11从磨削位置转到修整位置，此时砂轮修整器回转头3迅速压下，工作台的速度从磨削速度迅速调整至修整速度。调整修整挡铁9的位置，使工作台在金刚石笔修整砂轮的距离内来回往复运动。调节工作台修整速度旋钮13，使工作台运动速度处于修整时所需要的速度。

d. 工作台快速进退位置的调整　将工作台换向手柄2向上抬起，使换向挡铁越过手柄，行程压板离开行程阀，行程阀弹起，工作台就会快速退出。当中停压板5移到行程阀位置时，行程阀被压下，工作台就停止运动。可摇动手轮14进行手动调整工作台。

② 主速箱的操纵和调整　使用工件转速开关16，让主轴箱电动机在高速或低速的位置上工作。将旋钮转到位置“1”时，主轴箱主轴处于试转状态；将旋钮转到位置“0”时，主轴箱主轴停止转动；旋钮转到位置“Ⅱ”时，主轴箱主轴处于工作状态。

③ 砂轮横向进给的操作调整　砂轮的手动进给由手轮17实现，同时手柄21作微量进给。将转动旋钮18旋至“开”的位置，砂轮作自动进给。调整顶杆20上下行程，可控制进给量的大小。横向进给量每格为0.005mm，转一圈为1.25mm。

（3）磨削内孔的方法

① 内孔磨削一般采用纵向磨削法和切入磨削法两种方法，如图7-16所示。砂轮在工件孔的磨削位置有前面接触和后面接触两种，如图7-17所示。一般在万能外圆磨床上可采用前面接触，在内圆磨床上采用后面接触。

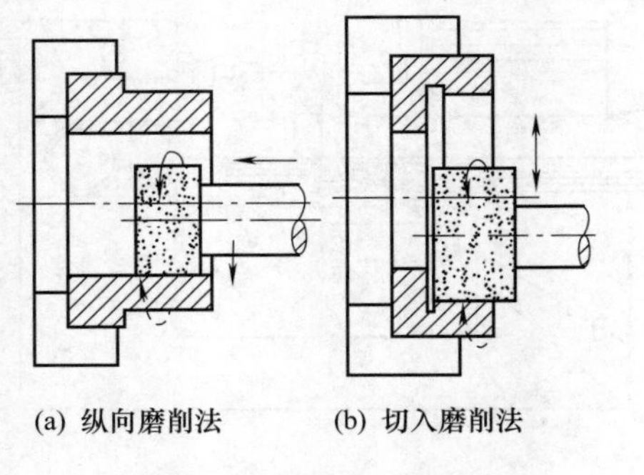
(a) 纵向磨削法　(b) 切入磨削法

图7-16　磨内孔的方法

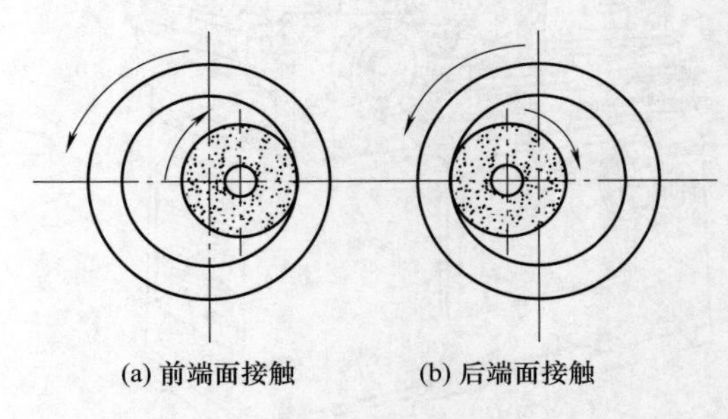
(a) 前端面接触　(b) 后端面接触

图7-17　砂轮在工件孔中的磨削位置

a. 纵向磨削法。与外圆的纵向磨削法相同，主运动是砂轮的高速回转运动；而工件与砂轮回转方向相反的低速回转完成圆周进给运动；工作台沿被加工孔的轴线方向作往复移动完成工件的纵向进给运动；在每一次往复行程终了时，砂轮沿工件径向横向进给。

b. 横向磨削法。磨削时，工件只作圆周进给运动，砂轮的回转运动作为主运动，同时砂轮以很慢的速度连续或断续地向工件作横向进给运动，直至孔径磨到规定尺寸。

② 与磨外圆相比，磨内圆有如下特点：

a. 砂轮与砂轮轴的直径都受到工件孔径的限制，因此，一方面磨削速度难以提高，另一方面磨具刚性较差，容易产生振动，影响加工质量和磨削生产率。

b. 砂轮容易堵塞、磨钝，磨削时不易观察，且冷却条件差。

7.2.3 磨床的维护和保养

首先要做好以下一些日常的维护、保养工作：

（1）对照机床使用说明书，了解磨床的性能、规格及各操纵手柄的功用和操作要求，特别应重视使用说明和注意事项等部分。

（2）开动磨床前，应根据加工要求正确调整机床，同时检查各运动部件移动是否轻便、灵活。

（3）在工作台面上调整头架和尾座位置时，必须先将台面与头架、尾座的接缝处擦拭干净，并涂上一层润滑油后才能移动位置。

（4）装卸较大或较重的工件时，应在工作台面上垫放木板，避免碰伤工作台面。

（5）选择磨削用量时，要考虑机床的加工能力，不能采用过大的进给量，严禁超负荷磨削。

（6）在磨削过程中，必须注意砂轮主轴轴承的温度，如发现温度过高，应立即停车检查。

（7）离开磨床时必须停车，以免发生故障。

（8）工作完毕后必须清除磨床上的磨屑和残留冷却液，将工作台面、外露导轨面等仔细擦干净，然后涂上一薄层润滑油。

（9）要经常擦去机床外壳上的灰尘、污垢等，保持机床外表整洁，保护好油漆面。

（10）必须注意对磨床各附件的保养，以免锈蚀或缺损。

除了日常维护、保养外，还要定期作全面的维护和保养。当累计运行500h后，要进行一次以操作者为主，维修人员为辅的一级保养。即对机床进行局部解体和检查，清洗所规定的部位，疏通油路，调整各部位的配合间隙等。当累计运行2500h后，要进行一次以维修人员为主，操作者为辅的二级保养。主要是对机床进行部分解体和检查修理，局部恢复失去的精度。

7.3 磨削加工基本操作规范

磨床的工作过程中，由于砂轮的线速度很高（35m/s以上），使得磨床的安全操作显得更为重要。磨床操作者必须从思想上高度重视安全生产，不得违背安全操作规程，同时应具备一定的安全生产知识。操作磨床时，应当注意以下几点：

笔记

（1）工作时应按规定的要求穿着工作服，女工要戴工作帽。

（2）必须正确安装和紧固砂轮，新砂轮安装前应检查有无裂纹并经平衡后才能使用。应校核砂轮安全线速度的标记，即工作时的线速度不允许超过砂轮的安全线速度。

（3）树脂与橡胶结合剂砂轮，存放期为一年，超过者未经重新检验，不能使用。

（4）各种磨床的砂轮必须装有防护罩，不得在无防护罩的情况下进行磨削。

（5）磨削前砂轮要经过2min的空转试验，启动砂轮时，操作人员不得站在砂轮的正面。

（6）磨削前应仔细检查工件装夹是否正确、牢靠，当使用顶尖装夹工件时，尾架套筒的压力要适宜；当使磁性工作台装夹工件时，要检查磁性工作台的吸力是否充分可靠，在磨削窄而高的工件时，工件的前后应放置挡铁。

（7）开车前必须调整好换向挡块的位置并将其紧固。工作台自动进给时，要避免砂轮与工件轴肩、夹头或卡盘相撞。

（8）磨削时，必须在砂轮和工件起动后才能吃刀；停车时，砂轮要先退刀，再停车，否则容易挤碎砂轮、损坏机床并易使工件报废。

（9）使用外圆磨床加工时，若要测量工件尺寸，应先将砂轮架快速退出再进行测量，以防砂轮伤手或损坏量具。

（10）磨削间断表面时，进给量不得过大，避免工件飞出伤人。

（11）禁止在无心磨床上磨削弯曲的工件；禁止用一般砂轮的端面磨削较宽的平面。

（12）工件磨削完毕后，必须将工件退到安全位置后才能拆、装工件。

（13）工作结束或告一段落时，应将磨床有关操纵手柄置于“空挡”位置上，以免下次开车时部件突然运动而发生事故。

（14）采用干磨的磨床，必须配置吸尘设备，工作时要戴口罩；进行砂轮修整时，最好戴上防护眼镜。

（15）操作磨床时必须精力集中，不允许离开机床或做任何违章操作。

（16）磨床上所有的外露旋转部分，如传动带传动部件等，都必须装设防护罩。

（17）注意安全用电，不得任意打开电气盒、电器箱或电气柜等电气设备，工作中如出现电器故障，应立即停车，并通知电工进行检查修理。

（18）注意防火，保持工作场地整洁有序，文明生产。

7.4 综合训练

7.4.1 磨平面

1. 任务书

在M7120A型卧轴矩台平面磨床上加工四方体（图7-18），毛坯尺寸为：320mm×32.2mm×120mm。

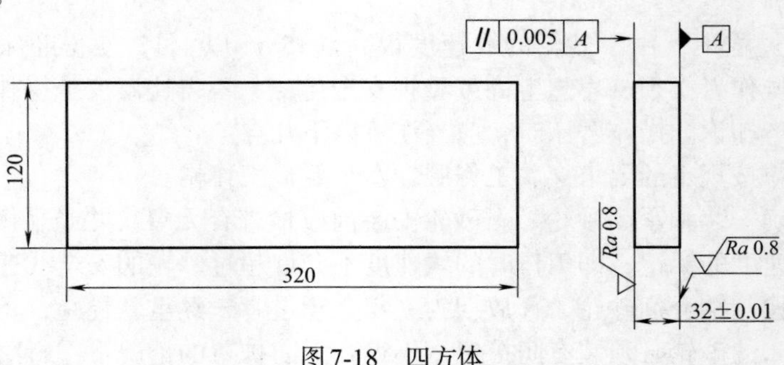

图7-18 四方体

2. 知识点和技能点

知识点：

（1）砂轮、量具、夹具的选用；

（2）平面磨削的加工步骤；

（3）磨削用量的选择。

技能点：

（1）砂轮的安装及修整；

（2）工件的装夹及对刀；

（3）磨削用量的选择，机床的调整及使用；

（4）工件的测量。

3. 任务说明

该零件的加工步骤：选择砂轮→装夹工件（平行面磨削选时用工作台吸附磨削；垂直面磨削可使用精密平口钳装夹）→选择切削用量并调整机床→确定磨削工艺→粗加工→精加工→测量工件。

这里采用横向加工法加工工件。

4. 任务实施

（1）砂轮选择　选用型号为P 300 × 40 × 127 WA 46 K 5 V 30的砂轮。

（2）工件的装夹方法　平行面磨削时用电磁吸盘（图7-19）吸附磨削；垂直面磨削用精密平口钳装夹（图7-20）。

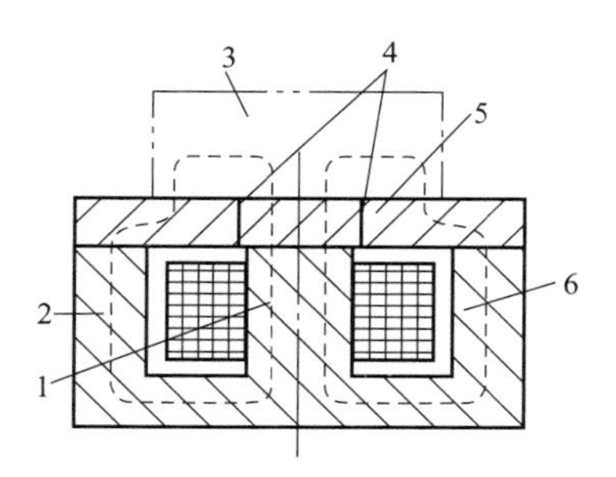

图7-19　电磁吸盘

1—芯体；2—吸盘体；3—工件；4—磁层；5—钢盖板；6—线圈

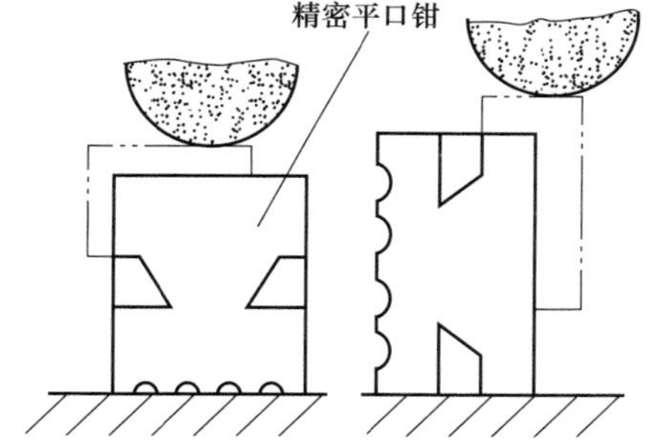

图7-20　用精密平口钳夹磨削垂直平面

（3）切削用量的选择

① 粗磨时切削用量的选择　横向进给量v=30~35m/s，f=(0.1~0.48)B/双行程（B为砂轮宽度），背吃刀量（垂直进给量）a_p=0.015~0.04mm。

② 精磨时切削用量的选择　v=30~35m/s，f=(0.05~0.1)B/双行程，a_p=0.005~0.01mm。

（4）切削的工艺过程　见表7-1。

笔记

表7-1　平面加工工艺过程

工序号	工 序 简 图	工 序 内 容	注 意 事 项
1	Ra 0.8 32±0.10 Ra 0.8	粗磨	磨前将吸盘台面以及工件的毛刺、氧化层清除干净

续表

工序号	工序简图	工序内容	注意事项
2	Ra 0.8；32±0.05；Ra 0.8	半精磨	为防止工件受热变形，需要多次翻转工件
3	Ra 0.8；32±0.01；Ra 0.8	精磨	为使工件精度达标，需多进行几次光磨

（5）评分标准　见表7-2。

表7-2　评分标准

序号	操作内容与要求	分值	评分细则	实测记录	得分
1	砂轮的安装及修整	10	安装5分，修整5分		
2	工件的装夹	15	夹具的选用5分，工件安装4分，校正6分		
3	切削用量选择	10	粗磨切削用量选择5分，精磨切削用量选择5分		
4	机床调整	10	工作台调整5分，砂轮架调整5分		
5	磨平面	30	挡铁距离的调整15分，运动速度的调整15分		
6	工件质量检测	20	尺寸10分，粗糙度10分		
7	安全文明操作	5	穿工作服，无违规现象		

笔记

7.4.2　磨外圆柱面

1. 任务书

使用M1432A型万能外圆磨床加工如图7-21所示工件。

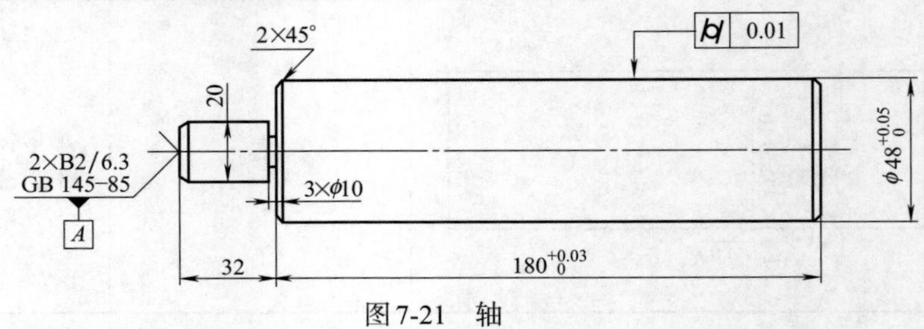

图7-21　轴

2. 知识点和技能点

知识点：

（1）砂轮、量具、夹具的选用；

（2）外圆磨削的加工步骤；

（3）磨削用量的选择。

技能点：

（1）砂轮的安装及修整；

（2）工件的装夹及对刀；

（3）磨削用量的选择；

（4）工件的测量。

3. 任务说明

如图7-21所示零件的主要特征为简单的光轴。工件材料为45钢，经热处理淬火至40HRC，而工件直径尺寸的公差等级为IT6，其表面粗糙度*Ra*值为0.4μm。圆柱度公差为0.01mm。

该零件的加工步骤：选择砂轮→装夹工件及砂轮→选择切削用量并调整机床→确定磨削工艺→粗加工→精加工→测量工件。

采用纵向磨削法加工零件。

4. 任务实施

（1）砂轮的选择 选用型号为I-A F60 M 6 V的砂轮。

（2）工件的装夹方法 磨外圆时常用的工件装夹方法有：双顶尖装夹（如图7-22所示）、三爪自定心卡盘装夹（没有中心孔的圆柱形工件）和四爪单动卡盘装夹（外形不规则的工件）等。

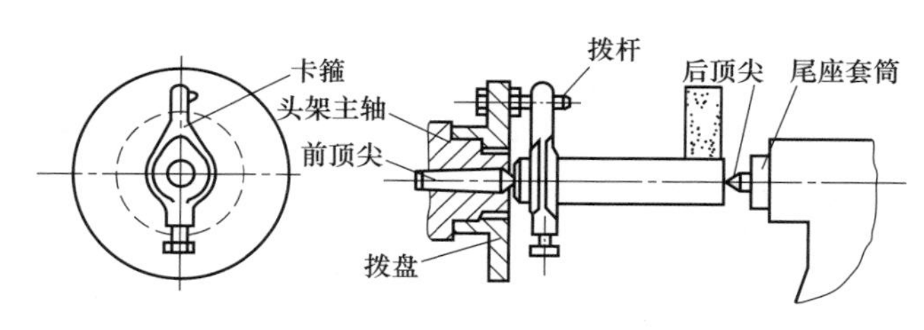

图7-22 双顶尖装夹工件

① 用前、后顶尖装夹：磨床上采用的前、后顶尖都是死顶尖，这样，头架旋转部分的偏摆就不会反映到工件上来，用双顶尖装夹工件时，由于磨床的前、后顶尖固定不动，而尾座顶尖又是依靠弹簧来顶紧工件，使工件与顶尖始终保持适当的松紧程度，这样可以避免磨削时因顶尖摆动而影响工件的精度。使用双顶尖装夹工件的方法，定位精度高，装夹工件方便， 应用最为普遍。

带动工件旋转的夹头，常用的有圆环夹头、鸡心夹头、对合夹头和自动夹紧夹头四种，如图7-23所示。

② 用心轴装夹：在磨削套筒类零件时，常以其内孔作为工件的定位基准，装夹时可把零件套在心轴上，再将心轴装夹在磨床的前、后顶尖上。常用的心轴有锥形心轴、带台肩圆

笔记

柱心轴、带台肩可胀心轴等，如图7-24所示。

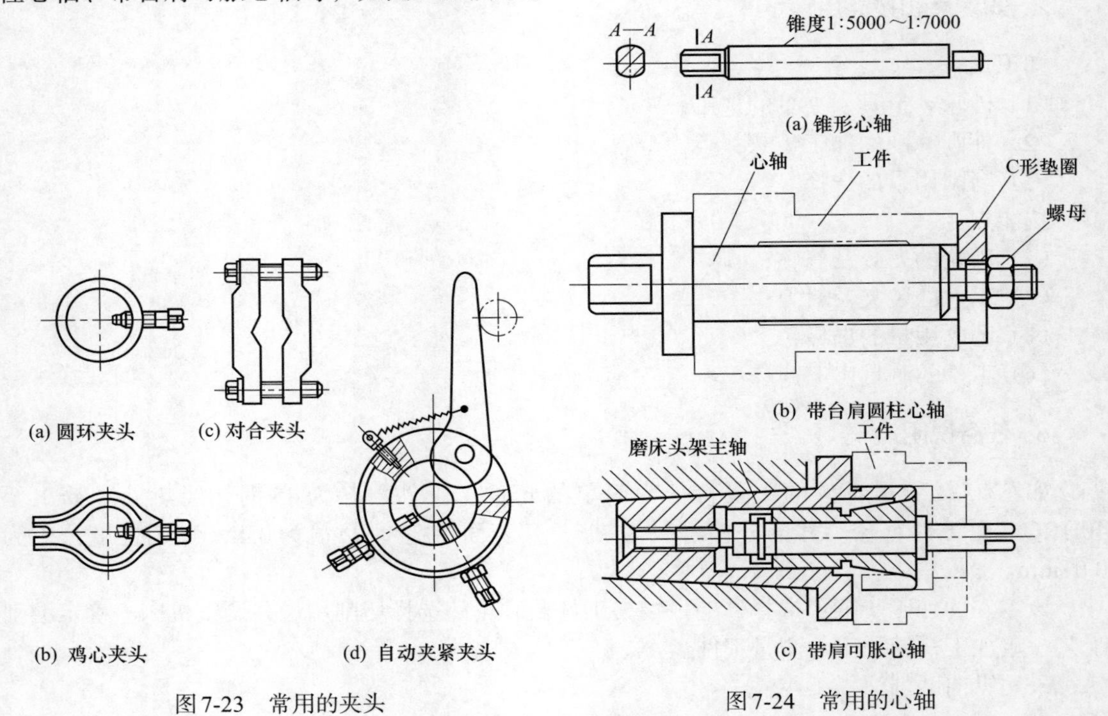

图7-23 常用的夹头

图7-24 常用的心轴

③ 用三爪自定心卡盘或四爪单动卡盘装夹：磨削端面上不能打中心孔的短工件时，可使用三爪自定心卡盘或四爪单动卡盘装夹。四爪单动卡盘特别适用于夹持表面不规则的工件。

④ 用卡盘和顶尖装：当工件较长，只能一端能打中心孔时，可将其一端用卡盘夹持，而另一端用顶尖固定从而夹紧工件。

（3）切削用量的选择　粗磨时，v_s=30~35m/s；n_w=100~180r/min，v_w=13~26m/min，（磨削淬火钢 v_w 大于 26m/min，磨削铸件 v_w=20~70m/min）；f_a=（0.4~0.85） Bmm；f_r=0.02~0.03mm；a_p=0.01~0.025mm。B为砂轮宽度。

精磨时，表面粗糙度 Ra=0.8μm；v_s=30~35m/s；n_w=100~180r/min，f_a=（0.2~0.4）Bmm；f_r=0.02~0.03mm；a_p=0.005~0.015mm。

（4）切削的工艺过程（磨削方法见“磨床操作练习　外圆磨床的磨削方法”）见表7-3。

表7-3　外圆加工工艺过程

工序号	工 序 简 图	工序内容	注 意 事 项
1	$\phi48^{+0.35}_{+0.20}$	粗磨	①砂轮修磨后要后退，以免撞击工件；②对刀时，砂轮接近工件的速度要先快后慢，特别是靠近工件时速度要慢
2	$\phi48^{+0.20}_{+0.10}$	半精磨	用外径千分尺测量是否有锥度
3	$\phi48^{+0.05}_{0}$	精磨	①砂轮修磨后要后退，以免撞击工件；②头架主轴转速调到高挡；③光磨直到无火红

（5）评分标准　见表7-4。

表7-4　评分标准

序号	操作内容与要求	分值	评分细则	实测记录	得分
1	砂轮的安装及修整	10	安装5分，修整5分		
2	工件的装夹	15	夹具的选用5分，工件安装4分，工件校正6分		
3	切削用量选择	10	粗磨切削用量选择5分，精磨切削用量选择5分		
4	机床调整	10	工作台调整5分，砂轮架调整5分		
5	对刀方法	10	操作是否正确		
6	磨内孔	20	挡铁距离的调整10分，运动速度的调整10分		
7	工件质量检测	20	尺寸10分，粗糙度10分		
8	安全文明操作	5	穿工作服，无违规现象		

（6）工件的尺寸测量

① 圆柱度的两点测量法　使用外径千分尺测量轴的同一截面的轮廓圆周上2~3个位置的直径，再按上述同样方法分别测量2~3个不同截面的直径，取各截面内测得的所有读数中最大与最小读数差值作为该轴的圆柱度误差。

② 径向圆跳动的测量方法　测量时先在工作台上安放一个测量平板，然后将百分表架放在测量平板上，使百分表量杆与被测工件轴线垂直，并使测头位于工件圆周最高点上，转动工件，读取百分表的偏摆范围即工件的径向圆跳动误差。

③ 表面粗糙度的测量　工件的表面粗糙度可用目测，用表面粗糙度样块以比较法测量。检验时把样块靠近工件表面，用肉眼观察比较。

7.4.3 磨内圆柱面

1. 任务书

使用M2110型内圆磨床磨削如图7-25所示工件。

笔记

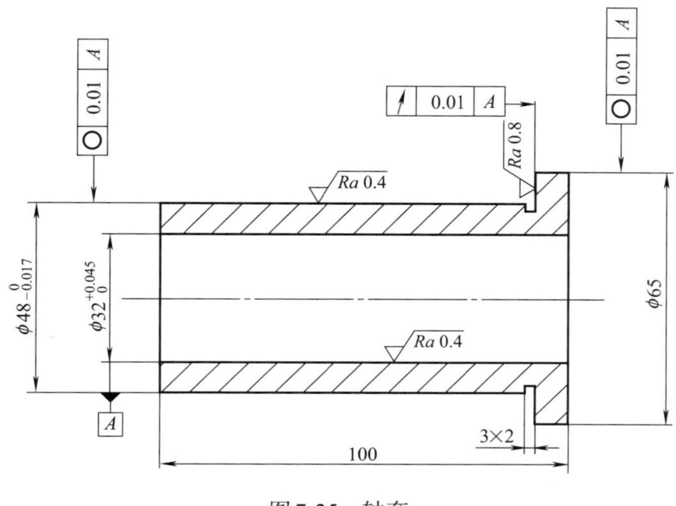

图7-25　轴套

2. 知识点和技能点

知识点：

（1）砂轮、量具、夹具的选用。

（2）内圆磨削的加工步骤。

（3）磨削用量的选择。

技能点：

（1）砂轮的安装及修整。

（2）工件的装夹及对刀。

（3）磨削用量的选择。

（4）工件的测量。

3. 任务说明

如图7-25所示零件为通孔套，其材料为45调质钢，需要加工的尺寸是$\phi30^{+0.045}_{0}$。要求与端面互相垂直。为了达到位置精度的要求，装夹一次完成；为了保证孔的加工精度，分粗、精磨削。

该零件的加工步骤：选择砂轮→ 装夹工件及砂轮→选择切削用量并调整机床→确定磨削工艺→粗加工→精加工→测量工件。

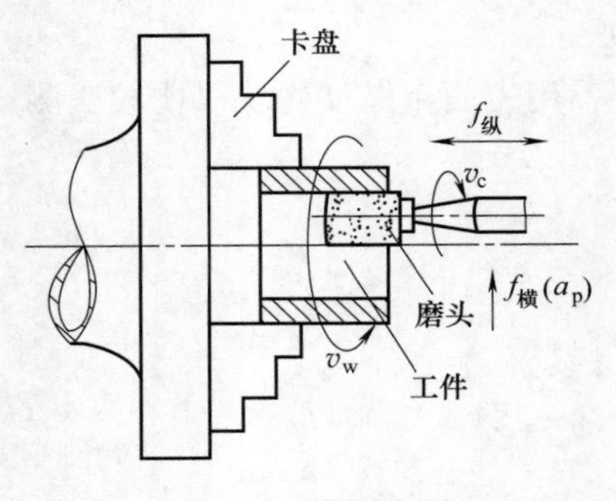

图7-26 磨削内圆

4. 任务实施

（1）砂轮的选择 选用型号为PDA25×8×6的砂轮。

（2）工件的装夹方法 磨削内圆时，一般以工件的外圆和端面作为其定位基准，通常使用三爪自定心或四爪单动卡盘装夹工件，如图7-26、图7-27所示。

（3）机床的调整和切削用量的选择

① 粗磨时v_0=20~30m/min，v_w=15~25m/min，a_p=0.005~0.002mm，f=1.5~2.5m/min。

② 精磨时a_p=0.005~0.01mm，f=0.5~1.5m/min。

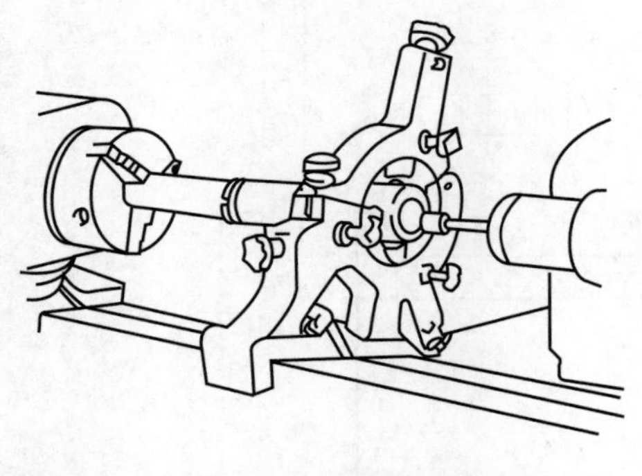

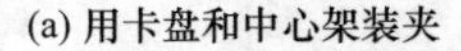

(a) 用卡盘和中心架装夹

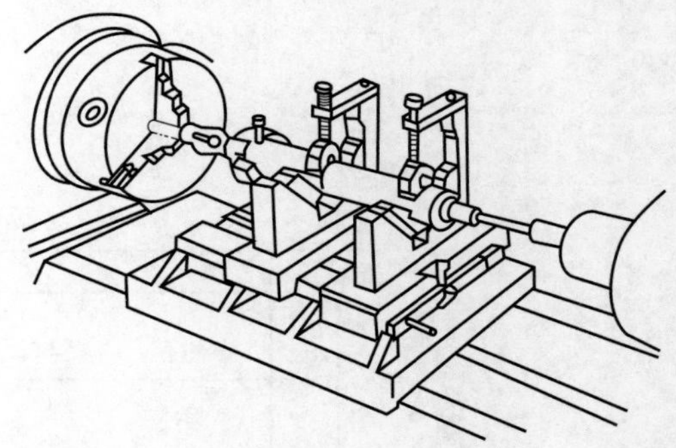

(b) 用V形夹具装

图7-27 工件磨内孔时的装夹方法

（4）切削的工艺过程 见表7-5。

（5）评分标准　见表7-6。

（6）工件的检测

① 根据被测孔径的大小正确选择可换测头，将可换测头装入量脚并用螺母固定。

② 将百分表装入量杆，并使百分表预压0.3~1mm，拧紧百分表的紧定螺母。

③ 将外径千分尺调节至被测量孔的最大极限尺寸，并锁紧，之后将内径百分表测头置于外径千分尺的两测量面之间，摆动内径百分表，找到最小值，此时，将百分表指针调制零位。

表7-5　通孔加工工艺过程

工序号	工 序 简 图	工序内容	注 意 事 项
1	$\phi 32^{+0.30}_{+0.25}$	粗磨内圆	砂轮在孔两端超越量取砂轮宽度的1/3~1/2
2	$\phi 32^{+0.10}_{+0.06}$	半精磨	精磨用内径百分表测量是否有锥度
3	$\phi 32^{+0.045}_{0}$	精磨	光磨至尺寸要求

表7-6　评分标准

序号	操作内容与要求	分值	评 分 细 则	实测记录	得分
1	砂轮的安装及修整	10	安装5分,修整5分		
2	工件的装夹	15	夹具的选用5分,工件安装4分,校正6分		
3	切削用量选择	10	粗磨切削用量选择5分,精磨切削用量选择5分		
4	机床调整	10	工作台调整5分,砂轮架调整5分		
5	对刀方法	10	操作是否正确		
6	磨内孔	20	挡铁距离的调整10分,运动速度的调整10分		
7	工件质量检测	20	尺寸10分,粗糙度10分		
8	安全文明操作	5	穿工作服,无违规现象		

笔记

④ 将调整好的内径百分表测头置于被测孔内，在孔的纵截面内往复摆动测量杆，观察内径百分表指针的摆动情况，读出百分表的最小数值。

⑤ 在孔的上、中、下三个截面内，互相垂直的两个方向上，测六个点。

注意事项：

① 让工件冷却至室温时方可测量，避免工件热膨胀冷缩影响测量的准确度。

② 使用内径百分表时，百分表的“切入”数值不要太大，特别是精度高的工作。测量时要摇摆标杆，找出工件的最高点，才能获得工件的实际尺寸。

③ 应经常用标尺校验百分表的零位是否准确，不要因为表的零位“移动”，造成测量误差，而使工件报废。

7.5 任务实操

任务1 磨薄衬板

图7-28为一薄衬板工件，材料T10A，热处理淬硬58~62HRC，厚度为12mm±0.01mm，宽为60mm±0.01mm，厚与宽的平行度公差均为0.01mm，长为160mm±0.01mm，两端面及厚度两面对基准A面的垂直度公差均为0.01mm，所有加工面的表面粗糙度均为Ra0.8μm。

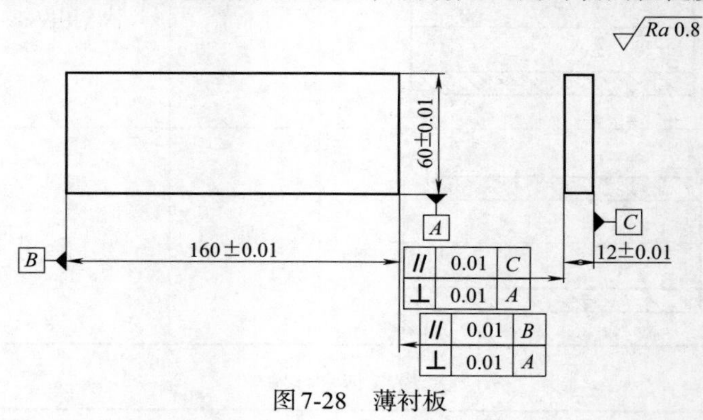

图7-28 薄衬板

任务2 磨轴

根据图7-29加工。要求在操作时按照操作规程执行。工件的尺寸精度、几何精度和表面粗糙度均达到图样要求。

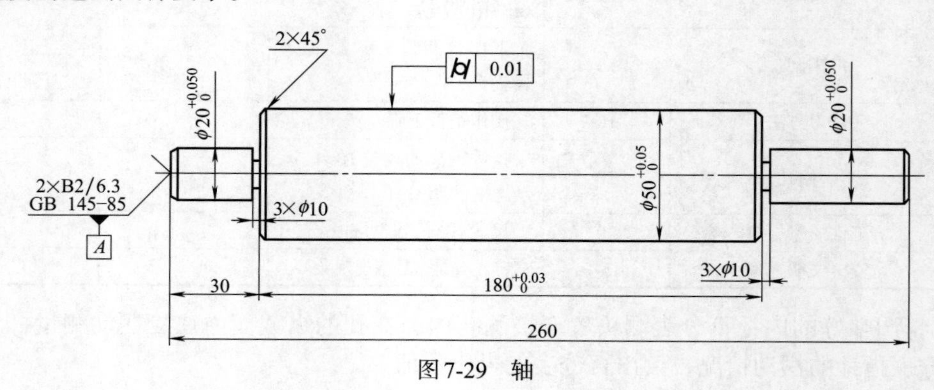

图7-29 轴

任务3 磨套

用M2110型内圆磨床磨削如图7-30所示工件。

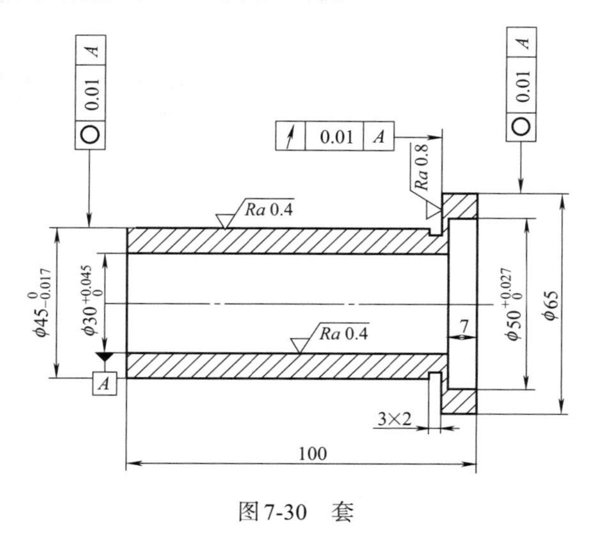

图7-30 套

笔记

模块 8 焊接加工

8.1 认识焊接加工

1. 焊接加工的基本概念

焊接是通过加热、加压或既加热又加压，用（或不用）填充材料使分离的金属产生原子间的结合和扩散，将两块分离的工件永久性地连接在一起的一种工艺方法。

2. 焊接的类型

焊接的方法种类很多，而且随着工艺的进步，新的焊接方法在不断地出现。在实际操作中，焊接按其过程特点不同可分为熔化焊、压力焊和钎焊三大类。

（1）熔化焊　将金属连接处加热到熔化状态，使之相互熔化而成为整体。实现熔化焊的关键有两点：一是加热热源，二是焊接时必须采取有效的隔离措施隔绝空气以保护高温焊缝。这类方法的特点是将焊接局部连接处加热使其熔化从而形成熔池，待熔池冷却结晶后形成焊缝，将两部分材料焊接成一个整体。因为在加工过程中两部分材料均被熔化，故称为熔化焊，简称熔焊。熔焊是金属焊接中最主要的一种方法。

（2）压力焊　焊接过程中，在金属连接处对焊件施加压力（加热或不加热），使金属相互结合从而形成整体的过程称为压力焊，简称压焊。

（3）钎焊　使用熔点比母材低的填充金属（称为钎料），加热填充材料使其熔化，而母材不熔化，借液态填充金属填入接头间隙并与固态的母材通过毛细现象和扩散作用实现连接的这一类焊接方法称为钎焊。

生产中使用最广泛焊接方式是熔化焊中的电弧焊和气焊。

8.2 焊接加工基本操作规范

1. 焊条电弧焊实训安全操作

（1）安全用电

① 检查电焊机外壳接地是否良好。

② 焊钳和电缆的绝缘必须良好。

③ 焊接时，不准用手接触导电部分。

④ 操作时应穿胶底鞋或站在绝缘垫板上。

⑤ 焊接后要切断电源。

⑥ 操作完毕或检查焊机与电路系统时，必须拉闸。

（2）防止弧光辐射和烫伤

① 焊接过程中电弧会发射出大量紫外线和红外线，这些光线会对人的眼睛和皮肤有伤害作用，因此，焊接时必须穿长袖工作服，穿护袜，戴上安全帽，戴手套和面罩，特别要保护好眼睛。

② 不得赤手接触焊接后的焊件，需翻动和移动焊件时应使用手钳。

③ 在清洁时要注意清渣方向，防止热渣烫伤他人和自己的面部。

（3）保证设备安全

① 连接点必须紧密接触，防止因接触松动所造成的发热现象。

② 严禁将焊钳搁在工作台上，以免造成短路烧毁焊机。

③ 在焊接过程中，如发现焊机或线路发热烫手时，应立即停止工作。

（4）注意防火和防爆 焊接时周围不能有易燃易爆物品。

（5）注意通风 在焊接场地周围的空气常被一些有害气体、粉尘所包围，若过多呼吸这些烟尘和气体会导致尘肺等职业病，所以焊接时工作地点应通风良好，操作时可戴口罩，防止焊接烟尘危害人体呼吸器官。

2. 气焊和气割实训安全操作

（1）焊前应检查焊炬及割炬的射吸能力，是否漏气，同时检查焊嘴、割嘴是否有堵塞，胶管是否漏气等。

（2）在氧气阀和乙炔同时开启时，严禁用手或其他物体堵塞焊嘴和割嘴，也不能把已经点燃的焊炬、割炬卧放在工件或地面上，更不能将焊嘴和割嘴对准他人。

（3）在焊接时要检查回火保险器是否正常，管道有无漏气现象。若焊接过程中发生回火现象，应立即关、开几次氧气和乙炔阀门，让回火火焰及高温气体迅速排出。

（4）氧气瓶、氧气表严禁玷污任何油脂。氧气瓶、乙炔瓶要分开放置，并远离焊接工作地点及任何热源。

（5）不能直接接触被焊工件和焊丝的焊接端，以免烫伤。

笔记

8.3 焊条电弧焊

1. 任务书

（1）了解所焊工件的金属材料的性质并正确规范选用电焊机和电焊条；

（2）利用4~6mm厚、150mm×40mm的两块钢板（图8-1），焊一条150mm的对接平焊缝。

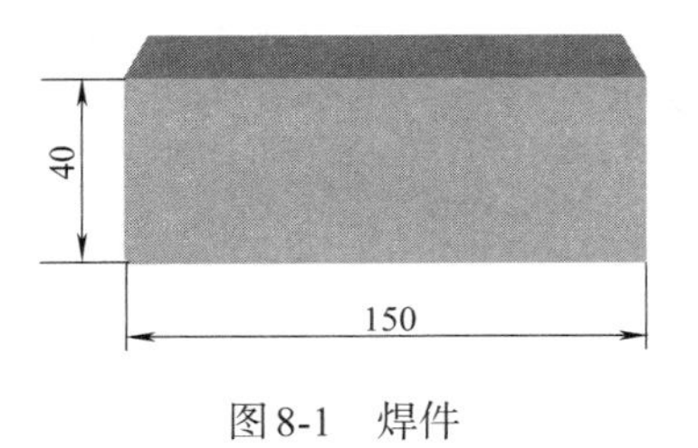

图8-1 焊件

2. 知识点和技能点

知识点：

（1）焊条电弧焊的认识；
（2）弧焊机；
（3）电焊条；
（4）焊接接头形式和坡口；
（5）焊缝的空间位置；
（6）焊接工艺参数的选择；
（7）焊接缺陷。
技能点：
（1）基本要求；
（2）焊条电弧焊基本操作。

3. 任务说明

（1）设备：交流电焊机（弧焊变压器）和直流电焊机（旋转直流弧焊机和整流弧焊机）。
（2）工具：焊钳、榔头和钢丝钳。
（3）防护用品：电焊手套、面罩或电焊护罩（手持式、头戴式两种）。

4. 任务实施

（1）焊条电弧焊认识 使被焊金属和焊条熔化而形成焊缝的一种焊接方法。电弧能有效而简便地将弧焊电源的电能转换成焊接过程所需要的热能和机械能。

焊条电弧焊是整个焊接过程都需要用手工操作来完成的一种熔化极电弧焊，它具备的特点是：

① 设备简单、操作灵活；
② 对焊接头装配要求低；
③ 可焊金属材料种类多；
④ 焊接生产率低；
⑤ 焊缝质量依赖性强。

当然，随着工艺的进步，越来越多的场合手工电弧焊正被自动焊所代替。

笔记

焊接电弧是在具有一定电压降的两个电极之间气体介质中持久而强烈的放电现象。焊接时，把焊钳和焊件分别接到焊机输出端的两极，用焊钳夹持焊条，将焊条与焊件瞬时接触，此时电路发生短路，产生强大的短路电流，随即再使焊条稍微离开焊件，在拉开的瞬间两电极之间的气体在电场作用下发生电离，此时，焊条端部和焊件之间就会产生明亮的电弧，在电弧放电所产生热量的作用下（放电时会产生6000℃左右的高温），焊条和焊件同时熔化，形成金属熔池。随着电弧沿着焊接方向的前移，熔池金属迅速冷却，凝固后形成焊缝。如图8-2所示。

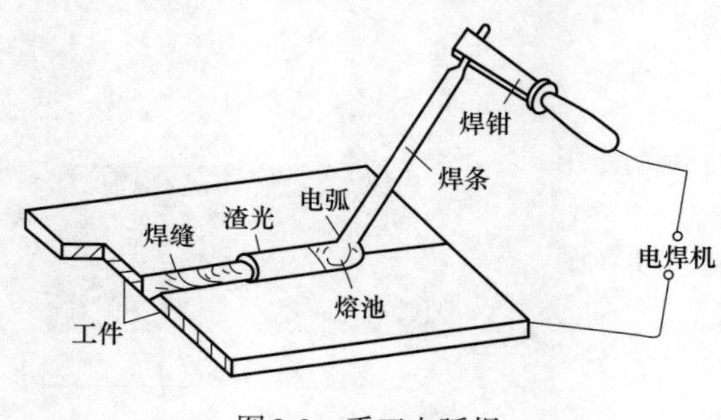

图8-2 手工电弧焊

这种方法又被称为接触短路引弧法，其具体的引弧过程如图8-3所示。

① 焊接电弧 焊接电弧可分3个区域，阴极区、阳极区和弧柱区，如图8-4所示。

a. 阴极区。钢材焊接时，阴极区指电弧紧靠负极的区域。阴极区很窄，其宽度约为

10^{-5}~10^{-6}cm，温度约为2400K，放出的热量约占电弧总热量的38%。

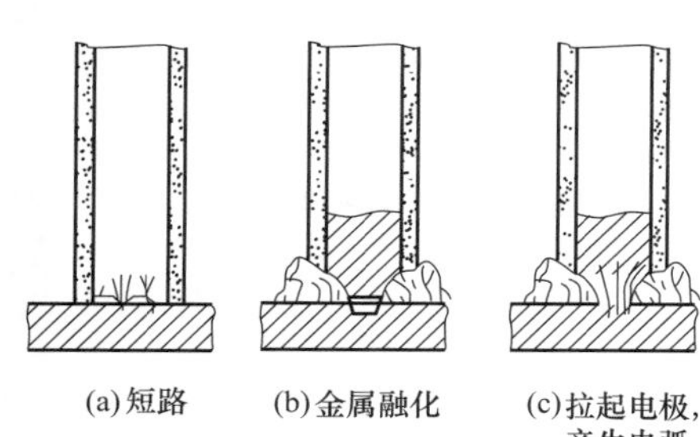
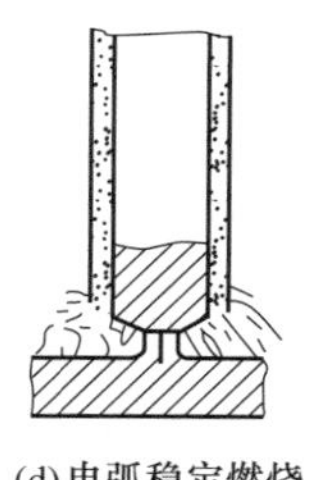
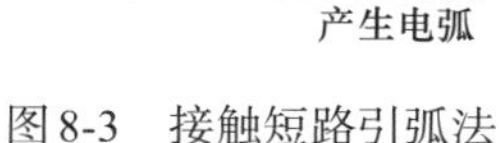

图8-3 接触短路引弧法

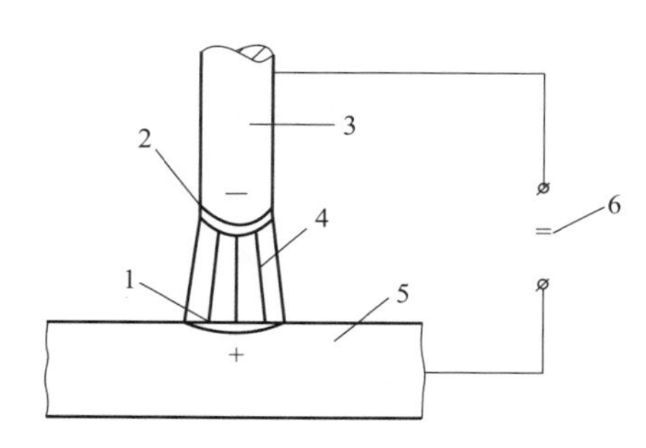

图8-4 电弧的构造

1—阳极区；2—阴极区；3—焊条；4—弧柱；5—焊件；6—焊接电源

b. 阳极区。钢材焊接时，阳极区指电弧紧靠正极的区域。阳极区比阴极区宽，其宽度为10^{-3}~10^{-4}cm，温度约为2600K，放出的热量约为电弧总热量的42%。

c. 弧柱区。钢材焊接时，弧柱区指阴极区与阳极区之间的弧柱。弧柱区中心的散热条件差，故温度比两极高，可达6000~8000K，但其放出的热量仅占电弧总热量的20%。

② 焊接电源极性的选用　由于两极热量不同，故而在使用直流电源焊接时，有两种不同的接线方法：

a. 正接。工件接电源正极，而焊条接电源负极，这种接法热量会较多地集中在工件上，因此一般用于厚板的焊接；如图8-5（a）所示。

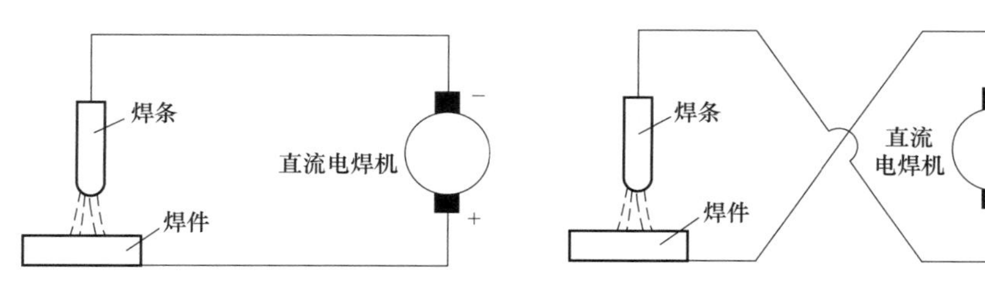

图8-5 直流电焊机的不同的接法

笔记

b. 反接。工件接电源负极，而焊条接电源正极。这种接法热量会较多地集中在焊条上，因此一般用于薄板或者有色金属的焊接，以防止焊穿等。如图8-5（b）所示。

当采用交流焊机焊接时，因为电源的极性在不断交替变化，故两极区的温度趋于一致。

③ 焊接过程　弧焊的焊接过程如图8-6所示，电弧产生的热将焊件和焊条熔化，形成金属熔池。而随着焊条沿焊缝向前移动，不断产生新的熔池，电弧后面之前焊池内熔融金属迅速冷却凝固成焊缝，将分离的金属牢固地连接在一起。

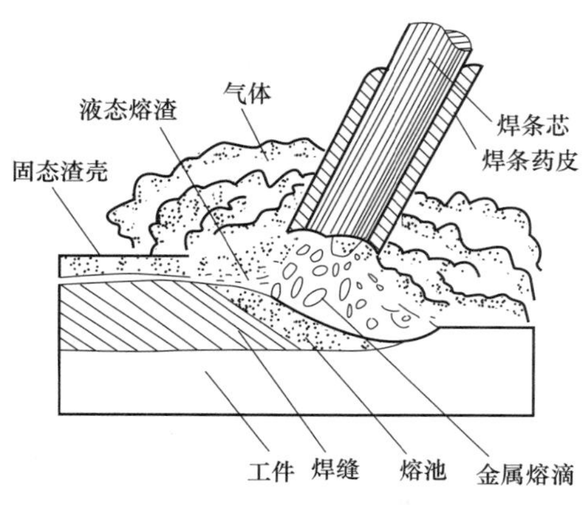

图8-6 焊条电弧焊焊接过程示意

（2）弧焊机

① 弧焊机的种类 焊接电源俗称弧焊机，按照其电流性质可分为交流弧焊机（又称为弧焊变压器）和直流弧焊机两类。其中直流弧焊机又分为旋转直流弧焊机（又称弧焊发动机）和整流弧焊机（又称为弧焊整流器）两种。

a. 交流弧焊机。交流弧焊机是一种特殊的变压器焊机。常用的交流弧焊机如B1-250型交流弧焊机，其型号含义如下：

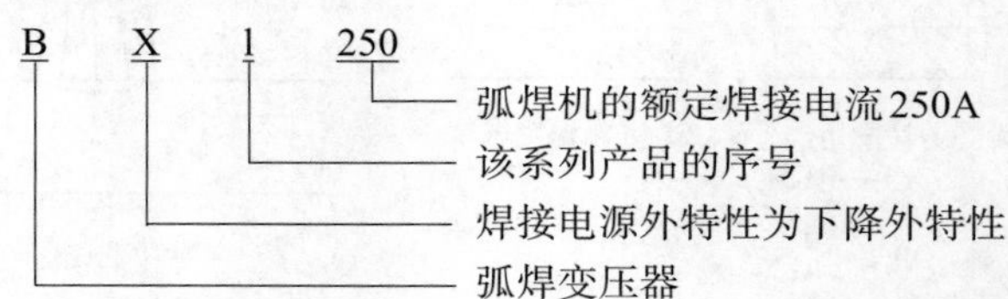

其输入端接于220V/380V的工业用电源上，输出端分别接在焊钳和焊件上，焊机将电压降低，空载时其电压只有60~80V，而焊接时其工作电压保持在30V左右。此外，它能提供很大的焊接电流，并且可以根据需要来调节电流大小，范围在50~250A内，短路时的电流则有一定限度。电流的调节方式可分为粗调和细调两种，粗调是指通过改变线圈抽头的接法来调节电流大小，而细调则是通过转动调节手柄来调节电流的大小，弧焊变压器外形如图8-7所示。

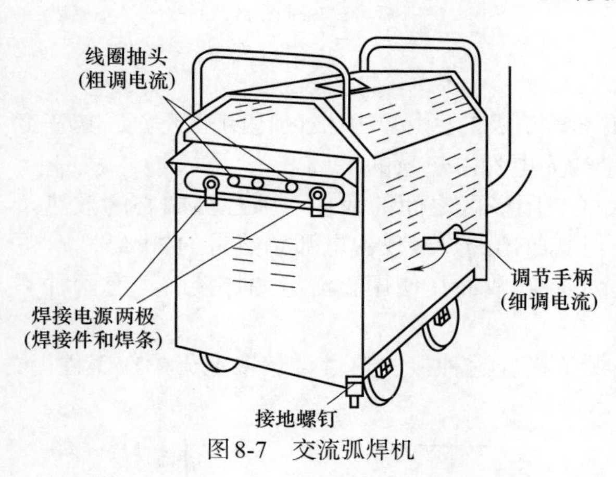

图8-7 交流弧焊机

b. 旋转直流弧焊机。旋转直流弧焊机是由一台三相感应交流电动机与一台直流弧焊发电机组成的机组。如AX7-500型直流电焊机，其型号含义如下：

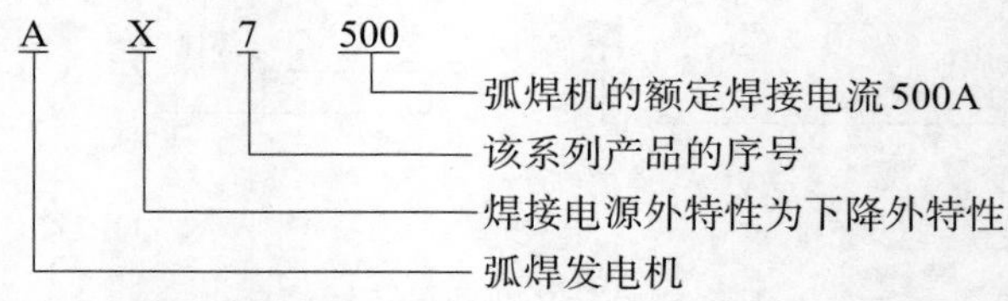

其输入端接于380V的三相工业用电源上，输出的空载电压为50~90V，工作电压为30V，电流可调节的范围为45~320A。旋转直流弧焊机的特点是其电弧稳定性较好，焊缝质量也较好，但结构比较复杂，制造成本高，能耗高，焊接时噪声很大，并且维修比较困难，因此国家已明确宣布淘汰AX系列。

旋转直流弧焊机如图8-8所示。

c. 整流弧焊机。整流弧焊机采用专用整流器，故又称弧焊整流器焊机，用整流元件使工业交流电经过降压、整流后变为直流电。常用的如ZXG-300，其型号含义如下：

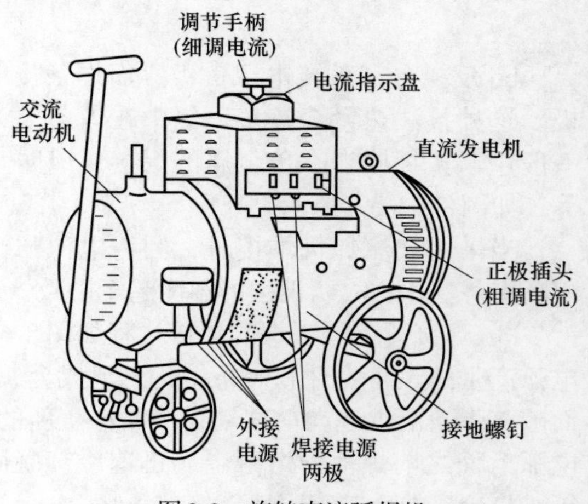

图8-8 旋转直流弧焊机

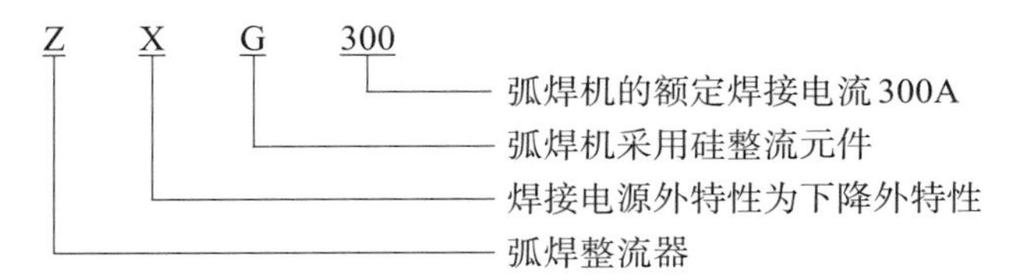

整流焊机的组成部分包括三相降压变压器、整流器组、输出电抗器、通风机组及控制系统等。这种弧焊机不仅弥补了交流焊机稳定性较差的缺点，又比旋转直流弧焊机结构简单，同时它具有噪声小、结构简单、维修容易、成本低等优点，电子控制型的电源元件少，防潮、抗震力也强。随着硅整流技术的发展，弧焊整流器现已得到广泛应用。弧焊整流器外形如图8-9所示。

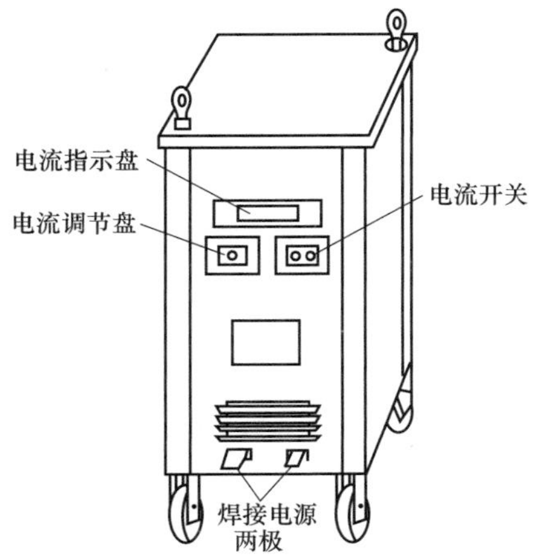

图8-9　整流弧焊机

整流弧焊机是目前最常用的焊条电弧焊设备，用稳弧性差的低氢焊条焊接时，应尽量选用整流弧焊机。

② 弧焊机的主要技术参数　弧焊机的主要技术参数标明在焊机上，这些参数主要包括初级电压、空载电压、工作电压、输入容量、电流调节范围和负载持续率等。

a. 初级电压：指弧焊所要求的电源电压。一般的交流弧焊机的初级电压是220V或380V（单相），而直流弧焊机的初级电压是380V（三相）。

b. 空载电压：指弧焊机处于未焊接状态时的输出电压，一般交流弧焊机的空载电压是60V~80V。而直流弧焊机的空载电压是50~90V。

c. 工作电压：指弧焊机处于焊接状态时的输出电压，一般弧焊机的工作电压是20~40V。

d. 输入容量：指由网路输入到弧焊机的电流和电压的乘积，它表示弧焊变压器传递电功率的能力，其单位是kW。功率是旋转式直流弧焊机的一个主要参数，通常是指弧焊发电机的输出功率，其单位是kW。

e. 电流调节范围：指弧焊机在正常工作时可提供的焊接电流范围。按弧焊机的结构不同，有的弧焊机的焊接电流调节分为粗调节和细调节两步进行，而有的时候则不分。

f. 负载持续率：指在5min内，有焊接电流的时间占总时间的平均百分数。

笔记

（3）电焊条　电弧焊所使用的焊接材料是电焊条，简称焊条。焊条一方面可以传导焊接电流和引燃电弧，同时加工时熔化后的焊条也作为填充金属成为焊缝的主要组成部分。电焊条的优劣直接影响到焊接电弧的稳定性以及焊缝金属的化学成分和力学性能，所以电焊条的质量是影响电弧焊质量的主要因素之一。

焊条由焊芯和药皮（又称焊药）组成。焊接时焊钳夹在裸露焊芯的一端上。如图8-10所示。

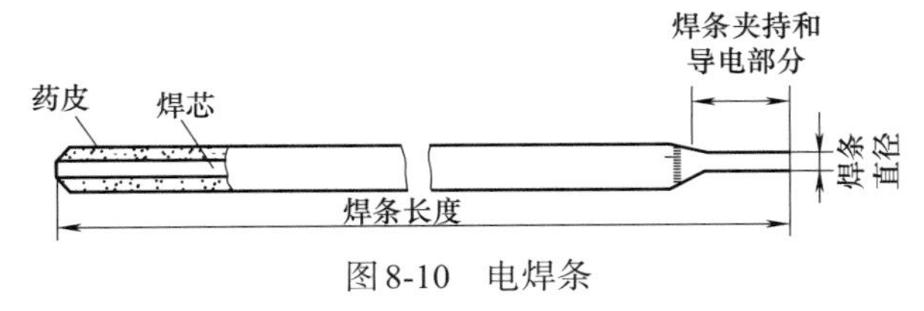

图8-10　电焊条

① 焊芯　焊条中被药皮包裹的金属芯称为焊芯。它在焊接过程所起到的主要作用是作

为电极导电，产生电弧，提供焊接电源，同时又作为填充金属与熔化的工件共同形成焊缝。一般焊芯选择与焊接对象相近的材料。按国家标准可分为碳素结构钢、合金结构钢、不锈钢三大类。

② 药皮　药皮是压涂在焊芯表面的涂料层，在焊接时形成熔渣及气体，药皮的优劣对焊接质量的好坏同样起着重要的作用。药皮是由多种矿石粉、铁合金粉和黏结剂等按一定比例配制而成，其厚度一般为0.1~0.8mm。药皮中的材料按其所起的作用，可分为稳弧剂、脱氧剂、造渣剂、造气剂。药皮的主要作用如下：

a. 机械保护作用。药皮在弧热的作用下，会熔化形成熔渣和气体，这些气体会隔离空气，保护熔滴、熔池和焊接区，防止氮气等有害气体侵入焊缝，起到机械保护作用。

b. 冶金处理作用。在焊接过程中，熔渣与熔化金属间会发生冶金反应，可以除去金属中有害物质（硫、磷、氧、氢、氮等），添加有益的合金元素，使焊缝金属获得符合要求的力学性能和抗裂性能。

c. 改善焊接工艺性能。在药皮中加入的稳弧剂和造渣剂，会使焊接时电弧燃烧稳定，飞溅少，易脱渣，使焊缝成形美观、能进行空间全位置焊接。

综上所述，药皮共有稳弧、造渣、造气、脱氧、渗合金、粘结等作用。

(4) 焊接接头形式和坡口　焊接的接头形式有：对接接头、T形接头、角接接头、搭接接头、十字接头、端接接头、套接接头、卷边接头、锁底接头及塞焊接头等。其中常用的焊接接头形式包括：对接接头、角接接头、T形接头以及搭接接头四种，又以对接接头的使用最为广泛。如图8-11所示。

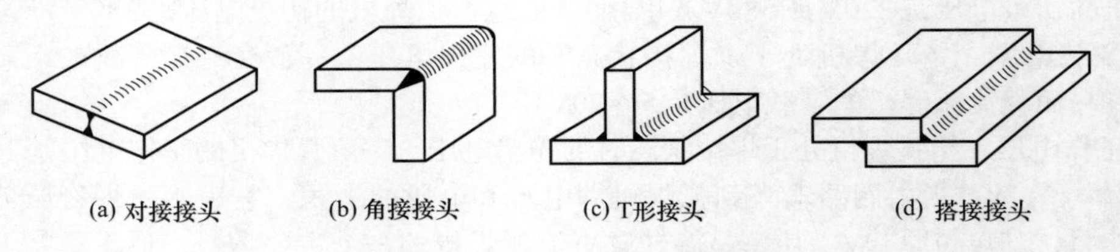

图8-11　焊接接头的基本形式

① 对接接头　对接接头的优点是受力均匀、节省金属，所以在焊接结构中应用最多，一般用于重要结构或需承受外力的结构中。例如用于船体外板、甲板、内底板及舱壁等构件之间的连接。

笔记

对接接头一般有I形、V形、X形、U形、双U形、单边V形、单边U形、K形坡口等几种形式。常用的坡口形式及其适用板厚如图8-12所示。

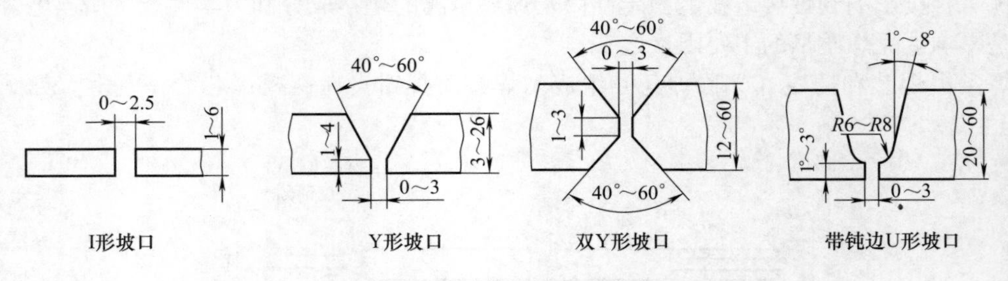

图8-12　对接焊缝坡口形式

② T形接头　T形接头的使用范围同样广泛，特别是在船体结构中，约70%的焊缝使用的是这种接头形式。按照焊件厚度和坡口准备的不同，T形接头的常用形式包括：不开坡

口、单边V形、K形以及双U形坡口等。如图8-13所示。

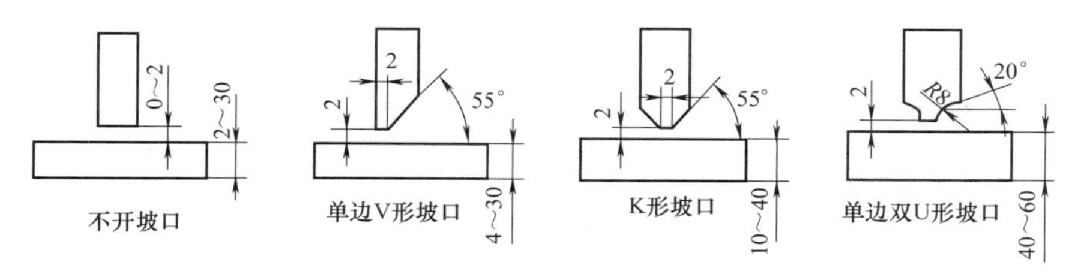

图8-13 T形接头

③ 角接接头 角接这种接头形式一般用于不重要的焊接结构中。根据焊件厚度以及坡口准备的不同，角接接头可分为不开坡口、单边V形、V形、K形坡口等形式。但开坡口的角接接头在一般结构中较少采用。如图8-14所示。

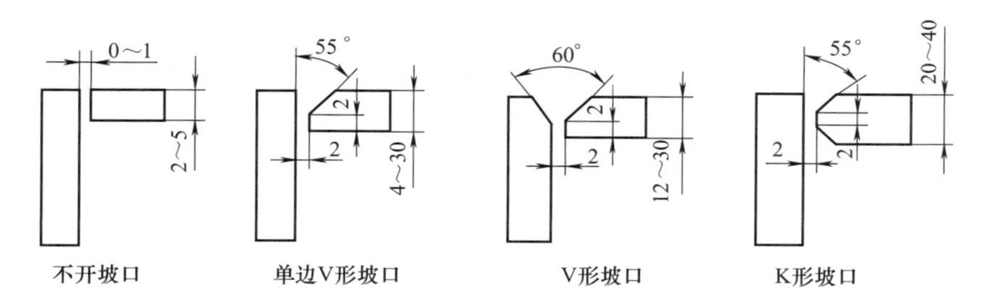

图8-14 角接接头

④ 搭接接头 搭接接头承载能力低，所以应用较少，可分为不开坡口、圆孔内塞焊以及长孔内角焊三种形式。如图8-15所示。

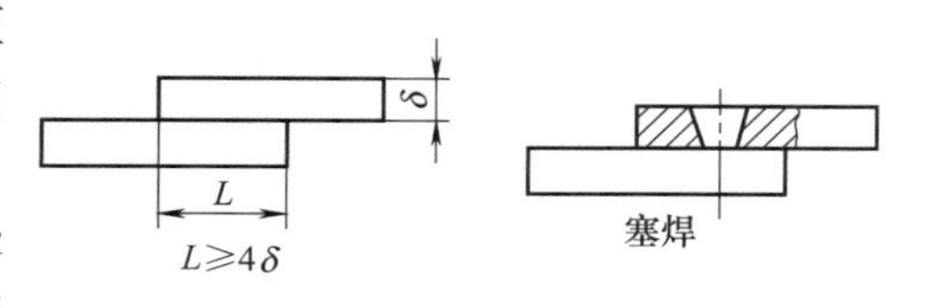

图8-15 搭接接头

（5）焊缝的空间位置 焊接时焊缝在空间所处的位置，称为焊接位置。按焊接的难易程度，依次可分为平焊、横焊、立焊、仰焊，如图8-16所示。

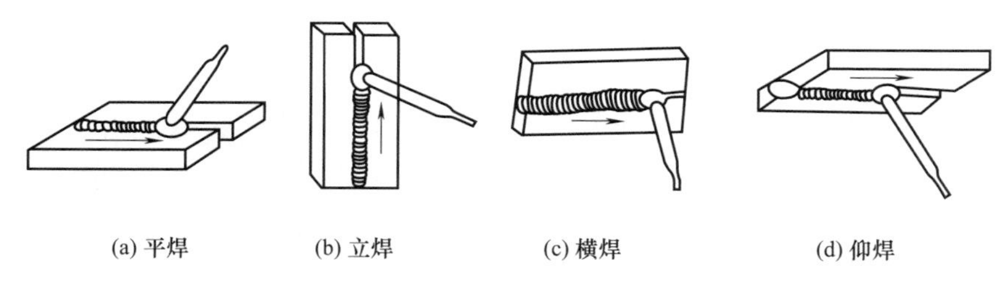

图8-16 焊缝的空间位置

平焊时，焊条液滴在重力的作用下，垂直向熔池滴落，熔池中的熔渣易浮起，气体易排出，金属飞溅少，因而操作方便，焊透率高，焊缝质量易于保证。此外，平焊的劳动强度小，生产率也高，所以在可能的条件下应尽量将焊缝转动到平焊位置。对于角焊缝，若焊件允许翻转，也应将其放置为船形位置进行焊接，使之变成平焊。

立焊以及横焊熔池金属有滴落趋势，操作难度加大，焊缝成形不好。仰焊的难度就更大。

（6）焊接工艺参数的选择 为了保证焊接接头质量，必须根据工件情况，选择合理的焊接参数。焊接参数主要包括焊条直径和长度、焊接电流和焊接速度等。

笔记

① 焊条直径 焊条直径大小指的是焊芯的直径，其种类很多，有1mm、1.2mm、1.6mm、2mm、2.5mm、3.mm、3.2mm、4mm、5mm、5.8mm、6.5mm等。常用的直径有2mm、2.5mm、3.0mm、3.2mm、4mm、5mm等。在焊接过程中，为了提高生产效益，应尽量选择直径较大的焊条，但是如果焊条的直径过大则会导致焊接未焊透或焊缝成形不好的现象，所以焊条直径一般不大于6mm。主要根据焊件厚度来选取。焊条直径的选择见表8-1。

表8-1 焊条直径的选择

焊件厚度/mm	≤2	3	4~5	6~12	≥13
焊条直径/mm	2	2.5~3	3~4	4~5	5~6

其次，选择焊条直径还要考虑接头形式和焊缝空间位置等因素。如立焊时，不超过5mm；仰焊、横焊时，不超过4mm；不采用大直径是为了控制熔池，防止金属液下坠；角焊缝选用较大的直径，以利于提高生产率。而对于多层焊，焊第一层时，应采用较小直径的焊条，以便焊条能深入根部，利于焊透。

② 电焊条的长度 电焊条的长度主要是根据焊芯直径的大小来确定，如表8-2所示。

表8-2 焊条的直径和长度规格

焊条直径/mm	2	2.5	3.2	4	5	5.8
焊条长度/mm	250 300	250 300	350 400	350 400 450	400 450	400 450

③ 焊接速度 焊接速度指单位时间内完成的焊缝长度，焊接速度对焊接质量影响很大，在焊接时焊接速度应保持均匀，太快或太慢都会造成焊接缺陷。

焊接速度太快，则焊缝高度增加、熔深和宽度减小，焊厚板时，可能未焊透。

焊接速度太慢，则焊缝高度、熔深和宽度都增加，焊薄板时，工件易烧穿。

总之，在保证焊缝质量的前提下，应尽量采用较粗的焊条，较大的焊接电流，并适当提高焊接速度，以提高生产率。

（7）焊接缺陷及焊接变形

① 常见的焊接缺陷 在焊接生产中，由于材料（焊接材料、焊条、焊剂等）选择不当，或焊前准备工作（清理、装配、焊条烘干、工件预热等）做得不好，或操作方法不正确等原因，焊缝会产生缺陷。

常见的焊接缺陷如表8-3所示。其中以裂纹、未焊透和夹渣的危害最大，它们会严重降低焊缝的承载能力，故重要的工件必须进行焊后检验，以发现和消除这些缺陷。

② 焊接变形 焊接变形指的是在焊接时，由于工件局部受热，温度分布极不均匀，焊缝及其附近的金属被加热到很高的温度，受到周围温度较低部分的金属所限，工件不能自由膨胀，在其冷却后就会发生纵向（沿焊缝长度方向）和横向（垂直焊缝方向）的收缩，从而引起整个工件的变形。

表8-3 常见焊接缺陷及产生原因

缺陷名称	图 例	特征及危害性	产生原因
未焊透	未焊透	焊接时接头根部未完全焊透。 由于减少了焊缝金属的有效面积，形成应力集中，易引起裂纹，导致结构破坏	焊速太快，焊接电流过小，坡口角度太小，装配间隙过窄

续表

缺陷名称	图 例	特征及危害性	产生原因
夹渣	夹渣	焊后残留在焊缝中的熔渣。 由于减少了焊缝金属的有效面积，导致裂纹的产生	焊件不洁，电流过小，焊速太快，多层焊时各层熔渣未清除干净
气孔	气孔	焊接时，熔池中的气泡在凝固时未能逸出而残留下来形成了空穴。 由于减少了焊缝有效工作截面，破坏焊缝的致密性，产生应力集中，导致结构破坏	焊件不洁，焊条潮湿，电弧过长，焊速太快，电流过小
咬边	咬边	沿焊趾的母材部位产生的沟槽或凹陷。其危害性与未焊透的危害性相同	电流太大，焊条角度不对，运条方法不正确，电弧过长
焊瘤	焊瘤	焊接过程中，熔化金属流淌到焊缝之外未熔化，在母材上所形成的金属瘤。影响成形美观，引起应力集中，焊瘤处易夹渣，不易熔合，导致裂纹产生	焊接电流太大，电弧过长，运条不当，焊速太慢
裂纹	裂纹	在焊接应力及其他致脆因素共同作用下，由于焊接接头中局部的金属原子结合力遭到破坏而形成的新界面而产生的裂缝。往往在使用中开裂，酿成重大事故的发生	焊件含C、S、P过高，焊缝冷速太快，焊接顺序不正确，焊接应力过大。

焊接变形的主要形式有：纵向变形、横向变形、角变形、弯曲变形和翘曲变形等，如图8-17所示。

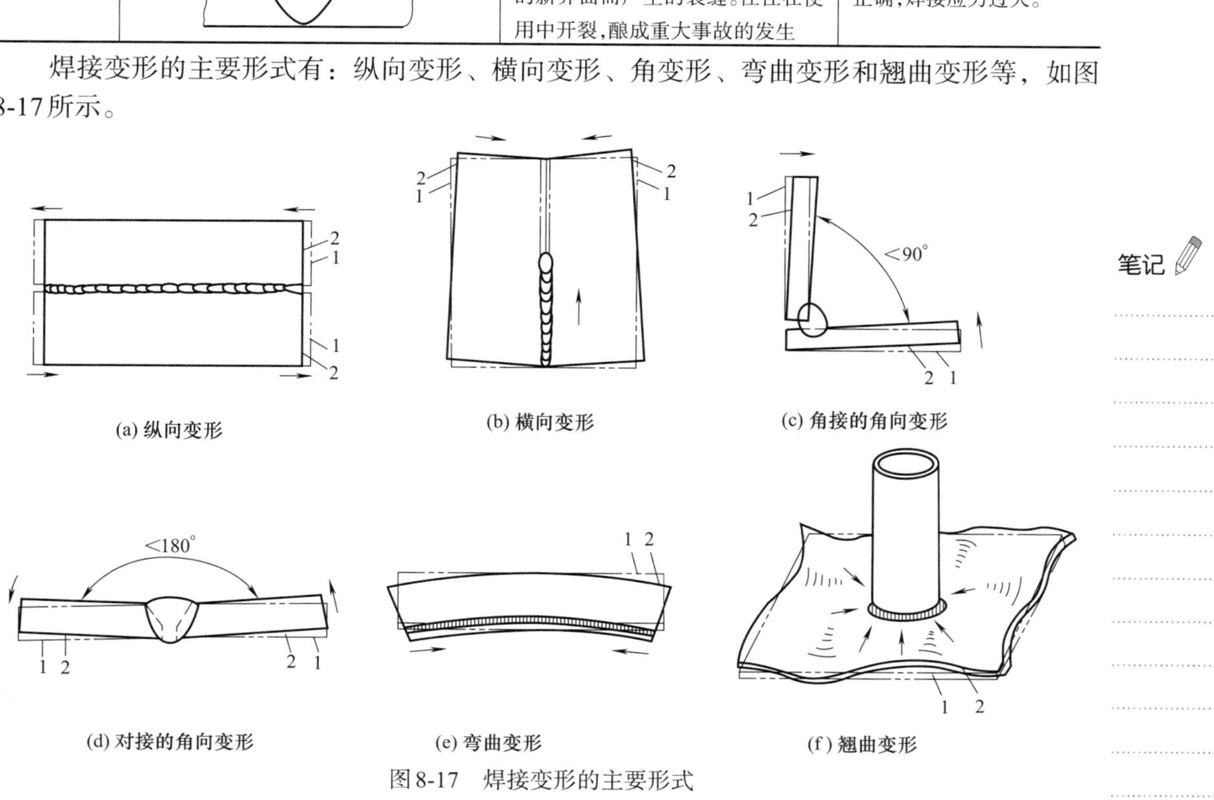

图8-17 焊接变形的主要形式

笔记

(8) 基本要求　在进行电弧焊工作之前，必须掌握焊接线路的连接方法，学会选择焊机和焊条；掌握基本的引弧、稳弧、运条的操作技术方法，能平焊对接、角接焊缝；了解仰焊的基本操作方法。

(9) 焊条电弧焊基本操作

① 焊接前的准备工作　焊接前要根据焊接对象选择好焊接电源和焊条，开好坡口，清理焊接区域的铁锈和油污，将工件可靠地固定，必要时可先用点焊的方法将工件固定。

② 引弧　引弧指的是在电弧焊开始时，在焊条和焊件之间引燃稳定的焊接电弧的过程。引弧的方法有两种：不接触法和接触法。焊条电弧焊多采用接触法引弧的操作方法。

接触引弧时，首先将焊条末端与工件表面接触（轻敲或划擦）形成短路，之后迅速将焊条向上提起，使焊条与焊件间保持2~4mm的距离，即可使电弧引燃。在使用接触引弧法时，电焊条提起不能太高，否则电弧会熄灭。同时，焊条提起速度要快，高度也不能过低，否则焊条会粘在工件上。而一旦发生粘条，将焊条左右摇动，即可取下。若发生焊条与工件接触而不产生电弧，则往往是因为焊条端部药皮过长，可将其清除后再引弧。

常用的接触引弧方法有敲击法与划擦法，如图8-18所示。

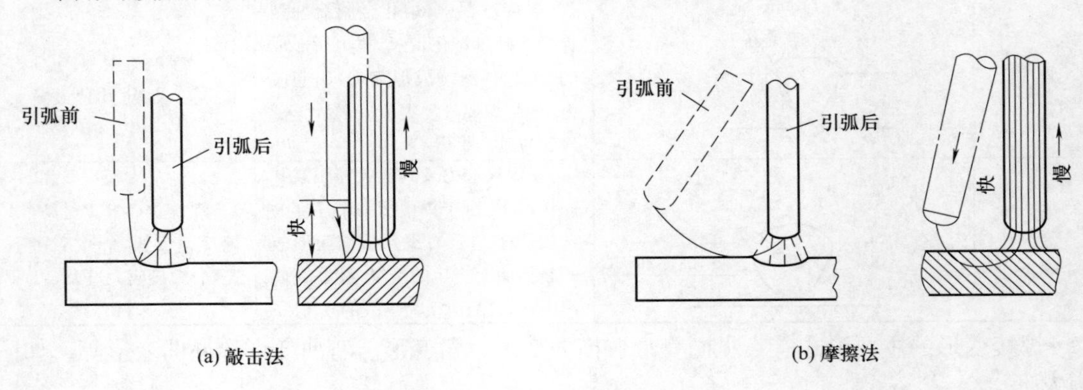

图8-18　引弧方法

a. 敲击引弧法。将焊条末端对准焊件，之后手腕下弯，将焊条轻微下移碰一下焊件，再迅速将焊条提起2~4mm，引燃电弧后手腕放平，使电弧保持稳定燃烧。这种引弧方法不会使焊件表面划伤，同时又不受焊件表面大小、形状的限制，所以是焊接生产中主要采用的引弧方法，但操作难度较大。

b. 摩擦引弧法。将焊条对准焊件，再把焊条像划火柴一样在焊件表面轻微摩擦，引燃电弧，然后迅速将焊条提起2~4mm，并使其稳定燃烧。这种方法难度小，容易掌握，但会损坏焊件的表面。

③ 稳弧　在引弧成功之后，使焊条端头和工件表面距离保持在2~4mm悬空停住，保持电弧燃烧不断，并开始熔化焊芯和工件焊缝的金属，使它们形成熔池，这个过程称为稳弧。

④ 运条　在焊接过程中，焊条相对焊缝所做的各种动作总称为运条。焊条包括三种运动：沿焊条轴向的送进运动、沿焊缝方向的纵向移动和垂直于焊缝方向的横向摆动。其中轴向送进影响焊接电弧的长度，而纵向移动和横向摆动影响焊接速度和焊接宽度。

根据接头形式及焊接位置，可选择不同的运条方法。规范正确的运条方式是保证焊缝质量的基本因素之一，在运条时，保证焊条与焊缝两侧焊件平面的夹角应相等，如焊平板对接焊缝，在焊缝方向上两边均应等于90°，同时焊条应向焊条运动方向倾斜10°~20°，以利于气流把熔渣吹向后面，防止焊缝中产生夹渣。如图8-19和图8-20所示。

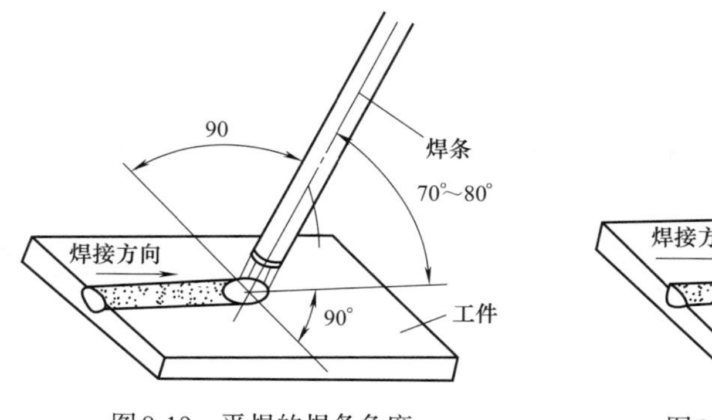

图8-19　平焊的焊条角度

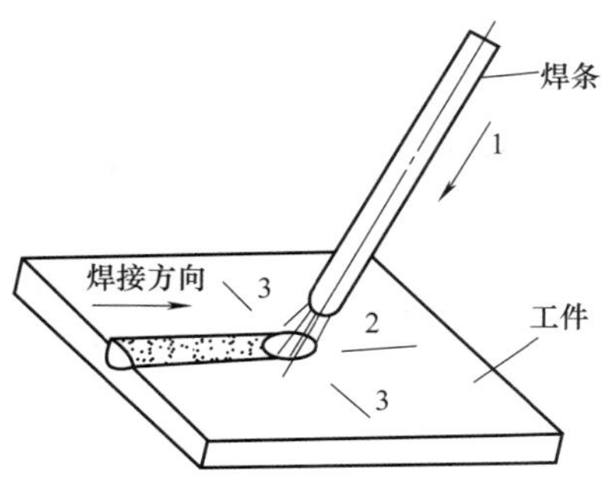

图8-20　运条的基本动作

在焊接过程中有多种运条方法。图8-21所示为不同的焊条横向摆动方式。

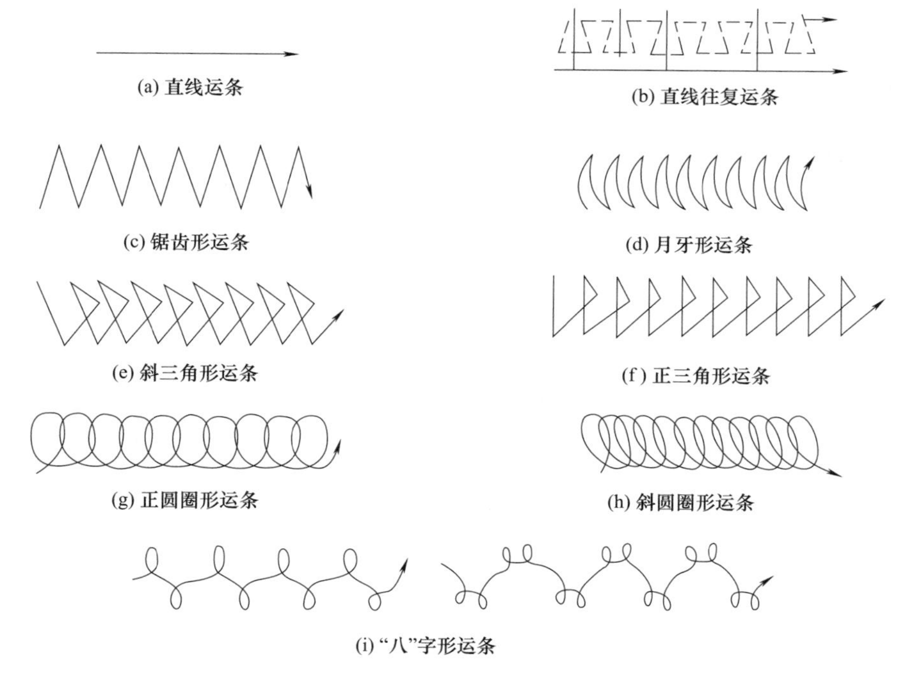

图8-21　焊条横向摆动方式

笔记

为了达到焊接焊缝高质量的要求，操作者可根据自己习惯来选择运条方法进行焊接工作。同时，还要考虑焊接的形式、装配间隙、焊缝的空间位置、焊条直径与性能及焊接电流的大小等等，图8-21的几种焊接运条方法分别为：

a. 直线形运条法；如图8-21（a）所示，使用这种运条方法焊接时，焊条不作横向摆动，仅沿焊接方向作直线移动。

b. 直线往复运条法：如图8-21（b）所示，使用这种运条方法焊接时，焊条末端沿焊缝的纵向作来回摆动。

c. 锯齿形运条法：如图8-21（c）所示，使用这种运条方法焊接时，焊条末端作锯齿形连续摆动及向前移动，并在两边稍停片刻。

d. 月牙形运条法：如图8-21（d）所示，使用这种运条方法焊接时，焊条的末端沿着焊

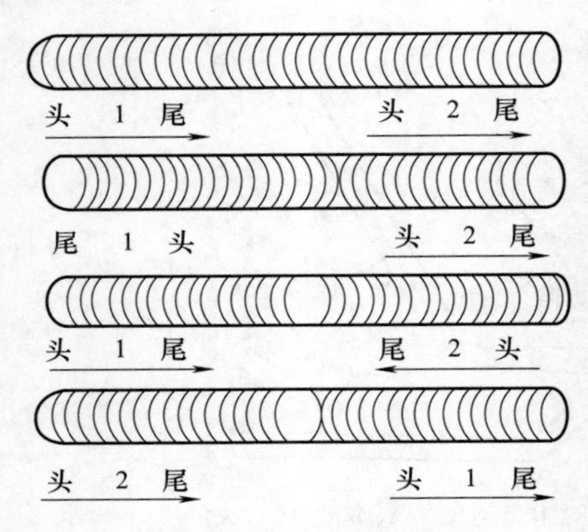

图8-22 焊道的连接方法
1—先焊焊道；2—后焊焊道

接方向作月牙形左右摆动。

e. 三角形运条法：如图8-21（e）和（f）所示，使用这种方法焊接时，焊条末端作连续的三角形运动，并不断向前移动焊条，按照摆动形式的不同，可分为斜三角形和正三角形。

f. 圆圈形运条法：如图8-21（g）和（h）所示，使用这种运条方法焊接时，焊条末端连续作正圆圈形或斜圆圈运动，并不断前移。

g. “八”字形运条法：如图8-21（i）所示，使用这种运条方法焊接时，焊条末端连续作八字运动，并不断前移。

另外，焊接时，焊道与焊道之间必须正确地连接，连接方法如图8-22所示。

⑤ 收弧 焊缝收尾时，不仅要熄弧，而且还要填满弧坑。所以要在熔池处作短时间的停留或环形摆动，直到填满弧坑，再慢慢拉断电弧。一般收尾方法有以下几种。

a. 划圈收尾法：焊条移至焊缝终点时，做圆周运动，直到填满弧坑再拉断电弧，此法适用于厚板工件的收尾。

b. 反复断弧收尾法：焊条移至焊缝终点时，在弧坑处反复熄弧，引弧数次，直到填满弧坑为止，此法适用于薄板工件收尾。

c. 回焊收尾法：焊条移至焊缝收尾处即停住，并且改变焊条角度回焊一小段，此法适用于碱性焊条操作。

⑥ 焊后清理 焊后要用小榔头和钢丝刷将焊渣和飞溅物及时清理。

（10）焊接的工艺过程 完成焊接任务的工艺过程如表8-4所示。

表8-4 钢板对接平焊步骤

步骤	附 图	说 明
1.备料		把钢板所要对接面加工成直线
2.选择及加工坡口		钢板厚4~6mm，不用加工坡口
3.焊前清理	清理范围 20～30	清除焊缝周围的铁锈和油污
4.装配、点固	30 间隙1～2 点固 30 10～15	（1）将两钢板放平、对齐，留有1~2mm的间隙 （2）对焊机进行通电，在未通电之前需检查焊机是否安全 （3）戴上电焊手套，并用焊钳夹持好焊条 （4）正确使用电焊面罩，并试焊选择最佳的电流 （5）如焊件较长，可每隔300m左右点固一次
5.焊接	$\delta/2$ δ	除渣后焊接，规范地引弧、稳弧、运条，先焊点固面的反面，使熔深大于板厚的一半，再焊另一面，熔深也要大于板厚的一半，焊后除渣

笔记

续表

步骤	附图	说明
6.焊后清理,检查		(1)除去工件表面的飞溅物、熔渣 (2)检查焊缝是否有缺陷,如有再进行补焊 (3)完工后切断焊机电源,清扫场地

（11）评分标准（表8-5）

表8-5 评分标准

序号	操作内容与要求	分值	评分细则	实测记录	得分
1	选择电焊机	10	是否符合选用原则		
2	选择电焊条	10	是否符合选用原则		
3	选择电流	10	是否符合选用原则		
4	平焊	30	操作过程是否规范		
5	焊缝质量检测	30	(1)焊缝表面无咬边、气孔、夹渣、裂纹等缺陷,背面无凹坑 (2)焊缝余高不超过3mm,增宽0.5~2.5mm (3)角变形小于3°		
6	安全文明生产	10	整个操作过程的表现		

8.4 气焊和气割

1. 任务书

将150mm×60mm×12mm的钢板先用气割从中间切开成两块75mm×60mm×12mm的钢板，再将工件翻转180°，将两块钢板60mm处（新边）拼接，用气焊焊一条60mm的对接焊缝，采用单面焊接。

2. 知识点和技能点

知识点：
（1）气焊焊接原理；
（2）气焊火焰；
（3）气割原理及设备。
技能点：
（1）气焊基本操作；
（2）气割基本操作。

3. 任务说明

（1）设备：氧气瓶、乙炔瓶、回火防止器、减压器、焊炬、割炬。
（2）工具：焊丝、氧气胶管、乙炔胶管、点火枪。
（3）防护用品：护目镜、钢丝刷。
（4）在实施焊接任务前，学生在教师指导下，做气焊设备的管路连接及气体压力调节练

笔记

习；另外进行气焊点火、火焰调节和灭火练习。

4. 任务实施

(1) 气焊与气割的概念　气焊和气割是利用可燃气体与助燃气体混合燃烧所放出的热量作为热源进行金属材料的焊接与切割的方法。

可燃气体有很多，如乙炔气、氢气、天然气和液化石油气（主要是丙烷），目前使用最多的可燃气体是乙炔气，其次是丙烷气。

助燃气体是氧气，氧气不能起到燃烧的作用，但能助燃，使火焰达到熔化金属的高温。

气焊是将接头部位的母材和焊丝熔化使两块分开的工件连接成一体的方法，通常只适用于焊接厚度小于5mm的薄板，过厚的材料只能通过电焊的方法解决。

气割是将一块整体工件熔开的方法，可以切割较厚的板料。

气焊和气割的设备及工具主要有：氧气瓶、乙炔气瓶、减压器、焊炬、割炬等。辅助工具有：氧气胶管、乙炔气胶管、护目镜、点火枪及钢丝刷（清理工具）等。

气焊和气割具有操作灵活方便、质量可靠、成本低、适用性好等特点，并且设备简单，不需要电源。因此，气焊和气割技术应用广泛，是深受欢迎的焊接和切割金属的加工方法，在生产中起到重要的作用。

(2) 气焊

① 气焊焊接原理　气焊属于一种熔化焊方法，利用可燃性气体与氧混合燃烧产生的热量来熔化母材及填充材料（焊丝）而进行金属连接。气焊设备及其连接如图8-23所示。

最常用的可燃性气体是乙炔（C_2H_2）。因乙炔的发热值高、在纯氧中的反应速度快，火焰温度可达3200℃左右，且易于制取，储存输送方便。

与电弧焊相比，气焊火焰容易控制，操作方便灵活，不需要电源，在各种场合包括野外施工都十分方便。但气焊热源的温度较低，热量分散、加热缓慢、生产率低，且工件变形严重，接头质量不高。目前气焊主要用于焊接低碳钢薄板及高碳钢、铸铁、铜、铝等有色金属及其合金的焊接。

② 气焊火焰　常用的气焊火焰是乙炔气与氧气混合燃烧所形成的火焰，也称为氧乙炔焰。根据氧气和乙炔混合时的体积之比不同，可获得3种不同性质的气焊火焰，如图8-24所示。

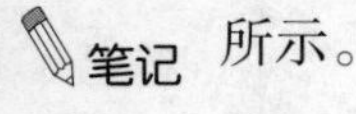

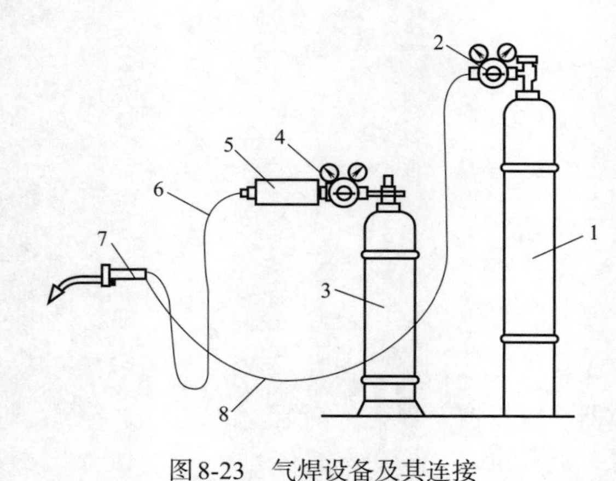

图8-23　气焊设备及其连接

1—氧气瓶；2—氧气减压器；3—乙炔瓶；4—乙炔减压器；5—回火防止器；6—乙炔管；7—焊炬；8—氧气管

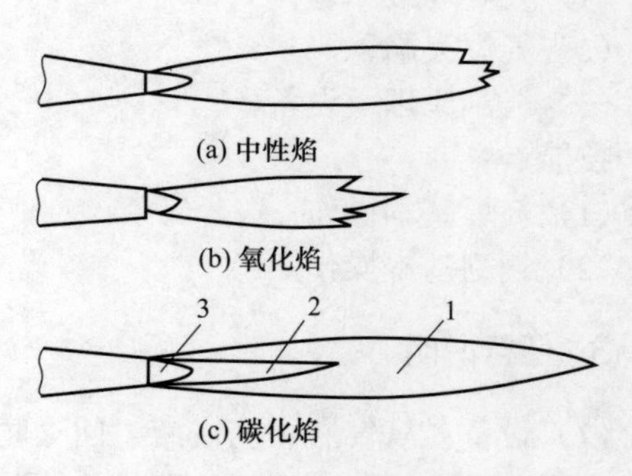

图8-24　氧-乙炔气焊火焰的种类和构造

1—外焰；2—内焰；3—焰心

a. 中性焰。氧气和乙炔的混合比例在1.0~1.2时，燃烧所形成的火焰称为中性焰，又称正常焰。它的焰心长2~4mm，可发生耀眼的白炽光，内焰较暗，呈淡橘红色，长度20mm左右，温度可达3000~3200℃，是由氧气和乙炔燃烧生成一氧化碳的一次燃烧区，有还原性。外焰呈淡蓝色，火焰较长，是由一氧化碳和氢气同大气中的氧燃烧所生成的二氧化碳和水蒸气的再次燃烧区。内焰和焰心间生成的CO和H_2有还原氧化物作用，而外焰生成的CO_2与水蒸气可排开空气，对熔池金属起保护作用。

焊接时应使熔池及焊丝端部处于焰心前2~4mm的内焰区内，温度最高，且具有还原性。中性焰常用于焊接低碳钢、中碳钢、低合金钢、紫铜、铝合金及镁合金等。

b. 碳化焰。氧气和乙炔的混合比例小于1.0时，形成的火焰称碳化焰。此时，由于氧气较少，乙炔燃烧不完全，火焰吹力小，整个碳化焰比中性焰长，火焰失去明显轮廓，温度也较低，最高温度仅为2700~3000℃。碳化焰中的乙炔过剩，有增碳作用，故只适用于焊接高碳钢、硬质合金等含碳量较高的材料。若焊接其他材料，将使焊缝金属增碳，变得硬而脆。

c. 氧化焰。氧气和乙炔的混合比例大于1.2时，形成的火焰称为氧化焰。由于氧气较多，氧化焰比中性焰燃烧猛烈，火焰吹力大，各部分长度均缩短，温度很高，可达3100~3300℃。由于过剩的氧对熔池有氧化作用，仅适用于焊接黄铜和镀锌钢板。因为锌在高温下极易蒸发，采用氧化焰焊接时，会在熔池表面形成氧化锌和氧化铜薄膜，借以抑制锌的蒸发。

③ 气焊基本操作

a. 焊接前准备工作。按要求做好焊接前的准备工作。先把氧气瓶的开关打开，再把乙炔瓶开关打开，开到规范的出气压力。

b. 点火。在焊炬上先微开氧气阀门，放出微量的氧气，再打开乙炔阀门放出少量的乙炔，将焊嘴接近火源，点燃混合气体。点燃火焰后，再逐渐开大阀门，将氧气和乙炔调整至所需的比例，得到所需要的火焰。点火过程中如有放炮声，应立即切断气源。切断气源时要先关乙炔阀门，后关氧气阀门。

c. 气焊操作。气焊操作时，一般用左手拿焊丝，右手握焊炬。先用内焰将焊接处预热，形成熔池后，送入焊丝，向熔池内滴入熔滴，并沿着焊道向右或向左进行焊接。火焰的焰心尖端距离焊件2~4mm处温度最高，所以宜用此处温度焊接和切割工件。

焊炬向前移动的速度，应能保证焊件熔化，并保持熔池具有一定大小。

焊嘴的倾斜角度的大小，主要取决于焊件的厚度，焊件的材料不同，熔化所需的热量及导热性不同，焊件越厚，导热性及熔点越高，应采用较大的焊炬倾角。较小的焊炬倾角可焊接较薄的焊件。

d. 熄火。先关乙炔阀门，后关氧气阀门。

（3）气割

① 气割原理　气割是预热到燃点的金属，在切割氧射流中剧烈燃烧，生成的氧化物熔渣被切割氧吹掉而形成切口的过程。利用乙炔气割时只要把焊炬换为割炬，其余设备与气焊相同。现在随着液化气的普及，使用液化气气割的也越来越多。

由于气割实质上是燃烧，而不是熔化。因此，气割的材料必须具有下列条件：燃点低于熔点；其氧化物的熔点低于燃点，燃烧时能放出大量的热，以供预热；导热性低，预热热量散失少，易达到燃点。

常用金属材料中，只有低碳钢和低合金钢适宜气割。低碳钢的燃点约为1350℃，熔点约为1500℃，燃烧生成的氧化物熔点约为1370℃，燃烧时又能放出大量的热，因此很容易气割。随着钢的含碳量增加，其熔点降低，燃点升高。例如含碳量为0.70%的碳钢，其熔点

笔记

和燃点相当。

② 割炬 气割的基本设备与气焊一样，只需把焊炬换成割炬。割炬结构如图8-25所示，它和焊炬有一定的相同点，比焊炬多了一条切割氧气（高压氧气）的管道和阀门，焊嘴换成了割嘴。割嘴的出口有两条通道：周围的一圈通道是氧气和乙炔气的混合气体的出口，混合气体从周围环形或梅花形孔喷出燃烧，预热切口；中间的通道为切割氧的出口，切割氧从中间孔道喷出。两条通道互不相通。

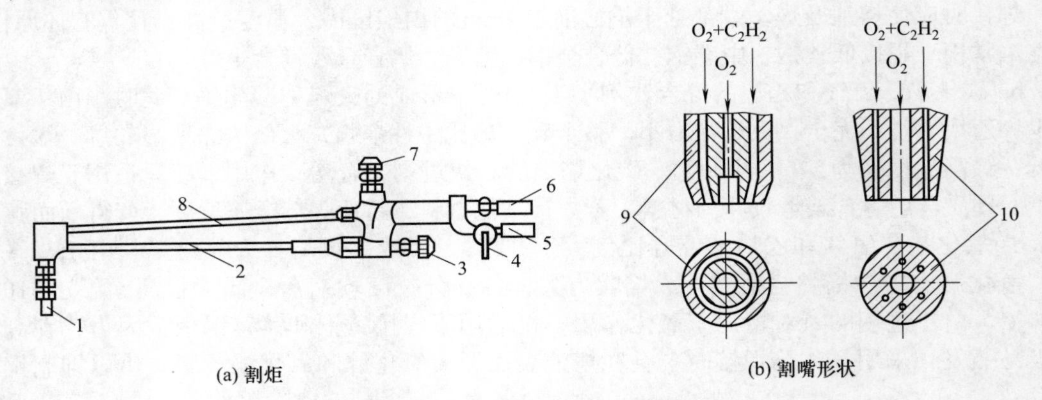

图8-25 射吸式割炬构造及割嘴形状

1—割嘴；2—混合气管；3—预热氧气阀；4—乙炔气阀；5—乙炔管接头；6—氧气管接头；7—切割氧气阀；8—切割氧气管；9—环形割嘴；10—梅花形割嘴

③ 气割基本操作

a. 气割前的准备工作。气割前要清理工作场地的易燃物，将工件可靠地固定，切割部位最好是水平放置，下面应有空隙，以便落下熔渣。调整好乙炔和氧气的压力，并检查有无漏气。

b. 预热。气割前应对气割部位，特别是开始气割部位预热。

c. 割嘴的前进方式。

（a）割嘴对切口左右两边必须垂直。

（b）割嘴在切割方向上与工件之间的夹角随厚度而变化。切割薄钢板时，向切割方向后倾20°~50°；切割厚度5~30mm的钢板时，割嘴可始终保持与工件垂直；切割厚钢板时，开始时朝切割方向前倾，收尾时后倾约5°~10°，中间保持与工件垂直。

笔记

（c）割嘴离工件表面的距离不是越近越好，一般可取3~5 mm。

（d）割嘴前进的速度要均匀，不能太快，也不能太慢，太快了割不透，太慢了割缝金属熔化多，不整齐。

④ 割后清理。气割后要及时分离气割部分，清除熔渣。

（4）气焊和气割的工艺过程

① 把钢板的四个侧面加工平整。

② 将工件固定，打开氧气瓶和乙炔瓶，调整好氧气和乙炔的压力，检查有无漏气。

③ 切口选择在工件的长度方向的中线上，戴上电焊手套，戴上护目镜。

④ 正确使用割炬进行规范的气割操作。从中间切开成两块75mm×60mm×12mm的钢板。

⑤ 割后清理。

⑥ 工件冷却后，正确选择焊丝和熔剂，将工件翻转180°，将两块钢板60mm处（新边）拼接，用焊炬气焊一条60mm的对接焊缝，采用单面焊接。

⑦ 焊后清渣：完工后熄火，清扫场地。

（5）评分标准（表8-6）

表8-6 评分标准

序号	操作内容与要求	分值	评分细则	实测记录	得分
1	气割	20	操作过程是否规范		
2	切口质量检测	20	(1)切口直线度小于1mm (2)切口整齐，无毛边		
3	选择焊丝和熔剂	10	是否符合选用原则		
4	气焊	20	操作过程是否规范		
5	焊缝质量检测	20	(1)焊缝表面无咬边、气孔、夹渣等缺陷，背面无凹坑 (2)焊缝余高不超过3mm，增宽0.5~2.5mm (3)角变形小于3°		
6	安全文明生产	10	整个操作过程的表现		

8.5 任务实操

任务 焊件综合加工

将焊条电弧焊、气焊、气割结合起来加工工件，工件自定。

笔记

模块 9

铸造加工

9.1 认识铸造加工

1. 砂型铸造的基本概念

将液体金属浇注到与零件形状相适应的铸型空腔中，待其冷却凝固后获得毛坯或零件的方法称为铸造。它的特点是金属在液态下成形。

2. 砂型铸造的生产过程

铸造的加工方法有多种，如砂型铸造、特种铸造（包括熔模铸造、金属型铸造、压力铸造、离心铸造）等。其中应用范围最广的是砂型铸造。

砂型铸造的具体生产过程如图9-1所示。其主要工序为：制造模样和芯盒—制备型砂和芯砂—造型和造芯—烘干—合箱—熔化与浇注—铸件的清理与检查等。

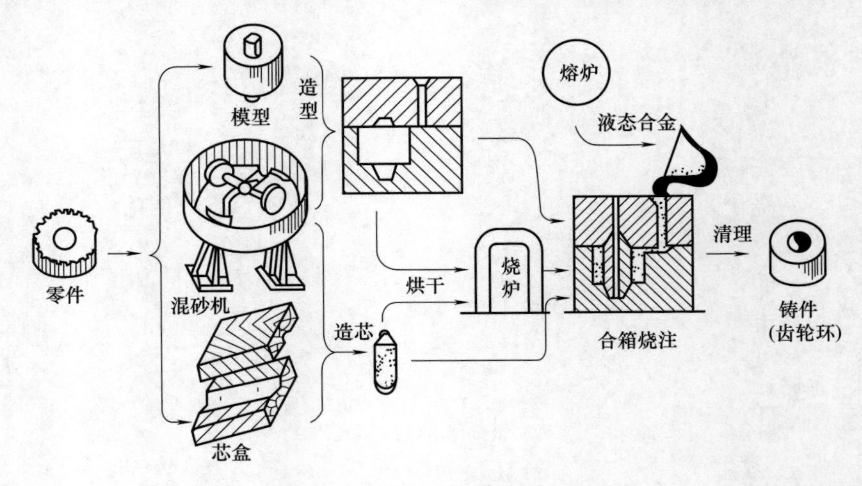

图9-1 砂型铸造生产过程

造型是指用型砂及模样等工艺装备制造铸型的过程，可分为手工造型和机器造型两类。手工造型的方法很多，主要包括整模造型、分模造型、挖砂造型、活块造型以及刮板造型等。

9.2 铸造加工基本操作规范

（1）指导教师和学生在操作时均要穿戴好工作服，并佩戴防护用品。

（2）教学用具、铸造设备、造型材料必须在指导教师的指导下使用。

（3）搬运砂箱时应注意轻放，以免砸伤手脚。砂箱摆放要平稳、整齐。

（4）造型时不要用嘴吹型腔中的型砂，以免型砂溅入眼中。

（5）熔化铁水时，严格遵守炉前安全操作规程，防止铁水飞溅伤人。

（6）两人抬的浇包在使用时应互相配合，特别注意浇包的意外倾斜，防止铁水溢出烫人。

（7）浇注用具要烘干，铁水严禁落入水中。浇包不能装满铁液，使用时铁水总量不得超过浇包容量的80%。

（8）浇注剩余的铁水不可随意乱倒。

（9）实践场所不能有积水，不能乱放器械，应保持浇注铸型周围的道路通畅。

（10）非工作人员不得在炉前、浇注场地和起重机下停留和行走。

（11）不可用手、脚触碰未冷却的铸件，以免烫伤。

（12）清理铸件时，要注意周围环境，避免物件飞出伤人。

（13）手工造型：

① 造型时，应使用造型工具造型。

② 造型时，不得用口吹分型砂。

③ 平锤不用时应横放在地上，不可直立放置。

④ 工具使用完后应放回工具盒内，不得随意乱放。

⑤ 起模针及气针放在盒内时，尖头要向下。

⑥ 在造型场地行走时，要注意脚下，避免踏坏砂型或被铸件碰伤。

（14）开炉与浇注：

① 观察开炉与浇注时，必须站在一定距离外的安全位置，不要站在浇注往返的通道上，如遇火星或熔化金属飞溅时应保持镇静，同时要防止碰坏砂型或发生其他事故。

② 开炉与浇注时，必须穿戴整齐防护用品。

③ 不得与抬浇包的人员谈话或并排行走。

④ 所有开炉、浇注等工作，未经实习指导人员许可，学生不得单独操作。

⑤ 刚浇注好的铸件，不得触碰，以免损坏或造成烫伤。

（15）工作结束后，要听从指导老师的安排进行场地的清理和整理工具。

笔记

9.3 型砂和芯砂的制备

型砂和芯砂是制造砂型和型芯的造型材料，它们主要由砂子、黏结剂和附加物混制而成。型砂和芯砂的选择、配制和使用会直接影响铸件的质量，如果型砂和芯砂的质量不过关，则轻者会在铸件中产生气孔、粘砂、夹砂、裂纹、砂眼等缺陷，重者会使铸件成为废品。因此要合理地选用和配制造型材料。

9.3.1 任务书

制备型砂和芯砂。

9.3.2 知识点和技能点

知识点：

（1）型砂和芯砂应具备的性能；

（2）型砂和芯砂的组成；

（3）型砂和芯砂的配置。

技能点：型砂和芯砂的制备。

9.3.3 任务说明

型砂和芯砂制备的基本工艺是：新砂的处理（包括烘干、筛分、碾碎等)→旧砂的处理(包括磁选、破碎、筛分等)→型砂的制备（包括混合、调匀、松砂）。

9.3.4 任务实施

1. 型砂和芯砂应具备的性能

（1）强度　砂型的强度指的是在砂型外力作用下不变形、不破坏的能力。足够的强度可保证砂型和型芯在制造、搬运及金属液的冲击和压力作用下，不发生变形和破坏。如果砂型强度不足时，则会使铸件产生冲砂、夹砂、砂眼等缺陷。

（2）透气性　紧实的型砂由于各砂粒之间存在空隙，具有被气体通过的能力称为透气性。当高温金属液浇入砂型时，在砂型和型芯中会产生大量气体，同时液体金属内部也会分离出气体，如果在金属凝固前气体不能顺利地排出铸型，那么会在铸件内形成气孔。

笔记

（3）耐火性　浇注时，在高温的液体金属作用下，型砂不发生软化、熔融同时不粘附在铸件表面上的性能称为耐火性。耐火性不高的型砂会被高温金属液熔化，烧结在铸件表面，从而形成一层硬皮，使切削加工困难；如果粘砂过于严重，以致难以清理和加工，会使铸件成为废品。

（4）可塑性　型砂在外力作用下产生形变，当外力消除后仍能保持形变的性能称为可塑性。可塑性好的型砂造型方便，铸型的轮廓清晰，铸出的铸件形状尺寸精确。

（5）退让性　铸件在冷却收缩时，型砂体积能被压缩的性能称为退让性。型（芯）砂的退让性不好，铸件收缩会受到较大的阻力，易使铸件的内应力增大，从而产生变形和裂纹。

（6）耐用性　型砂使用后，能保持原来性能的能力。耐用性差的型砂，经反复使用后，其强度、透气性、可塑性等性能都会显著下降。

型芯的周围被金属液包围，因此芯砂与型砂相比，除对上述性能有更高的要求外，还必须具备以下性能。

① 吸湿性要小　芯砂吸收水分的性能称为吸湿性。如果芯砂的吸湿性大，其制成的型芯会很快变潮，强度降低，同时在浇注时会产生大量气体，使铸件产生气孔等缺陷。吸湿性

的大小主要与芯砂所使用的黏结剂有关。

② 发气性要小 芯砂在浇注时受高温作用放出气体的性能称为发气性。由于芯砂在浇注时被金属液包围的，如果型芯发气量大，就易使气体进入金属液内，从而使铸件产生气孔。

③ 出砂性要好 芯砂容易从铸件孔腔中清除下来的性能称为出砂性，亦称落砂性。出砂性的好坏主要取决于黏结剂的性质，要求芯砂所使用黏结剂在经高温作用后，失去其黏结能力，方便取出芯砂，减少后续清理工作的工作量。

2. 型砂和芯砂的组成

型（芯）砂是由砂子、黏结剂（黏土和膨润土）及附加物组成。

（1）砂子 根据其成分不同分为石英砂、石英-长石砂、黏土砂。

① 石英砂 它的成分为二氧化硅（SiO_2）和少量的杂质（钠、钾、钙、铁等的氧化物），具有很高的熔点（1713℃）。随着杂质含量的增加，其耐火性会随之下降。石英砂可以由人工制造，人造石英砂比天然石英砂更纯净，二氧化硅含量也更高，所以其耐火性更好，但价格较贵。石英砂一般用于配制铸钢件生产用的型砂和芯砂，同时大型和重型铸铁件的生产也可适量采用。

② 石英-长石砂 长石为铝硅酸盐，其熔点为1200℃左右，易于粉碎，这会降低砂子的耐用性。一般用于配制铸铁件和非铁合金铸件用的型砂和芯砂。

③ 黏土砂 黏土含量>2%~50%的砂称为黏土砂。一般作为铸铁和非铁合金铸造中的附加物配入型砂中使用，以提高型砂的湿强度。

（2）黏土 黏土是铸造生产中最常用的黏结剂，资源丰富，价格便宜，使用方便，是配制各种型砂、涂料常用的黏结剂。黏土主要有两类，即高岭土和膨润土。

① 高岭土 即普通黏土，部分耐火性能高的还称为耐火黏土。呈白色粉末状，具有很高的耐火性，其熔点为1545~1750℃。干燥时收缩率很小，适用于做干型。

② 膨润土 即酸性陶土。膨润土呈白色或粉色粉末状，具有很好的可塑性和极高的黏结能力。膨润土的耐火性较低，其熔点为1250~1350℃，黏结性高，在型砂中用量较少，必要时也用于高熔点合金铸造。膨润土适用于湿型，若用于干型上，因其干强度不高，而且在烘烤时收缩率很大，容易形成开裂。

（3）附加物 为改善型（芯）砂的某些性能而加入的辅助材料统称为附加物。附加物主要包括以下几种：

笔记

① 改善退让性、透气性的材料 这种附加物会增加砂粒间的空隙，能改善型（芯）砂退让性、透气性。锯木屑就是其中的典型材料，通常被加在需要经过烘干的砂型和型芯中，加入量为2%~3%。锯木屑最好只加在填充砂中，加入面砂中会导致空隙增大易造成铸件表面粘砂。

② 防止铸件粘砂的材料 浇入砂型内的金属液，具有很高的温度，为了防止砂粒熔结在铸件表面上形成粘砂，可在砂内混入能增加其耐火性的材料或在制好的砂型或型芯的表面上涂敷一层防护材料，使砂型和金属液隔开。常用的包括煤粉、石墨粉、石英粉、滑石粉、重油或矿物油等。

③ 防止粘模的材料 在造型及造芯中，常采用煤油、石松子粉等防止型、芯砂粘在模样和型芯盒上。

3. 型砂和芯砂的配制

用砂子、黏结剂及附加物进行配料和混制过程称为型（芯）砂的配制。配制型（芯）砂时需考虑的内容包括：对铸件的分析，原材料的选择，配方的拟定，混制工艺规范的确定以及最后调整等。

（1）型砂

① 型砂根据用途分

a. 面砂 指直接与金属液接触的型砂。它必须具有较高的可塑性、强度、耐火性及适宜的透气性，以保证铸件的质量。因此面砂中常用较多甚至全部用新的造型材料配成。

面砂的厚度一般约为20~30mm。

b. 背砂 在模样上覆盖面砂后，填充砂箱用的型砂称为背砂，它只要求有较好的透气性和一定的强度。一般是将旧砂经处理后加适量的水来作为背砂使用。

c. 单一砂 单一砂是指造型时，不分面砂和背砂，砂型由同一种型砂构成。它适合用于大批量生产，机械化程度较高的小型铸件的造型。

② 型砂根据所浇注金属种类分

a. 铸钢用砂 铸钢的浇注温度高达1550℃以上，热作用较强烈，收缩大，易氧化，并且气体在钢液中溶解度大。因此对型砂的耐火性要求较高，所以要选用含SiO_2较高的石英砂。一般SiO_2含量达94%以上，必须严格控制有害杂质，同时由于耐火性要求较高，砂子的粒度也要相应粗些。黏结剂采用耐火黏土和膨润土，为提高干强度和表面强度也可适量加入一些糖浆、糊精等黏结剂。用木屑改善其退让性和出砂性。

b. 铸铁用砂 铸铁的浇注温度在1300℃左右，比铸钢要低，因此砂子的耐火性也可相应降低，粒度可稍细，混合时加入新的造型材料也可减少。铸铁可用的砂子范围较宽，一般用石英-长石砂，大件也有用石英砂的，小件可用黏土砂。粒度可用粗粒、中粒和细粒砂。

c. 非铁合金用砂 非铁合金的浇注温度最低，在1200℃以下，所以对砂中的化学成分要求不太严格，可用石英-长石砂和黏土砂。但非铁合金熔融后流动性比较好，易钻入砂型的空隙内，所以为了防止粘砂，使铸件表面光洁，一般采用粒度较细的砂粒，而且粒度要求均匀。

③ 型砂根据铸型种类分

a. 干型用砂 对于大、中型铸件和质量要求较高的重要铸件，采用干型。一般黏土砂除少量采用湿芯外，大多数采用干芯。

干型（芯）的适宜烘干温度由型的大小和所用黏结剂性质特点决定。一般在300~400℃范围内，而对于含锯木屑的干型（芯）为300~350℃。

笔记

b. 湿型用砂 手工造型时湿型砂一般用于浇注数十千克以下的铸件，而机器造型时湿型砂可浇注300~500kg以下的中小型铸件。

湿型砂一般由砂子、黏土、水、煤粉及重油等原材料配制。根据湿型铸造的特点和对型砂的性能要求，合理配制原材料。

c. 表面干型用砂 表面干型铸造是将砂型经过自然风干，刷涂料和表面烘干至十几毫米深度而成。与湿型相比，其表面层强度高，水 分少。而与干型相比可节省能源，缩短生产周期，改善劳动环境和劳动条件。

（2）芯砂 由于芯砂在浇注时是处于被金属液包围的状态，工作条件较型砂恶劣，所以砂子最好选用圆形的、粒度分布集中的、耐火性高的新砂。而对于其黏结剂的选择：形状简单和截面尺寸较大的型芯，一般使用黏土做黏结剂，还可加入一定数量的锯木屑来增加退让性、透气性和出砂性；形状复杂以及截面尺寸较小的型芯，应根据不同情况分别选用特殊的黏结剂。

（3）涂料 对于干砂型和型芯，为防止粘砂材料，通常会使用一些悬浊剂涂刷在型腔和型芯表面上，这种悬浊剂称为涂料。

涂料由多种材料混合而成，包括耐火材料、黏结剂、悬浊稳定剂和稀释剂等。

4. 造型材料和型砂的制备

生产1t合格的铸件大约需要4~5t的型砂（包括型芯砂），而其中新造型材料为0.5~1t。从这里可以看出生产规模大的车间，其型砂的需用量是很大的，所以造型材料和型砂的制备工作量大而且周期频繁，目前手工制砂工艺已基本被淘汰，由各种砂处理设备和运输机械所代替。

造型材料的处理、型砂的制备和旧砂处理的工艺流程如图9-2所示。

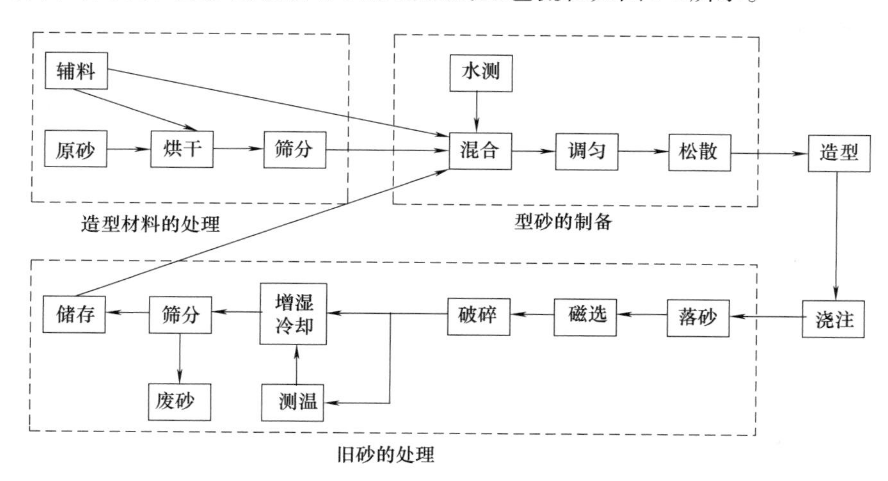

图9-2　砂处理工艺流程

（1）新砂的处理　新砂的处理包括烘干、筛分、碾碎等工艺操作。

（2）旧砂的处理　为了降低铸件成本，配砂通常会加入大量旧砂。但未经处理的旧砂中杂质含量大，在配砂前需要除去部分杂质，所以旧砂在使用前需经过磁选、破碎、筛分等工艺操作。

（3）型砂的制备　新砂、旧砂、黏结剂等处理好后，就可进行混合，混合好的型砂，还要经过调匀与松散处理后再用。

① 混合　要使型（芯）砂有好的强度、透气性和可塑性，就必须将加入的各种造型材料混合均匀。混合工作由混砂机来完成，其结构如图9-3所示。

② 调匀　即回性处理。经过混合处理后的型砂，水分的分布不够均匀，往往积聚在许多小的砂团中，而砂团中的水分有向四周渗透的特性。所以混合好的型砂应进行回性处理，即将型砂放置2~4h使水分分布得更均匀再用。

③ 松砂　回性处理后的型砂，在使用前还需要经过松散处理。松散处理可将混合过程中形成的砂块松开，增加砂子空隙，提高型砂的透气性、湿强度和可塑性。

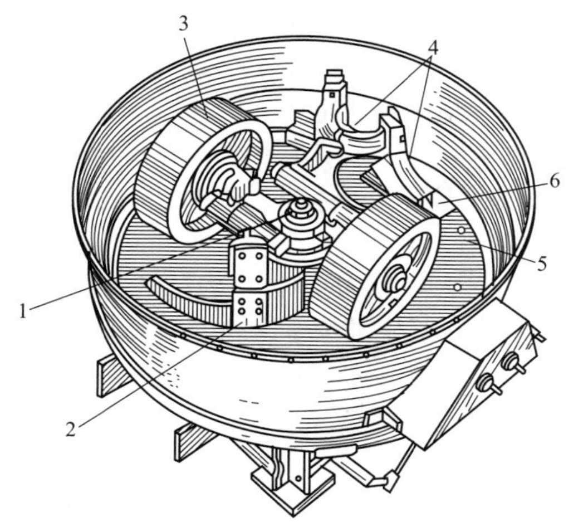

图9-3　碾轮式混砂机

1—主轴；2,4—刮板；3,5—碾轮；6—卸料口

笔记

9.4 整模造型

整模造型时，模样是一个整体，且一般放在下砂箱；而分型面是平面，造型方法简便，铸件不受砂箱错箱的影响，所以铸件的形状和尺寸精度较好，适用于外形轮廓上有一个平面可作为分型面的简单铸件。

9.4.1 任务书

制作如图9-4所示凸模的铸件。零件材料：HT200，收缩率为0.9%。

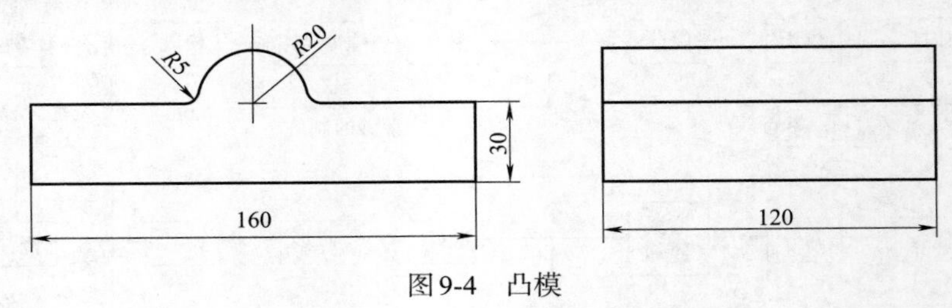

图9-4 凸模

9.4.2 知识点和技能点

知识点：

（1）造型的工艺过程；

（2）模样；

（3）浇注系统；

（4）通气孔。

技能点：

（1）模样的制造；

（2）填砂、紧实的操作；

（3）浇注系统的设置；

（4）制作通气孔。

9.4.3 任务说明

如图9-4所示的零件结构简单，下表面可作为分型面，而且铸件全部放在下箱也方便起模，所以选择整模造型，既可保证形状和尺寸精度，也使造型操作简便。

其工艺过程为：制作模样→模样置于砂箱中→填砂→紧实→打通气孔→翻转砂型→放面砂→制作浇口→起模→修整、开内浇口→合箱→浇注后得铸件。如图9-5所示。

9.4.4 任务实施

（1）模样。制作零件的木模样，模样的外形要与零件的外形相似，同时要留一定的收缩量，因为铸铁冷却后会收缩。将模样做好后放在造型底板上。

（2）放上下砂箱，使模样与砂箱内壁之间留有合适的吃砂量，并注意留出浇口位置。在模样的表面筛上一层面砂，将模样盖住。铲入背砂，并将分批填入的背砂按一定的路线逐层舂实，注意用力均匀，用力太大会使砂型透气性不好；而用力太小砂型松易塌箱。

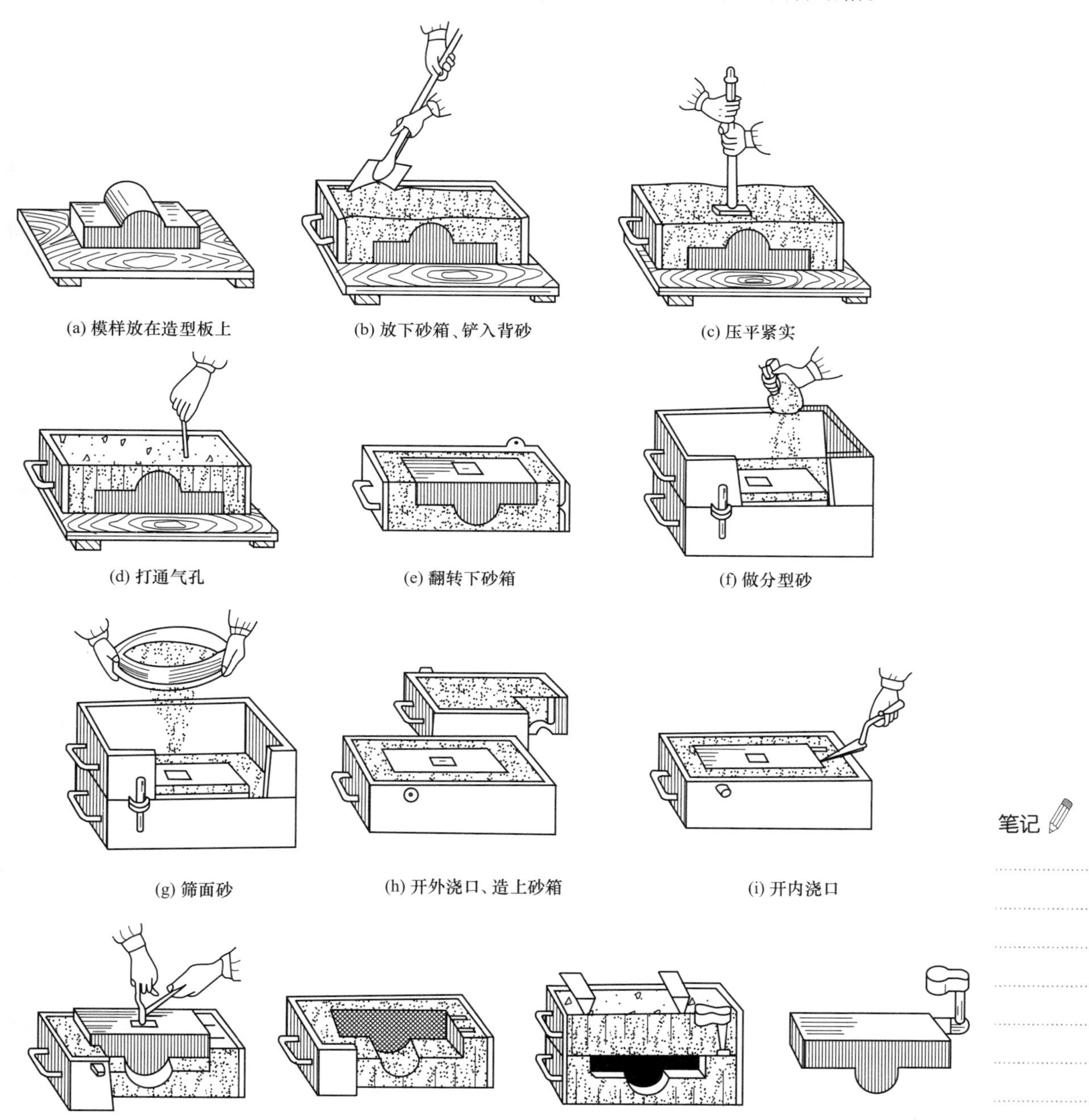

图9-5 整模造型过程

（3）背砂填充完整后，用舂砂锤平头舂平紧实，并用刮板刮去多余的背砂，使砂型表面与砂箱边缘平齐。

（4）在砂型上用通气针扎出通气孔，注意通气孔的深度要适当，分布要均匀。

（5）翻转下砂箱，分型面清理修光。

（6）放上上砂箱，撒上分型砂。上砂型是叠放在下砂型上进行舂砂的，为防止上、下砂型粘连，需撒分型砂。撒分型砂要将其缓慢而均匀地撒在分型面上。

（7）表面筛上一层面砂，将模样盖住。

（8）开外浇口，造上砂箱。铲入背砂，用舂砂锤平头舂平紧实。造完上砂箱后划合型线，以防错箱。

（9）开内浇口。内浇口是浇注系统中引导液态金属进入型腔的部分。

（10）起模。开箱后，在模样四周刷水，以增加四周型砂的强度。起模时，起模针应钉在模样的重心上。松动木模后先慢后快地垂直向上起模。

（11）修整型腔。起模后，型腔如有损坏，要及时进行修补，修补工作必须由上而下进行，避免下部修好后又被上部掉下的散砂弄脏。

（12）按合型线或定位装置合箱。

（13）铸件。取出铸件后清理表面。

9.4.5 评分标准

评分标准见表9-1。

表9-1 评分标准

序号	操作内容与要求	分值	评分细则	实测记录	得分
1	分型面	10	选择正确		
2	工艺过程	20	正确、工序安排合理		
3	造型	30	模样尺寸正确(10分)		
			操作过程正确(10分)		
			浇注系统设置合理(6分)		
			通气孔合理(4分)		
4	铸件	10	尺寸正确(5分)		
			外观符合要求(5分)		
5	总结	5	撰写认真		
6	职业素养	25	考勤和着装(10分)		
			课堂纪律和学习态度(10分)		
			课堂行为(5分)		

9.4.6 拓展训练

制作如图9-6所示模板的铸件。材料：HT200，收缩率为0.9%。

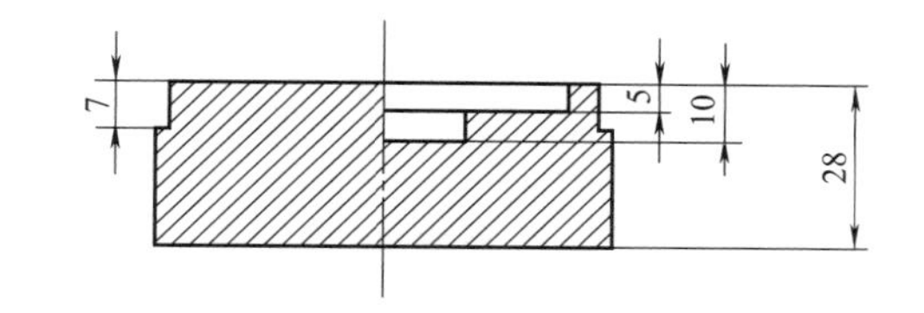

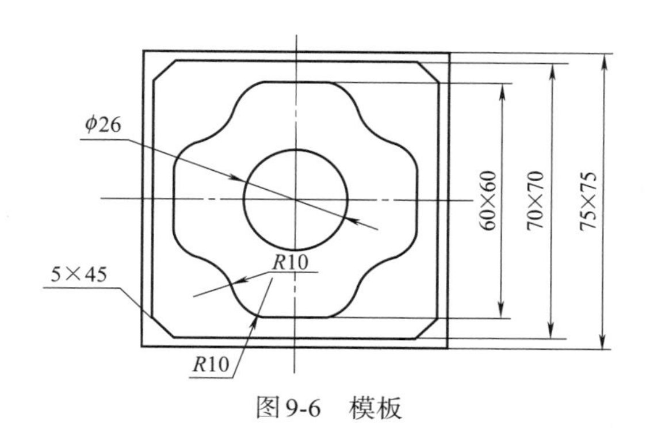

图9-6 模板

9.5 分模造型

分模造型的模样分成两半，造型时分别放在上、下箱内，分型面也是平面。这类零件的最大截面不在其端部。分模造型操作简便，适用于生产各种批量的套筒、管子、阀体类、箱体类、曲轴、立柱等形状较复杂的铸件。

9.5.1 任务书

制作如图9-7所示套筒零件的铸件。材料：HT200，收缩率为0.9%。

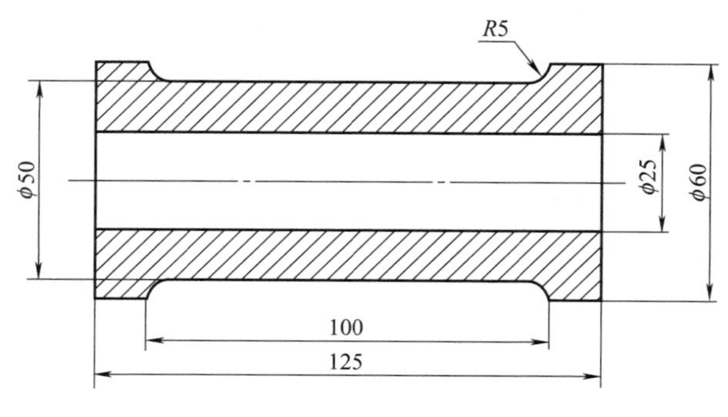

图9-7 套筒

9.5.2 知识点和技能点

知识点：

（1）造型的工艺过程；

笔记

（2）模样；
（3）型芯；
（4）浇注系统；
（5）通气孔；
（6）分型面。

技能点：
（1）模样的制造；
（2）型芯的制作；
（3）填砂、紧实的操作；
（4）浇注系统的设置；
（5）制作通气孔、分型面的选择。

9.5.3 任务说明

如图9-7套筒类零件，其最大断面在模样中部，若将模样做成整模则难以从砂型中起模，所以将模样在最大断面处分开，进行分模造型。在进行分模造型时，要注意检查模样上下两半之间配合是否严密，上下模开合是否容易，模样的定位销是否牢固。

其工艺过程为：制作模样→型芯→模样置于砂箱中→填砂→紧实→翻转砂型→放面砂→制作浇口→打通气孔→起模→修整、开内浇口、放型芯→合箱→浇注后得铸件。如图9-8所示。

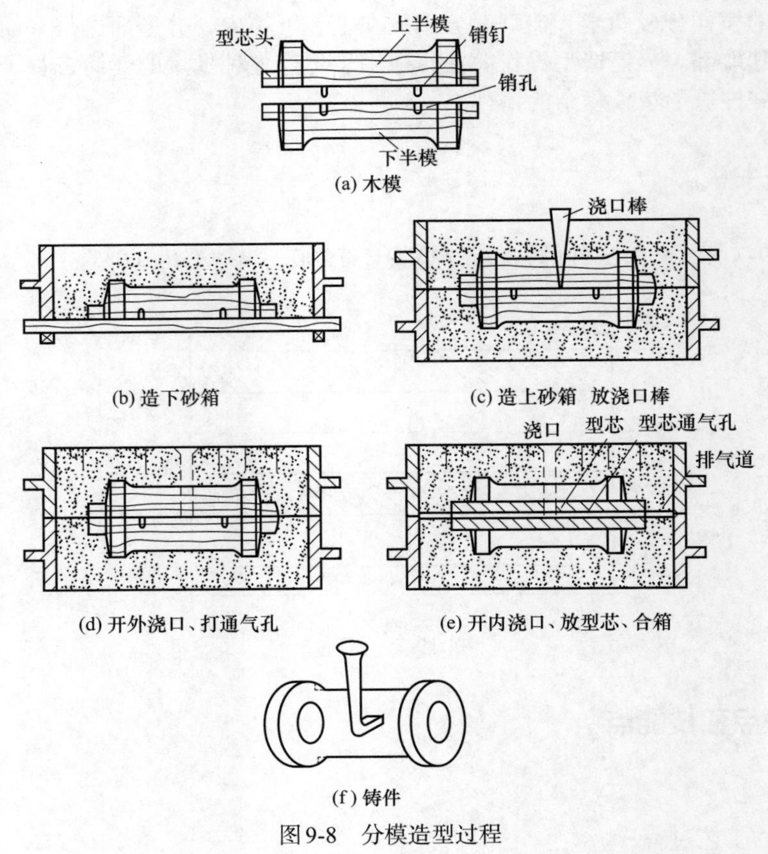

图9-8 分模造型过程

笔记

9.5.4　任务实施

（1）模样。制作零件的木模样，模样的外形要与零件的外形相似，且分成两半，用定位销使上下两半配合严密，留一定的收缩量。将模样放在造型底板上。

（2）将模样的一半放在造型底板上，放上下砂箱，在模样与砂箱的内壁之间留有合适的吃砂量。在模样的表面筛上一层面砂，将模样盖住。之后铲入背砂，并将分批填入的背砂按一定的路线逐层舂实，注意用力均匀。

（3）翻转下砂箱，将模样的另一半与模样吻合，同时放上上砂箱，撒上分型砂防止上、下砂型粘连。放入浇道棒，表面筛上一层面砂，将模样盖住。铲入背砂，用舂砂锤平头舂平紧实。造完上砂箱后划合型线，以防错箱。

（4）在砂型上用通气针扎出通气孔，保证通气孔的深度适当，分布均匀；开浇口杯。

（5）起模、开内浇口、放置型芯、合箱。起模后，修整型腔，开内浇口放置型芯，按合型线准确合箱。

（6）铸件。取出铸件后清理表面。

9.5.5　考核

考核项目及标准见表9-1。

9.6　任务实操

任务　铸轴承套

制作如图9-9所示轴承套的铸件。材料：HT200，收缩率为0.9%。

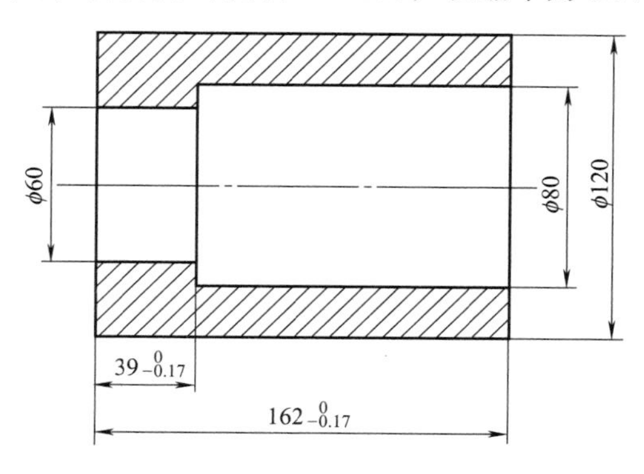

图9-9　轴承套

笔记

参考文献

[1] 杨雪青. 普通机床零件加工.北京：北京大学出版社，2010.
[2] 岳波辉，葛乐清. 金工实习教程. 北京：化学工业出版社，2009.
[3] 张小娟. 金工实训. 武汉：湖北科学技术出版社，2008.
[4] 任海东. 机械制造基础. 北京：化学工业出版社，2020.